耕地质量保护与提升丛书

耕地质量建设与管理

胡月明　刘　洛　王广兴等　编著

科学出版社

北　京

内 容 简 介

　　本书从当前国内耕地质量建设与管理的相关工作研究进展出发,归纳耕地质量建设与管理的相关理论与方法,以广东省耕地质量建设与管理相关项目为实证案例,从耕地质量的评价、建设、监测、信息管理四个方面,系统、详细地阐述耕地质量建设与管理工作的目标、内容及具体的实施过程,并结合我国耕地管理的主要工作——土地登记、土地征用与土地流转,对比国内外耕地管理与保护的法律、政策与措施,分析现阶段我国耕地质量建设与管理工作中的主要问题,提出了相应的政策建议。

　　本书是耕地质量建设与管理实际工作的经验总结,可以作为耕地质量建设、耕地管理、耕地保护等相关领域的工作者与研究人员的技术指导书,也可作为高等院校相关专业师生的参考书。

图书在版编目(CIP)数据

耕地质量建设与管理/胡月明等编著 .—北京:科学出版社,2017.6
　(耕地质量保护与提升丛书)
　ISBN 978-7-03-048103-0

Ⅰ.①耕…　Ⅱ.①胡…　Ⅲ.①耕作土壤-质量管理　Ⅳ.①S155.4

中国版本图书馆 CIP 数据核字(2016)第 085891 号

责任编辑:周　炜 / 责任校对:桂伟利
责任印制:张　伟 / 封面设计:陈　敬

科 学 出 版 社 出版
北京东黄城根北街 16 号
邮政编码:100717
http://www.sciencep.com

北京教图印刷有限公司印刷
科学出版社发行　各地新华书店经销
*
2017 年 6 月第　一　版　开本:720×1000 B5
2017 年 6 月第一次印刷　印张:17 1/2
字数:330 000
定价:108.00 元
(如有印装质量问题,我社负责调换)

本 书 作 者

（按姓氏汉语拼音排序）

范亚南　　郭泰圣　　胡月明　　廖　靖

刘　洛　　刘振杰　　任向宁　　孙姝艺

王广兴　　王秋香　　杨丽萍　　张　燊

张强胜　　赵小娟　　朱明帮

《耕地质量保护与提升丛书》序

　　耕地质量保护与提升是落实最严格耕地保护制度的重要内容,是优化利用土地资源、构建国家生态安全屏障的有效途径,也是提高农业综合生产能力、确保国家粮食安全的根本保障。目前,全国耕地退化面积占耕地总面积的40%以上,东北黑土层变薄,南方土壤酸化,华北平原耕层变浅,特别是一些补充耕地质量等级较低等问题,严重影响耕地产出,而耕地污染,以及长期高强度、超负荷利用,也对农产品质量安全和农业可持续发展形成威胁。与此同时,耕地资源保护区与社会经济建设重点发展区空间重叠,规划调整频繁。耕地质量破坏认定法律法规及执法依据不明确,耕地质量保护与提升技术标准、规范不健全,具体工程项目实施比较困难,耕地质量主管部门不明确,职责不清晰,监管工作错位,这都不利于耕地保护工作的深入开展。

　　党中央、国务院对耕地质量建设与管理高度重视。党的十七届三中全会提出"划定永久基本农田,建立保护补偿机制,确保基本农田总量不减少、用途不改变、质量有提高"。2012年,国土资源部发布《关于提升耕地保护水平全面加强耕地质量建设与管理的通知》第一次全面系统地提出了加强耕地质量保护、建设、监测、管理工作的具体措施。近年来,先后在全国范围内开展了农用地分等、农用地综合生产能力调查评价、耕地质量等级成果补充完善与年度变更、耕地质量等级监测等工作。2015年,农业部制定了《耕地质量保护与提升行动方案》,并持续开展了耕地地力调查与质量评价工作。与此同时,国家和有关部门还制定了相关的标准规范,并推进了高标准农田建设等重大工程,这标志着我国的耕地质量保护与提升机制正在逐步健全。

　　耕地质量保护与提升工作是个巨大的系统工程,急需完善的法律法规保障、科学的方法技术支撑、先进的管理系统支持。为此,广东省土地利用与整治重点实验室与国土资源部华南土地综合整治野外科学观测研究基地组织编写了《耕地质量保护与提升丛书》,系统介绍耕地质量保护与提升的理论方法、关键技术、政策制度与典型案例。

胡月明

2016 年 12 月

前　言

　　实行耕地数量质量并重管理是党中央、国务院的一贯要求。十多年来,国家逐步建立完善了耕地质量调查、评价、监测的技术标准和工作流程;发布了《农用地质量分等规程》、《高标准基本农田建设标准》和《全国中低产田类型划分与改良技术规范》等多项国家、行业标准;建立了"定期全面评价、年度更新评价、年度监测评价"工作制度;成果为加强耕地质量建设、管理等相关领域工作提供了支撑。但是,当前耕地质量建设与管理工作面临新的形势和要求,需要进一步深化认识耕地质量的内涵,完善现有耕地质量调查评价与监测指标体系,健全与管理体制相适应的调查评价技术体系。因此,《耕地质量保护与提升丛书》在梳理、总结耕地质量前期工作的成果与经验的基础上,希望在理论和实践上都能对耕地质量建设、评价、监测、保护等相关工作进行提升和完善。

　　本书是《耕地质量保护与提升丛书》第一册,是华南农业大学地理信息工程研究所多年来针对广东省耕地质量监测、整治、更新等工作的重要研究成果。华南农业大学地理信息工程研究所自 2004 年建所以来,就针对华南地区的土地科学问题进行深入研究,耕地质量保护与提升正是研究的重点之一。围绕土地科学问题,研究团队先后承担国家自然科学基金、国土资源公益性行业科研专项、广东省科技计划项目,以及广东、青海等省的耕地质量调查、评价、监测等相关项目百余项;组建了广东省土地利用与整治重点实验室、国土资源部建设用地再开发重点实验室和国土资源部华南土地综合整治野外科学观测研究基地。

　　本书共七章,第一章、第二章介绍耕地质量的内涵,以及相关概念、定义;总结我国耕地质量的现状与存在的问题;梳理当前耕地质量建设与管理工作的理论方法体系。第三章~第六章梳理了当前耕地质量建设与管理相关工作的内容,结合实例展示调查评价、建设、监测、信息管理的类型、过程、重点与存在的问题。第七章从政策角度出发,介绍了国内外耕地管理、保护工作的现状与特点,指出当前我国耕地质量建设与管理工作存在的问题,并提出相关的建议。

　　限于作者水平,书中难免存在疏漏和不妥之处,敬请读者批评指正。

目　　录

第一章　耕地质量建设与管理概述

第一节　基 本 概 念

一、耕地

（一）国外对耕地概念的界定

英文中，耕地可以翻译为 farmland、arable land 和 cultivated land。Farmland 包括种植农作物的土地、牧地、果园等农业用地，是农场范围的总称，因此，又可解释为农场，一片宽广的适合于或应用于农业的土地。Arable land 指种植短期作物的土地，供割草或放牧的短期性草场，供应菜市的菜园、种植自用菜所用的土地及温室，以及休耕或闲置不超过五年的土地。Cultivated land 包括两部分——tilled land 和 grassland。Tilled land 包括农作物种植、果园、花卉、葡萄园等用地，而 grassland 就是指牧草地。

国际环境与发展研究所和世界资源研究所在《世界资源》中，把耕地的概念定义为包括暂时种植和常年种植作物的土地、暂时草地、商品和家庭菜园、暂时休闲耕地，还包括种植诸如可可、咖啡、橡胶、果树和葡萄等这些在每次收获以后不需要重新种植的植物的土地，不包括为获取薪材的林地。

（二）国内对耕地概念的界定

《辞海》（经济分册）把耕地解释为：经过开垦用以种植农作物并经常耕耘的土地，包括种植农作物的土地、休闲地、新开荒地和抛荒未满三年的土地。

全国农业区划委员会在全国农业资源调查和农业区划工作中把耕地确定为种植农作物的土地，包括新开荒地、休闲地、轮歇地、草田轮作地。具体包括以下三种土地：以种植农作物为主的间有零星果树、桑树或其他树木的土地；耕种三年以上的滩涂和海涂；南方宽度小于 1m 和北方宽度小于 2m 的地沟、渠、路和田埂。

原国家土地管理局在《县级土地利用总体规划编制规程》中，将耕地的概念界定为种植农作物的土地，包括开荒地、休闲土地、轮歇地、草田轮作地，以种植农作物为主的间有零星果树、桑树或其他树木的土地；耕种三年以上的滩地和滩涂。耕地中包括南方宽 1m，北方宽 2m 的沟、渠、路、田埂，不包括地面坡度 6°的梯田坎。这个定义更严格，也更具有操作性。《经济大词典》定义耕地是农业用地的一种，用以种植作物并经常进行耕耘。

　　参照《第二次全国土地调查土地分类》的定义,耕地即能种植农作物的土地,包括熟地,新开发、复垦、整理地,休闲地(含轮歇地、轮作地);以种植农作物(含蔬菜)为主,间有零星果树、桑树或其他树木的土地;平均每年能保证收获一季的已垦滩地和海涂。

二、耕地基础地力

　　在《中国耕地的基础地力与土壤改良》一书中的描述如下,由反映耕地内在的、基本素质的地力要素构成了耕地基础地力的概念,即在特定区域内的特定的土壤类型上,立足于耕地自身素质,针对地力建设与土壤改良目标,确定的地力要素的总和。

　　在农业部组织的全国耕地地力调查与质量评价项目技术规程中,将耕地基础地力定义为在当前管理水平下,由土壤本身特性、自然背景条件和基础设施水平等要素综合构成的耕地生产能力。根据耕地基础地力的概念和研究范围的界定,耕地基础地力的构成要素主要包括立地条件、土壤条件、农田基础设施及培肥水平等。立地条件是与耕地基础地力直接相关的地形、地貌及成土母质特征,地形、地貌涉及地形部位与微地貌单元,成土母质则为第四纪风化壳的物质组成、岩性与堆积状况;土壤条件包括剖面与土体构型、耕作层土壤的理化性状及特殊土壤的理化性状指标;农田基础设施及培肥水平主要包括田间水利工程、水土保持工程、田园化及植被生态建设、土壤培肥水平等。以上各要素并不是孤立的,它们之间既有区别又相互影响。例如,土壤所处的地形条件直接影响土体厚度、水分状况等;而成土母质颗粒的粗细直接决定土壤机械组成(质地),成土母质的矿物组成直接决定土壤的磷、钾以及中量与微量元素的含量及组成,同时还决定土壤的酸碱度和交换量,直接影响土壤肥力;农田基础设施更是直接解决土壤的干旱、渍涝、盐碱等问题的重要手段;坡地改梯地、平整土地、增厚土层、加深耕层能改善耕地的基本素质,提高基础地力,增加抗御自然灾害的能力(周勇等,2003;王蓉芳,1995)。

　　根据《全国耕地类型区、耕地地力等级划分》(NY/T 309—1996)中的定义,基础地力是指由耕地土壤的地形、地貌、成土母质特征,农田基础设施及培肥水平,土壤理化性状等综合构成的耕地生产能力。

三、耕地生产力

　　目前关于耕地生产力的定义,不同学者根据自己的理解和研究目的给予不同的表述,并提出了一些衍生的概念。1976 年,联合国粮食及农业组织(Food and Agriculture Organization of the United Nations,FAO)发表的《土地评价纲要》中提到,一些人认为,土地生产力是在一定水平上完成某种用途的能力;一些人则把土地生产力看成是以退化的可能性为主要依据的一种分类,像美国农业部土壤保持局的土地分类系统对土地生产力的理解是土地生产一般作物和牧草又在内部长期造成退化的能力。日本的金野隆光在讨论土壤肥力与土地生产力的关系时认为,所谓土壤肥力是指土壤生产植物的能力,土地生产力则是土壤肥力与栽培环境(气候、栽培法等)的综合,从现实来说,就是产量的大小。梁朝仪认为,土地生产力是地上最重要的属性之一,是土地储存和转化太阳能、生产物质、制造产品的能力。土地生产力是土地功能的表现形式。土地潜力是土地用于一定方式或在一定管理实践方面的潜在能力,它是土地自然要素相互作用所表现出来的潜在生产能力,它可分为现实条件下的土地生产力和改变某种限制条件后的将来的土地生产力。Barlowe(1978)给出的定义为耕地生产力是土地用于农业生产能产生人们所需产品、收益或满足的相对能力。在 Barlowe 的理解中,耕地生产力除了涉及产品和效益外,还含有心理满足程度的内容。林培指出,土地生产力在农业上是指一个地区,土地能生产人们可利用的能量和蛋白质的能力,对耕地或粮食作物来说,土地生产力是指单位面积耕地生产粮食的能力或数量(林培和聂庆华,1997)。土地资源的生产潜力是在一定利用条件下,该利用途径所要求的全部条件均最佳时所能达到的生产力。人们经常所谈的土地资源生产潜力是指土地资源的第一性产业的物质生产潜力,也就是植物生产潜力。张先婉和黎孟波(1991)在讨论土壤肥力的实质时给出的定义是在地表环境中某一地段(包括地质、气候、水文、植被、土壤等)全部自然地理要素及人类活动在内所形成的自然综合体在单位时间内生产若干特定植物产品的能力。对于耕地,作物产量是耕地生产力的指标。王建武等(2013)给出土地现实生产力的定义是人为调控下的自然生产力与经济生产力的复合生产过程,在生产过程中,人类通过物化的资本(种子、肥料、农药、机械、灌溉等)投入,获得现实生产力,以现实条件下地块的作物产量来衡量生产力的高低。Driessen(1992)定义了不同生产水平下耕地自然生产力、水分限制条件下的生产力和养分限制条件下的生产力,并提出了这种生产力测算理论框架。其自然生产力的表述为在 PS-1 生产水平下,将农民通过灌溉、排水、施肥、除草和可控的病虫害等措施能影响到的所有土地质量都假设为最适宜,这种情况下农田可能达到的最高产量称为自然生产潜力。它是由作物生长发育期间太阳辐射、温度及作物生理特性决定的,该定义相当于 AEZ 中的光温生产潜力。

　　根据以上对土地生产力概念的种种论述,虽然采用了不同的表述方法,但是认识和理解上具有相同的部分,就是土地生产力是土地的基本属性(或称为"功能"),它是土地生产产品和效益的能力。基于以上学者对土地生产力和耕地生产力的理解,结合本研究的需要,可以将耕地生产力科学地界定为:在一定区域范围内所拥有的耕地资源基础上,在一定自然条件和投入水平下所形成的经济收获物的数量。

四、高标准基本农田

国土资源部于 2012 年 7 月制定了我国首个高标准基本农田规范《高标准基本农田建设标准》(TD/T 1033—2012),其中明确指出,高标准基本农田即一定时期内,通过土地整治建设形成的集中连片、设施配套、高产稳产、生态良好、抗灾能力强,与现代农业生产和经营方式相适应的基本农田。包括经过整治的原有基本农田和经整治后划入的基本农田。高标准基本农田建设则是以建设高标准基本农田为目标,依据土地利用总体规划和土地整治规划,在农村土地整治重点区域及重大工程、基本农田保护区、基本农田整备区等开展的土地整治活动。

目前,关于高标准基本农田建设的研究较少,许多学者从中低产田改造、耕地改良等方向进行了研究。杨发相和李武平(2000)对新疆阿勒泰地区中低产田形成原因进行分析,提出了包括行政措施、工程措施和生物措施在内的耕地改良思路。行政措施主要通过政策和有效经营模式刺激中低产田的改造及中低产田的保护;工程措施主要是通过平整田块、改善基础设施对中低产田进行改造;生物措施主要是通过覆土、施肥等方法改进中低产田的自然肥力。龙花楼等(2004)通过对研究区坡耕地治理的社会经济实力进行综合评价,得出分值在高区间的区域适合进行大规模的坡耕地改造、基本农田建设,以及退耕还林、还草;分值在低区间的区域应注重防治陡坡的耕地水土流失及应用土地利用技术,不宜退耕,分值在中间区间的区域则应该结合坡耕地综合治理及基本农田建设标准,逐步实现退耕还林。艾亮辉等(2002)通过对评价单元的限制因素进行分级,制定江西省不同等级低产田改造对策,除提出农田整理、工程治水、肥力平衡、培肥改土等一些基本改造措施外,还提出耕作改制的措施,将种植模式纳入低产田改造的措施之中。王栓全等(2001)对燕沟基本农田的综合配套示范区进行了研究,表明新修梯田耕作栽培技术和作物抗旱节水技术均可使作物产量明显提高,可以看出有效的种植模式和工程模式有助于提高作物产量。赵纪昌(2006)认为要建设高标准基本农田首先应调控好土壤和水的关系,虚实并存的耕作技术是被国内实践验证的一种旱作农业保护的耕地新技术,主要是以机械深松与间隔深松为主,结合起垄等作业来完成,是一种因地制宜的高产高效栽培模式与经营模式。丁帝平等在耕地种植模式研究中发现,加快农业产业结构的内部调整,因地制宜地建立高产高效种植模式和经营模式,可以有效提高基本农田的单位面积产量与产值,同时也可以加强水土保持与生态修复。

目前高标准农田尚没有统一的建设标准,与高标准农田建设工作有关的国土、农业、水利、农发办等部门根据自身业务特点,在高标准农田建设方面既有交叉又各有侧重。在地方层面,很多省份出台了高标准农田建设标准,如四川省和江苏省人民政府分别制定了《四川省高标准农田建设技术规范》和《江苏省高标准农田建设标准》(试行),广东省农业部门和国土部门联合制定了《广东省现代标准农田建设标准》(试行)。综合来看,高标准农田应具备以下特征:水资源有保证,农田集中连片且单片规模较大,灌排等农田水利设施达到一定标准,道路通达率较高,林网健全,便于机械化操作,土壤肥沃,农业生产方式先进,产出效益突出等。

五、耕地质量

FAO 对耕地质量的定义是以一种特定方式影响特定土地利用可持续性的综合土地特性。中国农业大学朱道林教授认为,它是各种相互作用的土地特性构成的土地综合属性,由影响土地产出能力的一系列因素决定。中国农业科学院专家陈印军则认为,耕地质量是耕地土壤质量、耕地环境质量、耕地管理质量和耕地经济质量的总和。

目前耕地质量概念及内涵没有统一提法。我国行业标准《耕地地力调查与质量评价技术规程》(NY/T 1634—2008)中将耕地质量定义为耕地满足作物生长和清洁生产的程度,包括耕地地力和土壤环境质量两个方面(彭世琪,2002)。沈仁芳等(2012)认为耕地质量是多层次的综合概念,是指耕地的自然、环境和经济等因素的总和,相应耕地质量内涵包括耕地的土壤质量、空间地理质量、管理质量和经济质量四个方面。石淑芹等(2008)将耕地质量视为耕地自然质量与利用质量两部分,并分别建立了相应的评价指标体系,其立足点是耕地自然因素与社会经济因素对不同地区粮食生产的作用力不同。

国内关于耕地质量内涵的界定主要有以下几种观点:①认为耕地质量由耕地肥力和耕地位置两方面决定,是耕地综合属性的表现(赵登辉和郭川,1997),但其忽略了社会经济大发展对耕地质量产生的外部性影响;②将耕地质量简单明了地视为耕地的状况和条件(葛向东,2001);③耕地质量是衡量耕地生产率水平的重要指标,具有综合性、产出性、相对稳定性和区位性等特点(倪绍祥和刘彦随,1998);④耕地质量是耕地各种性质的综合反映,耕地质量的构成要素主要包括自然因素和社会经济因素,二者分别组成耕地自然质量和耕地利用质量(石淑芹等,2008),但缺少对耕地质量的单因素影响分析。

六、耕地质量等级

国内外对耕地质量有诸多的定义,但目前还没有对耕地质量等级进行定义,更多的是对耕地质量的讨论。我国耕地质量分等定级基础理论是基于农用地分等理论、行业及国家出台的《农用地质量分等规程》(GB/T 28407—2012)和《农用地定级规程》(GB/T 28405—2012)等标准。

农用地分等是在全国统一的标准耕作制度下,以指定作物的光温生产潜力为基础,依据分等单元的自然条件来计算作物的理论产量评定土地自然质量;在土地自然质量的基础上,根据土地利用状况、投入产出水平逐级修订,评定出农用地的利用等别和经济等别。

农用地分等具体实施是在光温或气候生产潜力、标准耕作制度等国家参数的控制下,在省级国土资源部门的统一组织协调下,以县级行政区为基本区域通过逐级修订得到县域内部可比的农用地分等成果。在此基础上,通过检验、控制、调整、平衡、衔接等汇总技术,逐级汇总得到跨区域横向可比的地市级、省级乃至国家级农用地分等成果。

分等步骤如下:根据《农用地分等规程》(TD/T 1004—2003),利用地块法或样地法将研究区划分成若干个分等单元,依据研究区所在二级指标区的微地貌、土壤类型、水文条件及标准耕作制度,选取评价指标;采用德尔菲法,确定分等因素的权重;按照指定作物—分等因素—质量分关系表,分指定作物,逐个计算自然质量分。根据不同的指定作物的产量比系数,计算自然等指数并划分自然等别;根据土地利用系数,计算利用等指数;根据土地经济系数,计算经济等指数;采用分值频率曲线法划分利用系数等值区和经济系数等值区,最终得到利用等别和经济等别。

根据对自然条件、耕作制度、基础设施、农业生产技术及投入等因素进行的综合调查与评定,将我国耕地评定为 15 个等别,1 等耕地质量最好,15 等耕地质量最差。根据国土资源部历时 10 年完成的《中国耕地质量等级调查与评定》结果,全国耕地质量平均等别为 9.8 等,其中低于平均质量等别的 10～15 等地占全国耕地质量等级调查与评定总面积的 57% 以上,高于平均质量等别的 1～9 等地仅占 43%,其中生产能力大于 15t/hm² 的耕地仅占 6.09%。将全国耕地按照 1～4 等、5～8 等、9～12 等、13～15 等划分为优等地、高等地、中等地和低等地,优等地、高等地、中等地、低等地面积分别占全国耕地评定总面积的 2.67%、29.98%、50.64% 和 16.71%,即优等地和高等地合计不足耕地总面积的 1/3,而中等地和低等地合计占到耕地总面积的 2/3 以上。

七、耕地质量等级监测

因国内外没有对耕地质量等级进行准确定义,所以耕地质量等级监测也没有相对应的界定,但国内外均注重耕地质量的变化,特别是土壤肥力的变化。

美国在 1977 年、1982 年、1987 年、1992 年和 1997 年进行了五次国家自然资源普查,对全国各地土壤侵蚀数据进行监测;加拿大于 20 世纪 80 年代后期开始建立土壤质量监测体系,并依据七条指导监测点选择的标准在 1992 年确定了 23 个监测点,这些监测点能够代表加拿大主要的农业生态区域的主要景观。其监测目的是评价土地生产力、检验生产力与土壤退化模型、评价农业系统的适宜性等。欧盟在 2006～2008 年开展了土壤环境评价监测,对影响土壤质量的多个因素、指标进行监测。澳大利亚从 1997 年开始进行国家土地与水资源清查,调查涉及土壤质量、肥力等方面,但尚没有以耕地质量动态监测为核心的调查。

纵观国外相关监测工作的发展情况，发达国家的监测工作已发展得较为成熟和系统，其布样特点包括：①监测样点的布设大都采用网格均匀布点法，其监测点的选择从统计学角度出发，依据均匀分布原则确定；②研究区域范围涵盖了不同土地利用类型、气候带及土壤类型；③选择代表性地区进行监测；④整体上达到了系统化的水平。

我国耕地变化研究经历了早期调查、动态监测，以及土地利用和耕地变化综合研究三个发展阶段，目前研究还存在综合性与系统性不够、缺少定量指标和综合模型、研究尺度不全面、机理研究不够深入和服务目标不明确等方面的问题。

早期的耕地质量变化研究主要以静态评价为主，从第一次土壤普查（1958年）、二次土壤普查（1979年）到土地资源详查（1984～1996年）和第二次土地调查，从农用地分等（2001年）到耕地质量等级变化监测，缺乏连续系统的长时间序列观测数据。

我国1985年开始的耕地土壤监测工作，采用了分层监测的方法，将监测点分为国家级、省级和县级，至1997年连续5年以上的国家级监测点为153个，分布在17个省（自治区、直辖市）的95个县16个主要土类上，省县级监测点有2000多个。国家级监测点根据耕地基础地力高低，选择有代表性的地块作为监测点，设不施肥（空白区）和施肥（农民习惯施肥和田间管理）分别处理；县级监测点多采用农业部统一规范的网格布点方法。

耕地质量等级变化研究是在农用地分等的基础上进行的，是农用地分等定级成果的应用。目前农用地分等定级成果的应用十分广泛，已有很多专家学者对农用地分等定级成果在基本农田保护、耕地占补平衡考核、土地开发整理、土地利用总体规划等方面的应用进行了研究与探讨。目前基本农田保护从"重数量、轻质量、轻生态"向"数量、质量、生态并重"转变，应用农用地分等定级成果可以合理确定基本农田数量、空间布局，以实现基本农田分级管理；基于农用地分等的按等折算可以作为全国耕地占补平衡考核科学有效的方法。因此以农用地分等定级成果为基础的耕地质量等级的监测工作将成为现行耕地质量建设与管理的重点。

八、耕地质量评价方法

耕地质量评价是基于特定目的的专项或综合评价，已从查田定产、土壤性质、基础地力等耕地自然状态的研究，发展到综合考虑自然、经济和社会的人地一体化的资源价值管理评价（Dumanski and Pieri，2000）。根据耕地质量评价的目的和任务不同，出现了不同的评价方法，目前主要的耕地质量评价方法有如下六种。

（1）农业生产能力评价。最初的中低产田划分，即依据单位面积粮食产量划定耕地质量，是对农业生产能力的评价。这种方法资料易得、简单易行，能真实地反映耕地质量状况（吴大放等，2010）；但是只能从结果反映状况，没能将自然条件和人为投入体现出来。之后,农业部于 1996 年开展了《全国耕地类型区、耕地地力等级划分》(NY/T 309—1996),是利用单位面积粮食产量和耕地地力要素(土壤理化性质、地形坡度、耕层状况等)指标,把全国划分为 7 个耕地类型区和 10 个耕地地力等级。此后又于 2008 年制定《耕地地力调查与质量评价技术规程》(NY/T 1634—2008),选取了气象、立地条件、剖面性状、土壤理化性状、障碍因素、土壤管理等评价因素,其评价步骤为:评价单元赋值、确定各评价因子的权重(德尔菲法、层次分析法)和隶属度(德尔菲法、隶属函数法)、计算耕地地力综合指数(累加法)、划分地力级别(等距法)。总之,结合自然和人为投入的耕地地力评价方法,可以综合体现耕地的自然和经济的再生产能力(吴群,2002)。

(2) 耕地潜力评价。国际上比较成熟的有 FAO 的农业生态区法(AEZ)、土壤生产力指数模型、土壤潜力模型、迈阿密模型、桑斯威特纪念模型、格斯勒-里斯模型、瓦格宁根模型(周勇等,2003)等;国内常用的为光合生产潜力、光温生产潜力、气候生产潜力、经济生产潜力等(周生路等,2005)。美国农业部依据限制因子及经营管理差异将土地分为潜力级、潜力亚级和潜力单位 3 个等级,评价步骤为:确定评价单元、建立评价体系、拟定评价表和评定等级(程文仕等,2009)。1986 年,我国农牧渔业部土地管理局以水、热、土等自然条件为评价因素,划分了农用地自然潜力的级别。潜力评价揭示了土地可利用的范围,主要服务于土地质量管理工作,如耕地占补平衡评价、基本农田保护区划定、土地置换等,对于进一步研究区域发展战略和土地承载能力具有重要意义。

(3) 适宜性评价。FAO 的《土地评价纲要》采用土地单元属性与土地利用方式或作物的要求进行匹配的方法进行土地适宜性评价。步骤如下:规划土地评价、确定土地利用种类和明确要求、调查土地性质和土地质量、进行土地利用与土地比较共四个环节。适宜性评价因实用性强而取得很快的发展,限制评分法(张洪业,1994)、线性回归法(彭补拙和何天山,1994)、模糊数学(冯晓利等,2012)等被引入适宜性评价中。我国 1∶100 万土地资源图分类系统即参照《土地评价纲要》,结合我国实际,共分了土地潜力区、适宜类、质量等、限制型和资源单位五个等级,其中适宜性评价是土地利用规划的依据。适宜性评价并不等同于土地利用规划,需在考虑社会经济条件、生态环境效益的前提下才能做决策规划。

(4) 土壤环境质量评价。常见的土壤环境质量评价方法有单因子指数法、模糊综合评价法(窦磊等,2007)、灰色聚类法(王金生,1991)和综合指数法等。其中,单因子指数法方法简单,只能识别单个污染物的污染状况;模糊综合评价计算方法相对复杂,考虑了质量分级的过渡性;综合指数法是目前应用的主要方法,通过环境质量指数无量纲化后,各因子的贡献可直观反映出来(李森照,1995),且运算简单易操作。环境保护部于 1995 年提出的《土壤环境质量标准》(GB 15618—1995),根据土壤污染物(重金属、砷、六六六、滴滴涕)值将土壤环境质量分为三级。农业部于

2000年制定的《农田土壤环境质量监测技术规范》(NY/T 395—2012),其评价指标除土壤污染物以外,增加了有机质、全氮、全磷、有效硼等,评价过程包括调查与资料收集、监测单元划分、布设监测点、采集样品、试验分析。

(5)可持续性评价。FAO于1993年拟订的《可持续土地利用管理评价纲要》(An International Framework for Evaluating Sustainable Land Management, FESLM)提出了生产性、稳定性、保持性、经济可行性和社会可接受性的可持续性五大准则,此后,可持续性成为包括耕地质量评价在内的土地评价研究的重要领域。土地可持续性研究的重点之一是构建评价指标体系。1995年,世界银行(World Bank Group, WBG)、FAO、联合国开发计划署(United Nations Development Programme, UNDP)和联合国环境规划署(United Nations Environment Programme, UNEP)共同提出了土地质量指标体系(Land Quality Indicators, LQIs),基础研究方法是压力-状态-响应(PSR)模型。之后的各种修订模型,如DPSIR、PSIR、DSR也已成为许多国家研究区域农业可持续发展的基础框架(Shao et al., 2014)。国内学者也做了大量的探索,如傅伯杰(1990)提出了不同尺度的生态、经济、社会评价框架;陈百明(2002)建立了包括目标层、准则层、因素层及元素层四个层次的土地可持续利用评价指标体系;蔡运龙和李军(2003)提出了包括生产力、稳定性、恢复力、公平性、协调性在内的针对变化过程的指标体系。目前的可持续利用评价方法存在的不足之处在于以短期的纵向对比为主,没有充分反映出可持续性的动态特性(陈百明和张凤荣,2001)。

(6)分等定级。分等定级是国内常用的土地质量评价方法。应用最早的是分等赋值法,即人为地划分土壤肥力评价指标的数量级别及各指标的权重系数,然后利用简单的加法、乘法合成一项综合性的指标评价土壤肥力的高低。其优点是简单明确直观,缺点是主观性强,评价结果很大程度上取决于评价者的专业水平。我国自20世纪80年代末开始农用地分等定级试点工作,对技术方法进行了大量探索,主要成果体现在2001年国土资源部颁布的《农用地分等定级规程》(GB/T 28405—2012),是指根据农用地自然和经济两方面属性,对农用地的质量优劣进行综合评定,其中分等是以相对稳定的土地性质为评价指标,定级以集约经营水平或容易被人为投入改变的土地性质为评价指标。其评价流程可以细分为选择指标、指标评分、赋权重、整合综合分值、分等定级等环节(张凤荣等,2002),其中分等有间距法、数轴法、总分频率曲线法,定级有因素法、修正法、样地法。当前我国已开展了农用地分等定级工作,建成了全国可比基础上的耕地质量评价,分等定级的方法也在逐步标准化、规范化、实用化。此外,分等定级是对耕地质量的综合评价,在分等定级过程中,集对分析、模糊数学(王建国等,2001)、高维降维技术(付强等,2002)等被相继引入。

不同耕地质量评价方法的应用和发展过程并不是独立的,而是相互联系和相互补充的。例如,土地的可持续利用是对土地适宜性在时间方向的延伸趋势进行的一种判断和评估;《农用地分等规程》(TD-T 1004—2003)中划分农用地自然等即采用 FAO 生产潜力评价的 AEZ 法;土地潜力评价未能指出土地的最佳利用方式,而通过适宜性评价可以予以弥补;以粮食产量为指标的耕地生产能力与土壤环境质量评价相结合,可以得到更客观的耕地质量。

在《中国耕地质量等级调查与评定》一书中,耕地质量评价的最终结果以自然质量等指数、利用等指数及经济等指数来描述,其中自然质量等指数是耕地自然属性的综合反映,利用等指数与等别指数均在自然质量等指数的基础上,通过土地利用系数和土地经济系数来进行逐级修正。其中,土地利用系数界定为当地指定作物的现实产量除以该指定作物的当地潜在产量,即土地的光温水土生产力(张莉琴等,2003);一般而言,投入越多,管理水平越高,土地的生产潜力发挥越充分,土地的利用系数越大(张凤荣等,2002),土地利用系数反映的是当地耕地利用水平、管理水平等对耕地质量的综合影响。土地经济系数指当地作物的产量-成本指数与当地作物最大产量-成本指数之比(冯蓉晔等,2004),反映的是当地实际经济状况与投入产出水平对耕地质量的综合影响。

第二节　我国耕地质量概况

耕地资源是农业生产最基本的物质条件,它在数量和质量上的变化必将影响到粮食生产的波动,从而影响到粮食的有效供给及粮食安全水平。我国正处在工业化、城市化进程加快时期,耕地资源日益受到工业和城市土地利用的经济竞争(蔡运龙和李军,2003),部分耕地非农化利用的趋势不可逆转,近几年每年净减少耕地数十万公顷,严重影响到国家的粮食安全,这已引起了国内外的广泛关注(鲁奇,1999);水土流失、工业废物排放、农药化肥的大量使用、不合理的灌溉方式及自然灾害等导致耕地质量下降,也将制约粮食生产的发展。

一、我国耕地资源的数量概况

世界粮食安全现状和前景堪忧,据 FAO 提供的资料,多年来全世界可利用的粮食储备率(世界粮食库存量占下一年度消费量的比重)为 14.1%~18.1%,仍然徘徊在粮食安全最低安全线(17%~18%)。发展中国家粮食安全状况总体上有所改观,但目前仍有 8 亿人口生活在持续性的营养不良状态之中(胡红帆,2000)。随着人口增长,世界粮食安全问题不容忽视。

我国是一个人口大国,粮食生产资源极其稀缺。《中国的粮食问题》白皮书确定的实现国家粮食安全的基本方针是:立足基本自给,并适度依靠国际市场。而粮食自给的基础是耕地资源的数量与质量,因此,加强耕地资源的保护、管理和有效利用,维护我们的生命线,已成为我国 21 世纪实现国家粮食安全的必然选择。

我国耕地资源的特点是：绝对数量大但人均值较低；质量差的耕地比重较大，优等粮田少；土地资源可垦殖率低，可开垦的后备耕地资源有限；农业土地资源的区域分布不均衡，水土资源匹配严重错位等（封志明和李香莲，2000）。在现有耕地中，耕地质量总体上较差，质量较好和质量一般的粮田占 2/3，存在各种障碍因子的低产土壤约占 1/3，如盐碱地、红壤丘陵地、水土流失地、风沙地、干旱地、涝洼地等（黄不凡，1999）；耕地肥力呈持续下降态势，全国耕地有机质含量平均已降到 1%，明显低于欧美国家 2.5%～4.0% 的水平。

开垦宜农后备耕地资源是扩大耕地面积的主要途径，然而，受耕地资源绝对供给局限性及开垦利用条件恶劣、开垦成本高的影响（蔡运龙，1997；石玉林，1985），以及新中国成立以来几次大开荒，后备耕地资源数量锐减，耕地资源的开垦潜力已很有限。随着人口不断增长，工业化和城市化进程加速，农业耕地资源非农化利用的趋势加剧，人均耕地资源拥有量不断降低。新中国成立以来，耕地总面积在 1956～1957 年达到最大值，此后逐年递减。据 2000 年 7 月 5 日《经济日报》第二版上的一篇报道，1996 年我国耕地面积为 1.3 亿 hm^2，1996 年净减少耕地 73.3 万 hm^2，1997 年净减少 48.6 万 hm^2，1998 年净减少 26.1 万 hm^2，1999 年净减少 43.7 万 hm^2。到 2000 年 10 月，我国耕地面积为 1.28 亿 hm^2，耕地净减少 93.3 万 hm^2。按此计算，"九五"时期耕地面积是负增长，年平均减少 0.61%（即年增长率为 -0.61%）。截至 2002 年年底，我国耕地面积为 1.26 亿 hm^2，比 2001 年净减少 168.6 万 hm^2。在耕地面积持续减少的同时，人口不断增长，从 1949 年的 5.4 亿人增长到 2000 年（第五次人口普查结束时期）的 12.9 亿人。受耕地面积减少和人口增长两种因素的共同作用，人均耕地面积逐年减少，耕地资源的稀缺性日益突出。到 21 世纪 30 年代，我国人口将达到 15 亿～16 亿，如果耕地资源按此减少的趋势持续下去，人均耕地资源的态势还会恶化，粮食问题将成为制约我国经济发展的瓶颈。

耕地资源流失的原因是多种多样的（毕于运，1999），除不可避免的自然变化和合理的城市化进程、农业结构调整等因素外，也包括政策上的人为失误，如数量和规模无序扩张的开发区、房地产建设，引致大量农业土地资源闲置，造成巨大的资源浪费。实质上，造成耕地资源大量流失的最本质的深层次原因在于农业比较效益低下（蔡运龙，1997）。在市场经济体制下，受经济利益的驱动，农业经营低效或无效最终会导致耕地资源向效益较高的非农化利用流动。即使政府采取强制性措施，如严格控制占用优质粮田，仍然不能从根本上解决耕地资源被占用的问题。例如，尽管 1997 年中央实行了冻结非农业建设占用耕地的最为严格的土地管理政策，但当年仍有 $1.33 \times 10^5 \ hm^2$ 的耕地被占用（张凤荣等，1998）。因此，必须将保护耕地资源提高到国家经济安全的战略地位上来认识。

二、我国耕地资源的质量问题

(一)耕地水土流失

水土流失造成肥沃的表土流失,导致耕地肥力下降,耕地土壤养分越来越贫瘠。水土流失使黄土高原土壤 A 层早已被全部侵蚀掉,目前的耕作层都是黄土母质出露,而且耕作层不断流失,剖面上下层的肥力没有差别,土壤越来越贫瘠。众所周知的"北大荒"、"黑土地",由于水土流失,有些已丧失黑土层,成为"破皮黄"。据黑龙江省的调查观测试验分析,黑龙江省开垦 40 多年的坡耕地由于水土流失,有机质含量一般下降了 30%～50%,每年每公顷流失氮 157.5kg、磷 52.5kg、钾 300kg。水土流失造成的土层越来越薄和土壤质地变粗,间接地造成土壤保蓄水分的能力降低,土壤抗旱能力下降,加剧了干旱的发展,耕地的生产力和生产稳定性都大大下降。据统计,全国多年平均耕地受旱面积约 1960 万 hm²,成灾面积约 673.3 万 hm²,成灾率为 34.4%,其中大部分在水土流失严重的山区。总之,水土流失不但造成耕地自身的地力下降,而且影响区域生态环境,造成洪涝灾害,破坏了耕地资源持续利用的基础。

(二)耕地土壤次生盐渍化

土壤次生盐渍化是人为活动不当,引起土体内和地下水中的水溶性盐类随土壤毛管上升水流向上运行,在强烈蒸发条件下,在土体内,尤其是在土壤表层累积,因而使原来非盐渍化的土壤发生了盐渍化,或者增强了土壤原有盐渍化程度,使作物不能生长或者影响了作物生长,造成耕地质量退化。在具有潜在盐渍化威胁的地区,当运用引、蓄、灌、排等水利技术措施不尽合理时,将导致地下水位普遍上升,并超过当地的地下水临界深度,引起土壤次生盐渍化。利用地面或地下矿化水灌溉,而又缺乏良好的排水淋盐等调控措施,也将导致盐分在上层土体中累积,使耕地土壤发生盐渍化。通过旱涝盐碱综合治理,我国改造了大面积的北方盐碱化耕地,如黄淮海地区盐碱化耕地面积已从 20 世纪 80 年代初的 400 多万 hm² 降至 200 万 hm²。但从全国看,根据水利统计资料,我国盐碱化耕地面积仍略有增加,1992 年为 760 万 hm²,比 1976 年增加 8%。以新疆为例,灌溉定额高达 15 000～22 500m³/hm²,有的甚至达到 37 500m³/hm²,超过全国平均水平的 3 倍以上;渠系利用系数平均值为 0.4～0.45,年渠系渗漏损失水量为 14.2 亿 m³;全区灌区每年引水量 460 亿 m³,排水量只有 30 亿～40 亿 m³,灌排比远远低于通常要求的 3∶1,导致严重的耕地次生盐渍化。耕地次生盐渍化影响了作物对水分和养分的吸收,甚至对作物产生生理毒害,特别是碱化后土壤结构变坏,降低了耕地土壤养分的有效性,这些都使耕地地力退化,给农业的可持续发展造成危害。

（三）耕地土壤沙化

凡是地表有疏松沙质沉积物，干旱且又多风的地区，只要人为不合理地农垦，都可产生以风沙活动为显著标志的沙化耕地。在南方丘陵山区，坡耕地严重的水蚀也可产生地表土质粗的沙化耕地，但沙化耕地主要还是分布在干旱、半干旱及部分半湿润的北方地区。近年来，随着人口的增长，人均占有粮食的数量不断下降，农牧民在粮食单产较低的生产条件下增加粮食产量盲目开荒或者滥垦。据内蒙古、新疆、青海、黑龙江等 10 省（自治区）不完全统计，近 20 多年来草地被开垦 6.8 万 km^2，其中大多是水草丰美的各类放牧场和割草场。草地开垦后，土壤失去植被的保护，冬春季大风频繁，大风吹扬造成土壤中细土粒的丧失，土壤开始沙化，最终只好弃耕裸荒。土壤沙化首先造成耕地土壤的结构破坏，土壤抗风蚀的能力降低，遇风起沙。土壤沙化后，其保持水分的能力下降，土壤更容易发生干旱。土壤沙化还造成耕地土壤养分含量的降低。据估算，全国每年因风蚀损失土壤有机质、氮素和磷素 5590 万 t，折合化肥约 2.68 亿 t，价值近 170 亿元，如果要使严重沙漠化土地中的有机质、氮、磷等营养元素恢复到原生土壤状况，即使是在采取人工措施的条件下，也需要几十年、上百年甚至更长的时间。

（四）耕地土壤污染

随着我国工农业生产的发展，耕地土壤污染呈上升势头，这对于我国业已存在的人口和土地资源之间的矛盾，更是雪上加霜。土壤污染的灾户是耕地，因为耕地受人为影响最大，耕地污染一方面是工业三废造成的；另一方面是为增加产量，人为大量投入化学物质造成的。在我国南方酸雨危害相当严重。工厂排放的废气中含有相当数量的 SO_2，SO_2 被降雨洗刷形成酸雨。1994 年据 77 个城市统计，降雨的 pH 年平均低于 5.6 的占 48.1%，81.5% 的城市出现过 pH 低于 5.6 的酸雨。酸雨更进一步增加了南方土壤的酸度，使耕地土壤中的钙、镁、钾等营养元素流失，磷和其他微量元素的肥效降低，土壤愈加贫瘠化。由于农药的生产和使用量日增，农药及其降解产物对环境的污染而引起的急、慢性中毒，食品农药污染也随之日趋严重，已成为人体健康的另一大威胁。另外，化肥中的硫酸铵造成土壤酸化板结；过量施用氮肥造成的地下水硝态氮积累问题日益严重。据张维理等对京津冀鲁 14 个县市 69 个样点的地下水调查化验，有半数以上超过饮用水硝酸盐含量的最大允许量（50mg/L），其中最高达 300mg/L。此外，特别值得一提的是，最近几年出现的"白色革命"，即塑料地膜覆盖造成的耕地土壤污染也不容忽视，塑料地膜难以分解残留在耕地土壤中，造成土壤通气透水性能的降低，甚至有可能导致土壤微生物区系的变化等其他问题。

综上所述，我国属强度资源约束型国家，耕地、林地和草地的人均占有量分别仅为世界平均值的 1/3、1/5 和 1/4,且耕地退化十分严重、总体质量不高。目前,耕地土壤中 1/3 受水蚀影响,污染土壤约有 4 亿亩[①],中低产土壤占耕地总面积的 2/3。同时,我国人口每年仍以 1200 万人的速度增长,而后备耕地资源十分有限,因而依靠扩大耕地面积来增加粮食总量的潜力很小,现有耕地资源将承受越来越巨大的压力。为保障我国粮食安全,既要确保全国 1.3 亿 hm^2 耕地总量,更要通过改善土壤质量以提高作物单产和农产品品质,弥补耕地资源不足。另外,在经济相对发达地区,耕地面积急剧减少,农用化学品投入过量,加之工业化和城镇化带来的污染,使土壤污染日益加剧,并对水体和大气环境质量产生严重影响。可见,保障粮食安全和保护生态环境是我国土壤科学面临的双重挑战,这也是我国政府必须切实解决的关系到中华民族生存和发展的重大战略问题。

三、我国耕地质量问题及趋势

(一)耕地面积减少

作为世界第一人口大国,我国用全球 7% 的耕地养活了世界 22% 的人口,成功解决 13 亿人口的吃饭问题,一直是我们引以为豪的成就。但近年来,随着工业化、城镇化的发展,耕地非农占用的现象非常突出;此外,水土流失、自然灾害等,导致耕地面积不断减少。2010 年第六次全国人口普查登记的我国总人口为 13.397 亿人,比 2000 年第五次人口普查数据的 12.66 亿人多出 0.74 亿人,平均每年增加约 740 万人。而根据国家计划生育委员会 2007 年发布的《国家人口发展战略研究报告》预测,2020 年我国人口将达到 14.58 亿人,2033 年将达到人口峰值 15 亿人左右。与此相反,我国耕地面积已从 1996 年的 19.51 亿亩减少到 2006 年的 18.27 亿亩,人均耕地仅有 1.39 亩,不及世界人均水平的 40%。受耕地面积减少和人口增长两种因素的共同作用,人均耕地面积逐年减少,耕地资源的稀缺性日益突出。鉴于耕地保护的严峻形势,党的十七届三中全会明确提出:坚持最严格的耕地保护制度,层层落实责任,坚决守住 18 亿亩耕地红线。

(二)总体质量有待提高

国土资源部的统计数据显示,2005 年全国农用地减少 542.4 万亩,其中,非农建设占用高达 318.2 万亩。虽然我国实行的耕地保护制度是严格的,但长期以来,由于缺乏行之有效的土地质量量化和评价办法,耕地占补平衡更多的只是体现出数量平衡,在实际工作中,占优补劣的现象大量存在。正如时任总理温家宝所言,发达国家管理保护土地资源,已经跨过了数量保护、质量保护两个阶段,正向生态

---

① 1 亩≈0.0667hm²。

环境保护的更高层次发展,而我国耕地管理还处在数量保护的初级阶段。同时在土地整理管理制度尚不完善的背景下,地方政府受经济利益驱动,往往在土地整理实践中也更倾向于围绕"增加耕地面积"做文章,重开发后备资源,轻整理农用地,重数量轻质量,造成了耕地实际生产力的下降。加之,受技术水平的限制,目前缺乏行之有效的考查土地质量、土壤环境、农业水利道路基础设施完善程度等的具体评价指标和评价方法,现有对耕地质量的考核也仅仅是在土地整理项目竣工后对补充耕地按等级进行折算,因而,提高耕地质量常常在最初的土地整理项目立项决策中就已经让位于增加耕地面积的目标。如今我国的土地整理实施十余年来,后备资源已开发殆尽,增加耕地面积现已十分困难,故只有提高耕地质量,才是切实保证粮食安全的长远之计。

(三) 污染日益恶化

据我国土地资源生产能力及人口承载量研究课题组调查资料显示,全国有大约 1/6 的耕地受重金属污染,其中,因工业三废污染的农田达到 700 万 hm^2,直接导致粮食减产 100 亿 kg,还有大约 9.20% 的耕地受洪涝威胁,7% 的耕地受盐碱化限制,33.30% 的耕地受水土流失危害,7.89% 的耕地受风蚀沙化威胁,目前的水土流失和沙漠化面积分别达到 36 700 万 hm^2 和 26 740 万 hm^2。一些经济发达地区,耕地污染,粮食、蔬菜、水果等食物中镉(Cd)、铬(Cr)、砷(As)、铅(Pb)等重金属含量已超标或接近临界值。污染来自两个方面。一是自然土壤中某些元素含量过高,如铅矿周围土壤的铅对作物的毒害;二是人类活动,表现在两个方面。①工业污染和生活污染。乡镇企业和家庭作坊,工艺落后,污染处理能力差,废水、废气、废物对农田的生态环境造成污染。生活污染是重要的污染源,人们在生命活动过程中排出的污染物,如生活废弃物、生活泔水等均可能间接影响土壤的环境。②农业自身污染。农业生产过程中不合理使用化肥、农药使土壤环境恶化,如石灰石中含有砷、镉、氟、汞、铅等作物有害的元素,而施用受污染的有机肥和城市废弃物等也是造成农田污染,导致作物毒害的原因。

(四) 水土资源分配不均

水土资源是最基础的资源,与区域生态环境质量紧密相关,其分布格局和利用方式相互影响,密不可分。水土资源之间的比例是影响耕地资源质量的一个重要因素,水土比例过大或过小都会对耕地资源质量产生不利影响。比例过大,容易造成洪涝灾害;过小则会导致旱灾。表 1-1 显示了我国水土资源协调指数的分布情况。西藏耕地的水土资源协调指数最高,达到 57.8536;上海、浙江、福建、湖北、湖南、广东等 15 个省(自治区、直辖市)水土协调指数高于全国平均水平,其指数水平为 1~5;北京、天津、河北等 15 个省(自治区、直辖市)水土协调指数则低于全国平均水平,其中,天津、河北、山西、宁夏 4 个省(自治区、直辖市)水土资源协调指数在 0.1 以下,单位耕地面积所拥有的水资源极其匮乏。不难看出,我国水土资源之间的比例极不均衡,最高水平的西藏比最低水平的天津高出 2342 倍,水平差异惊人。

表 1-1　我国各区域耕地水土资源协调指数

区域	水土协调指数	区域	水土协调指数
全国	1.0000	河南	0.1162
北京	0.1904	湖北	1.0072
天津	0.0247	湖南	2.3192
河北	0.0724	广东	2.1093
山西	0.0694	广西	1.9411
内蒙古	0.2461	海南	2.0425
辽宁	0.2011	重庆	1.1337
吉林	0.2415	四川	1.8252
黑龙江	0.2166	贵州	1.1345
上海	1.0847	云南	1.7931
江苏	0.3772	西藏	57.8536
浙江	2.5363	陕西	0.2081
安徽	0.7897	甘肃	0.2051
福建	3.9093	青海	4.5054
江西	2.8750	宁夏	0.0334
山东	0.1118	新疆	1.1481

资料来源:根据《中国土地资源》和《中国水资源公报 1999》整理计算而得。

第三节　我国耕地质量建设管理

一、耕地管理概述

(一)耕地管理的含义

耕地管理是政府为维护其耕地所有权及使用权的制度,对耕地和耕地利用所采取的对策与措施的活动过程。其本质是占统治地位的阶级干预耕地关系和耕地利用的行为,是通过代表统治阶级意志的组织机构进行的有组织、有意识的管理耕地的活动。

耕地管理是一个国家和地区政府机关依照国家(地区)的有关法律、法规和政策,对土地及所有者、使用者、经营者进行全面系统的管理。其管理活动分为两部分：一部分通过制定土地政策，从宏观的角度进行土地利用决策，执行政策和评估、修订政策，从而调整土地关系、管理土地，进而达到宏观调控经济的目的；另一部分为社会和业主（土地使用者、所有者、权力者）的经济活动提供高效服务，如土地登记、土地征用、土地转让等活动。

根据我国现行法律，中央政府有土地政策的决策权，有对土地管理部门的领导权，对国有土地资产的经营管理权，对土地利用总体规划、建设用地占用耕地的审批权，对土地权属争议的处理权，以及制订土地开垦计划，组织实施土地整理、保护耕地的责任和义务等。

我国政府决心用世界上最严格的措施来管理耕地、保护耕地，从土地利用管理、土地权属管理、地籍管理、土地市场管理等措施，到有关法律、政策的制定及实施都是政府进行土地管理的活动。

（二）耕地管理运用

政府耕地管理方法是行政方法、经济方法、法律方法和技术方法的综合运用。行政方法是行政管理部门运用行政权力，通过强制性的行政命令，直接指挥和控制管理对象；经济方法是运用经济手段，如地租地价杠杆、财政杠杆、金融杠杆、税收杠杆等，调节和引导耕地利用活动；法律方法是通过执行有关耕地法律、法规，调整人们在耕地开发、利用、管理、保护、整治活动中所发生的各种耕地关系，规定人们遵守法律的行为规范和活动准则的管理方法；技术方法是按照耕地的自然、经济特性，运用科技手段，如遥感技术、系统工程、计算机等，搜集、分析、判断耕地资源信息系统，及时决策，执行管理职能的方法。

（三）耕地管理的重要环节

1. 地籍管理

地籍是反映土地的位置（地界、地号）、数量、质量、权属和用途等基本状况的簿籍（清册）。以地籍测量、土地登记、土地统计和土地评价为主要内容的国家土地管理措施，亦称地籍工作。地籍管理工作体系主要包括土地调查、土地登记、土地统计、地籍信息系统等，其中，土地调查是地籍管理最基础的内容。地籍管理工作对于优化土地资源配置起到重要作用，在市场经济体制下，地籍工作既涉及土地资源的合理利用，又关系到土地资产的保护。

2. 土地规划

土地规划又称为土地利用规划，是在土地的空间上进行各项用地的组织和配置的一种综合性措施，包括针对区域全部土地的土地利用总体规划，其主要内容是确定区域内各类用地规模和空间布局；针对耕地、草地、林地等单一土地利用系统的详细利用规划，其主要内容是各类用地的内部土地利用组织，以提高土地利用率和产出率；为了解决特定土地利用问题的土地利用专项规划，如防止土地退化和保护生态环境的土地保护规划等。

3. 土地法律法规

维护土地所有制，保护土地所有者合法权益，合理组织土地利用，对土地利用监察等规定，都必须通过国家权力机关，用法律的形式确定下来，明确土地所有者和使用者的权利和义务。国家土地管理的各级行政部门以此为依据，对土地进行管理。

4. 土地监察执法

土地监察是指土地行政主管部门依法对单位和个人执行和遵守土地管理法律、法规情况进行监督检查，并对违法者实施法律制裁的行政执法活动。

土地监察有以下几个特点：土地监察的主体是依法享有土地行政管理职权的县级以上人民政府土地行政主管部门；土地监察的对象是管理相对人，即一切与土地发生法律关系的单位和个人，在一定的条件下还包括地方各级人民政府及其土地行政主管部门，这是土地监察的重要特点之一。土地监察的内容是对土地管理法律、法规的执行情况进行监督检查，并对违法者实施法律制裁，包括给予违法者行政处罚和行政处分。土地监察的目的是实现土地管理职能，保证国家土地管理法律、法规的贯彻实施。

（四）耕地管理过程中存在的问题

1. 耕地管理体制还不健全

我国耕地管理体制的建设还相当不健全，主要表现在以下几个方面：一是没有形成一种全民参与和保护的激励机制；二是农民是对耕地进行保护的主要力量，但由于农业生产的经济效益比较低，农民的种地积极性受到了严重挫伤；三是我国还没有颁布对耕地进行专门保护的法律法规，监督机制不够健全；四是个别地方政府滥用职权，对耕地进行违规征用，在保障体制的建立上还不够严格。

2. 存在多头管理的现象

我国耕地是归集体所有的，但是法律上对集体这一概念的界定还很不明确。目前来说，人们比较认可的一种说法就是乡镇政府、村委会和村民小组三个管理级别。法律界限比较模糊就导致了农民的认知也含糊不清，这就可能造成利益层级化，且各自的利益导向问题出现互相争权夺利的现象，最终导致农民的利益受到伤害，使耕地得不到有效利用和管理。

3. 耕地登记的制度不规范且管理比较分散

在耕地的管理上最重要的是对耕地进行确权登记，这主要是对耕地在形式上进行保护和确认。农村的土地登记在数量上比城镇少，根据统计的情况来看，我国的国有土地在使用上的登记率最高达到86%，集体土地是53%，其中集体建设用地是 73%，但是耕地的登记工作比较滞后，国家还没有出台有关耕地登记方面的制度。登记部门比较分散，根据土地登记办法的规定，应该登记的集体土地的使用权主要包括宅基地使用权、建设用地使用权和集体的农用地使用权，但是其中并不包括对耕地的使用权。

（五）加强耕地管理的主要措施

1. 进行耕地的普查登记

耕地及其后备资源的数量、质量调查，为制订农业区划和农业生产计划提供可靠的依据，为科学管理、合理利用、保护和开发耕地创造前提。2007 年在全国范围内开展"第二次全国土地调查"，组织有关部门，制定科学的内容和统一的标准，应用先进的遥感等科学技术和传统的丈量方法，对现有耕地及其后备资源的数量、质量做一次大普查，摸清情况，分类登记，取得完整、准确的数据资料，建立耕地档案。

2. 制定、颁布土地法规，建立健全各级土地管理机构

大量耕地浪费、损失的重要原因之一是长期没有土地立法，无法可依，以致管理失控。1986 年 6 月，《中华人民共和国土地管理法》颁布后，情况有所转变，但贯彻中困难重重，有法不依，执法不严，违法不究。另一个原因是管理机构不健全，各地长期没有专门管理土地的机构，有的县只设城乡建设办公室或规划办公室，但往往只从自己的角度审批征地，缺乏全局观念，不能从农业发展与建设的需要进行统筹安排。因此，应该要有自上而下的各级政府部门建立健全统一的管理体系、机构和制度，在县级以上政府建立各级土地管理机构。通过这些机构组织进行耕地登记，定期或不定期地对耕地进行统计，准确地掌握耕地的利用、变化动态。

3. 利用经济杠杆，有偿使用土地

在我国，农业用地的承包户只是按年度交纳农业税和集体提留，与土地所有权没有直接联系，集体的土地所有权在经济上得不到体现，因而现行的土地承包实际上是一种无偿使用。这会混淆、模糊土地所有权和使用权的界限；同时由于无偿使用，没有经济约束力，所以很难做到对土地的有效管理。实施土地有偿使用的依据是社会主义制度下土地的全民和集体所有制，其所有权要求在经济上得到体现。实施土地有偿使用的条件是所有权和使用权的分离，所有者对使用者要求经济补偿，使用者支付相应的代价，作为取得使用权的保障。这就能增强人们的土地价值观念，避免乱占滥用，有效保护耕地，也有利于纠正土地管理的不正之风，促进国土资源开发。

4. 有计划开垦耕地，增加耕地面积

基于我国土地资源的基本国情，我国耕地后备资源少，扩大耕地面积潜力有限，并且大部分在边远地区，自然条件恶劣，交通不便，开发难度大，需要大量的设备和投资，经济效益差。因而开荒应该以国有农场为主，在有条件的地方可以采取

国家和农民联合的形式。开垦荒地一定要注意保护环境生态的平衡,避免自然环境的恶化。

二、耕地质量国内外研究动态

(一)主要国家和研究机构对耕地质量的关注

国外以合理征收地税为目的的耕地评价资料最早见于 15 世纪莫斯科公国的税册中,随后奥地利(1717 年)、法兰西(1808 年)、普鲁士(1861 年)等国也相继开展了以赋税为目的的耕地评价。1877 年,俄罗斯著名土壤地理学家道库恰耶夫对黑钙土进行了科学考察,并同气象学家、经济学家等合作开展土地评价工作,查明了土地税与土地量值的关系。德国开展耕地估价工作已有 180 年的历史,它主要是以评定当地最好农场为 100 分的各个农场的耕地及草地每公顷净收入的相对值为基础,作为征收土地税、进行土地归并及调换土地、确定地租地价的法律依据(Dumanski et al.,1993)。目前耕地资源质量评价已经从查田定产、土地理化性质、基础地力等单纯对耕地自然属性的研究,发展到综合考虑自然条件、经济状况,社会发展水平等人地一体化的资源价值管理评价(高向军和马仁会,2002;Dumanski and Pieri,2000;Dunford et al.,1983)。

(二)国际上对耕地质量研究的特点

1. 以合理利用土地为目的的土地质量评价

20 世纪 30 年代,美国的中西部地区土壤侵蚀和水土流失较为严重,迫切需要根据影响耕地的地理因素来对土地利用和管理进行规划。科学家通过对生态环境退化与土地利用方式之间的关系分析,提出了土地潜力分类系统。它主要通过土壤的特征来对耕地潜力进行评价,最终分为潜力级、潜力亚级和潜力单元三个等级。这套分类系统在 1961 年被正式颁布,它是世界上首个较为全面的土地评价系统(陈朝和吕昌河,2010)。为反映土地的适宜性程度及土地的限制性因素,FAO于 1976 年颁布了《土地评价纲要》,根据土地的适宜性把土地分为纲、类、亚类、单元四级,1997 年又提出了《可持续土地利用评价纲要》,这些都涉及土地可持续发展的内容,而经济合作与发展组织提出的压力-状态-响应模型就成为世界众多学者研究区域土地可持续发展的研究框架(于伯华和吕昌河,2008;郭旭东等,2003;Dumanski and Pieri,2000),这个模型对于评价区域耕地质量的变化具有重要借鉴作用。

2. 土壤质量的研究

近年来,土壤退化和环境污染问题日益严重,土壤质量也渐渐成为土壤学研究的前沿和热点,这表明人们开始从单纯追求粮食产量为目标的用地方式,向提高粮食品质、实现人与自然和谐发展的新的用地方式转变。

1991年,美国召开的土壤质量研讨会中重点探讨了土壤质量评价的指标体系、评价指标的定量化方法,以及土壤质量与土壤特性和合理开发之间的关系,明确提出土壤质量应该从生产力、环境质量、人类和动植物健康三个方面进行评价。之后,土壤质量评价问题在几次土壤质量大会中都成为讨论的重要内容(Dumanski and Pieri,2000)。一些学者认为建立健康的生态系统首先需要研究土壤质量的演变特征,揭示自然条件和人类活动对土壤质量退化的作用机理,才能有效建立调控措施,定向培育土壤质量,从而达到土壤资源可持续利用的目的。然而自20世纪80年代以来,随着西方发达国家大量出现粮食过剩,土壤学的研究开始由单纯地注重粮食产量向粮食品质与环境污染并重转变。土壤的环境质量和健康质量逐渐成为土壤质量研究的重点内容,土壤质量研究的主要内容包括土壤生物多样性及人类活动对土壤生物多样性的影响,土壤质量退化与全球环境变化的关系、污染土壤的恢复重建等。

3. 3S技术的应用

随着计算机技术和信息化技术的发展,耕地评价的理论和方法也不断朝定量化方向发展,指标体系更为系统合理。1981年,土地评价和立地评价系统的提出(傅伯杰,1987),为土地规划和管理部门进行决策提供了依据(宋如华和齐实,1996)。20世纪80年代末期,3S技术(remote sensing,RS;global positioning systems,GPS;geography information systems,GIS)在各行各业都得到了大量的应用,同时也被引入耕地质量评价中,使得耕地质量评价在数据更新、动态评价、评价精度等方面都有质的飞跃,在多维度、多元信息的复合分析中取得了长足进步(Davidson et al.,1990;傅伯杰,1990)。Davidson等(1990)在地中海地区利用GIS技术对农业土地资源进行了评价,结合模糊集分类方法有效评价了土地适宜性,充分证明了GIS技术的有效性。随着研究的深入和大量应用,许多专业的土壤管理信息系统被建立,取得了不少成果,如FAO世界土壤图(SMW,1971～1981年)、世界土壤资源数据库(SDB,1989～1991年;FAO,1971～1981年;FAO/ISRIC,1989年)、SOTER土壤与地体数字化数据库(soil and terrain digital database)、全球土壤数据库、加拿大国家土壤信息系统(CanGIS)、澳大利亚SIRO土地利用规划信息系统、英国土地资源信息系统、美国土壤信息系统(NASIS)等。

(三)国内对耕地质量的研究

古今中外,各国无不高度重视耕地评价工作。早期的耕地评价多出于制定税赋、收取地租的需要。例如,早在2000多年前的《禹贡》,我国将九州内耕地划分为三等九级,根据土地质量等级制定赋税(田有国,2004);在几千年的农业社会中,耕地定级估价的理论与实践都有很大的发展,而较为系统的耕地评价始于新中国成立后。1949年以来,我国耕地评价的发展历程可以概括为以下三个阶段(鲁明星等,2006)。

(1) 1950年,政务院召开全国土壤肥料大会,主要研究部署新中国经济的发展和4亿人民的吃饭问题,决定要开垦荒地,并对全国中低产田的区域、类型、改良措施和途径进行研究,推动了新中国耕地评价工作的发展。1951年,财政部组织查田定产对全国耕地进行评定等级。

(2) 1958年开展了第一次土壤普查,1960年,各省(自治区、直辖市)完成普查和资料汇总。这是我国土壤资源的一次全面的调查,完成了全国土地资源中土壤的类型、数量、分布和各种类型土壤基本性状的调查。1979年开始进行第二次土壤普查,首次在全国范围内对全部土壤类型进行资源性调查,耕地基础性状和生产能力的评价是其非常重要的内容。到1994年,全国陆续编写了《中国土壤》、《中国土种志》、《中国土壤普查数据》,以及1∶100万中国土壤图、1∶400万中国土壤改良分区图、土壤养分图等,查清了全国土壤的类型、分布和基本性状,以及耕地资源的数量、利用现状和耕地中存在的主要障碍因素。除了全国范围的土壤普查外,国家还先后进行了区域治理、土壤改良等多项专题调查,如东北地区土地整治与粮食增产调查(20世纪50年代),黄河中下游及长江流域水土保持与土壤资源调查(20世纪五六十年代),黄淮海平原旱涝、盐碱、风沙综合治理考察(20世纪60~90年代)等(赵其国,1992)。这些调查,为我国耕地资源利用,促进农业发展奠定了坚实的基础。

(3) 20世纪80年代末期,随着3S技术和地图、自动制图技术等高新技术的发展与应用,在数据更新、动态评价、评价精度方面取得很大进展,并能快速完成多维、多元信息复合分析(傅伯杰,1990)。1984年至今,农业部在全国200个点上持续开展耕地地力监测和评价工作,并建立了数据库。在这个项目的带动下,各省都建立了监测点,并取得了一大批成果。1986年,农牧渔业部土地管理局以水、热、土等自然条件为评价因素,来划分农用地自然生产潜力的级别。"七五"期间,农业部和中国农业科学院按土壤肥力、土壤理化性状、土壤障碍因素与农用地生产水平等条件综合比较,把全国农用地划分为5个等级。1995年,中国农业科学院以县级为单位对耕地进行了分区评价,并给出了每个县级单位的耕地质量指数。1997年,农业部根据粮食单产水平把全国耕地划分为7个耕地类型区、10个耕地地力等级,并分别建立了各类型区耕地等级范围及基础地力要素指标体系。从20世纪90年代开始,资源不合理利用引起了一系列问题,许多专家、学者从自然、环境、经济和社会各个方面探讨了可持续土地利用管理评价的指标和方法（陈百明,2002;傅伯杰,1987），耕地评价研究进一步朝综合化、多元化、精确化、定量化和动态化方向发展。2002~2006年,农业部在30个省（自治区、直辖市）开展了耕地地力评价指标体系建立工作,并建立了全国耕地分等定级数据库和管理信息系统。同时,启动了全国耕地地力调查与质量评价项目,以区域性调查为重点,组织了环太湖流域、华中粮食主产区、珠江三角洲农产品出口基地、华北高效农业区及东北黑土区的耕地调查。调查结果除了直接服务于项目区的当前生产外,更重要的是初步摸清了近20年来我国耕地质量的演变现状、突出问题,掌握了现代技术在大规模耕地调查中的应用,对我国今后耕地质量保护、耕地质量建设,以及宏观指导测土配方施肥的理论与实践都具有重要的指导意义。

（四）耕地质量研究的几个主要方面

1. 耕地质量内容的研究

我国行业标准《耕地地力调查与质量评价技术规程》（NY/T 1634—2008）中将耕地质量定义为耕地满足作物生长和清洁生产的程度,包括耕地地力和土壤环境质量两个方面（彭世琪,2002）。沈仁芳等（2012）认为耕地质量是多层次的综合概念,是指耕地的自然、环境和经济等因素的总和,相应地,耕地质量内涵包括耕地的土壤质量、空间地理质量、管理质量和经济质量四个方面。石淑芹等（2008）将耕地质量视为耕地自然质量与利用质量两部分,并分别建立了相应的评价指标体系,其立足点是耕地自然因素与社会经济因素对不同地区粮食生产的作用力不同。

2. 借助先进技术的评价

在评价方法方面,GIS技术在耕地质量评价中的广泛应用已较为成熟（聂艳等,2005;王瑞燕等,2004）,同时有学者也从其他视角对耕地质量评价引入全新的技术思路。例如,方琳娜从SPOT多光谱影像中提取反映耕地土壤肥力状况、水分状况和土壤退化状况等不同信息的植被覆盖指数（normalized difference vegetation,NDVI）、植被指数（difference vegetation index,DVI）、比值植被指数（ratio vegetation index,RVI）,并结合坡度信息、土地利用程度等,构建了基于RS技术的耕地质量评价指标体系（方琳娜和宋金平,2008）,基于RS技术的耕地质量评价研究,具有评价范围广、时效性强、周期短、速度快的特征;农肖肖等（2009）借助ArcMap平台中的模型生成器（model builder）,将耕地质量评价过程中的具体计算步骤,以直观的图形语言工具,构建针对耕地质量评价这一特定目的的空间分析模型,该方法利用现有模型生成器,将耕地质量评价的过程简化与形象化,具有广泛操作性。

3. 不同尺度的评价研究

在评价尺度上,胡科和石培基(2008)出于对耕地指标体系中某些指标值的确定必须以县级行政区为前提的考虑,以县级行政区为评价单元对甘肃省进行了宏观耕地质量评价,其评价结果适用于宏观政策的制定,但对于揭示耕地图斑空间分布规律有所欠缺。从省域层面对耕地质量进行评价需投入大量的资源,且运行周期长,为解决该问题,赵建军等(2012)提出以 GIS 技术和遥感数据为基础的省级评价方法,并建立了省级耕地质量快速综合评价框架体系,但从宏观耕地质量空间分布规律考虑,忽视了耕地图斑之间在小尺度上的相互关联性。

三、法律法规

我国现行的土地管理体制是实行全国土地、城乡地政的统一管理。1998 年 8 月 29 日新修订并已于 1999 年 1 月 1 日起施行的《中华人民共和国土地管理法》第五条明确规定:国务院土地行政主管部门统一负责全国土地的管理和监督工作。在国务院的机构改革中,组建了国土资源部,统一负责全国土地的管理和监督工作。2003 年 12 月,中央政府决定,在全国实行省以下垂直管理体制,进一步加强国家对土地资源的统一领导,实行最严格的耕地保护制度。

(一)国家制定的法律法规

为了统一管理土地资源,提高土地使用效率,国家制定了许多耕地资源利用与保护的专门和相关的法律法规制度,防止耕地资源被过度占用,确实保护耕地数量不低于划定的红线。相关法律法规如下:

1986 年 6 月,我国通过了《中华人民共和国土地管理法》,规定国家实行土地用途管制制度,严格限制耕地转为建设用地,控制建设用地总量,对耕地实行特殊保护。

1987 年 4 月,国务院制定了《中华人民共和国耕地占用税暂行条例》,第三条规定:占用耕地建房或者从事非农业建设的单位或者个人,为耕地占用税的纳税人,应当依照本条例规定缴纳耕地占用税。

1987 年 6 月,农牧渔业部、国家土地管理局发布《关于在农业结构调整中严格控制占用耕地的联合通知》要求必须高度重视耕地保护的意义,严禁非法占用耕地。

1988 年 10 月,国务院通过《土地复垦规定》,对复垦的范围、管理体制、土地复垦规划及“谁破坏,谁复垦”的原则等作了具体规定。

1991年6月,《中华人民共和国水土保持法》第二十四条规定:各级地方人民政府应当组织农业集体经济组织和农民,有计划地对禁止开垦坡度以下、五度以上的耕地进行治理,根据不同情况,采取整治排水系统、修建梯田、蓄水保土耕作等水土保持措施。

1992年7月,国家土地管理局颁发《关于严格依法审批土地的紧急通知》,要求相关单位严格依法审批土地,对出让或土地使用权进行垄断,坚持统一审批,同时对加强成片土地开发管理和地价管理作了具体的规定。

1992年6月,国务院颁发《全国土地利用总体规划纲要》,划定耕地面积确保在18亿亩以上的红线,并出台了土地利用的总体规划方案。

1992年6月,颁布实施《中华人民共和国土地增值税暂行条例》,规定因转让国有土地使用权、地上的建筑物及附着物并取得收入的单位和个人需缴纳土地增值税。

1993年4月,国务院颁发《关于严格审批和认真清理各类开发区的通知》对设立开发区的审批及清理不符合规定的开发区作了具体的要求,保障耕地不被过度占用。

1993年7月,通过了《中华人民共和国农业法》,第八章第五十八条规定:农民和农业生产经营组织应当保养耕地,合理使用化肥、农药、农用薄膜,增加使用有机肥料,采用先进技术,保护和提高地力,防止农用地的污染、破坏和地力衰退。

1995年2月,农业部发布了《关于立即制止乱占耕地的通知》,要求立即制止占用耕地现象,切实加强耕地保护工作,尽快划定基本农田保护区,严格控制非农建设占用耕地。

1998年12月,国务院通过《中华人民共和国基本农田保护条例》,对基本农田的划定、保护、监督等作了具体的规定,明确基本农田保护布局的安排,确保耕地数量不减少,第十五条规定:基本农田保护区依法划定后,任何单位和个人不得改变或占用。

2003年3月,实行《中华人民共和国农村土地承包法》,对土地承包经营权的主体、期限、义务、保护、流转等作了进一步的明确规定;2003年2月,国土资源部下发了《进一步治理整顿土地秩序工作方案》;2003年2~7月,国家对新的土地管理法实施情况进行检查。

2007年10月,施行《中华人民共和国物权法》,规定用益物权包含土地承包经营权等,第一百二十四条规定:农民集体所有和国家所有由农民集体使用的耕地、林地、草地以及其他用于农业的土地,依法实行承包经营制度。自此,耕地的承包经营权得以确定。

2007 年 12 月,新修订的《中华人民共和国耕地占用税暂行条例》,规定占用耕地建房或者从事非农业建设的单位或者个人,都是耕地占用税的纳税人,需要缴纳相应的税款。

(二) 广东省制定的法律法规

为贯彻落实国家制定的保护耕地等相关法律法规制度,保护好地方耕地资源,最大限度地提高土地资源的使用效率,促进地方社会经济持续发展,广东省的土地行政主管部门及相关单位也陆续出台了一系列有利于地方发展的制度。

2000 年 8 月施行的《广东省易地开发补充耕地管理的规定》,是为了满足耕地后备资源匮乏的市、县(区)能够实现非农建设项目占用耕地,同时又能保证全省耕地资源总体数量不减少的制度,有利于促进社会经济持续发展,又不影响耕地数量和质量。

2002 年 9 月实施的《广东省省级投资土地开发整理项目管理规定》(试行),第二条土地开发整理应遵循的原则第二款:增加有效耕地面积,促进实现耕地总量动态平衡与农业可持续发展。

2003 年 10 月施行的《广东省补充耕地项目验收管理规定》,规范了非农业建设经批准占用耕地补偿(含储备)的补充耕地项目验收工作,保证了补充耕地的数量和质量。

2005 年 1 月施行的《广东省土地利用总体规划调整修改报批办法》,对土地利用总体规划调整修改的原则、条件及程序作了明确的规定。

2007 年 9 月施行的《广东省非农业建设依法占用基本农田跨地级以上市补划办法》,明确规定了非农建设用地依法占用基本农田跨地级以上市补划的相关工作,确保行政区域内基本农田总量不减少,耕地质量不降低。

2008 年 1 月新执行的《广东省实施〈中华人民共和国土地管理法〉办法》,在坚持《中华人民共和国土地管理法》基本原则的基础上,结合本省土地资源的特点,为各级地方政府贯彻落实《中华人民共和国土地管理法》提供指导。

2008 年 11 月,广东省通过了《广东省土地利用总体规划条例》,规范了省内行政区域编制、审批、实施和修改土地利用总体规划的活动,第九条规定:省土地利用总体规划应当重点从保护耕地、优化用地结构、调整用地布局、节约集约用地、加强生态建设、推进土地整理复垦开发等方面提出目标和任务。

2010 年施行的《广东省征收集体土地留用地管理办法》,明确了国家征收集体土地后,为农村集体经济组织另行安排土地或补偿的相关管理工作。

2010 年 5 月新通过的《广东省非农建设补充耕地管理办法》,规范了非农建设补充耕地的相关管理工作,切实保护了耕地,严格控制耕地转为非农建设用地,确保耕地总量动态平衡。

　　2013 年 1 月颁布的《广东省国土资源厅关于进一步规范和完善城乡建设用地增减挂钩试点工作的通知》,明确规定要确保在实施增减挂钩项目后增加耕地有效面积,提高耕地质量,建设用地总量不突破原有规模。

（三）其他相关的法律法规

　　除了国家为管理土地资源和保护耕地的质量和数量不受损专门设立的法律法规,还有其他相关的法律法规制度对合理利用土地资源,保护耕地资源起着非常重要的作用,如《中华人民共和国森林法》、《中华人民共和国草原法》、《中华人民共和国水法》、《中华人民共和国渔业法》、《中华人民共和国环境保护法》、《中华人民共和国矿业资源法》、《中华人民共和国铁路法》、《中华人民共和国公路法》和《中华人民共和国乡镇企业法》,以及众多的土壤、水体污染防治等法律法规。

第二章 耕地质量建设与管理的理论方法

第一节 耕地质量建设与管理理论

一、耕地资源理论

(一)农用地生产潜力理论

土地生产潜力即土地潜在的生产力,是指土地资源在一定条件下,能持续生产人类所需要的生物产品的内在能力,按其性质可分为土地自然生产潜力和土地经济生产潜力。

土地生产潜力理论认为,农业生产是自然生产和经济再生产的交织,土地利用是自然、经济相互作用的结果。土地生产潜力理论将土地生产能力划分为由自然条件决定的土地自然生产潜力和由人为条件决定的土地经济生产潜力,这为分析耕地综合生产能力的内涵与构成提供了理论基础和重要思路。

土地自然生产潜力是指不考虑人类任何物质投入的影响,单纯依靠光照、温度、水分、土壤等自然供给条件,土地所能生产的物质产品数量。土地自然生产潜力与土地所处的地理位置、自然禀赋有关,而与人类的经济活动无关。根据各个自然条件的满足程度,可将土地自然生产潜力分为光合生产潜力、光温生产潜力、气候生产潜力和土壤生产潜力四个层次。

土地经济生产潜力是指在一定社会经济、科技水平条件下土地的生产能力,是通过人类活动所能发挥出的土地自然生产潜力的水平。人类活动包括人类自身在土地上从事的生产劳动和对土地的各项物质投入。土地的经济生产潜力反映了人类对土地的利用水平和实际效果。

(二)作物生产潜力理论

1. 作物生产潜力的概念与层次划分

作物潜在的生产力称为作物生产潜力,也称为理论潜力。它是假设作物生长所需的光、温、水、土、气等自然条件都得到满足,耕作技术、品种和管理水平等都处于最佳状态时的生产能力。作物生产潜力具有时空性,即作物生产潜力随着地点的改变或社会经济技术条件的改变而变化。国内外许多学者从不同的角度对作物的生产潜力进行了研究,提出了不同的生产潜力概念,如光合生产潜力、光温生产潜力、气候生产潜力、土地生产潜力等。

（1）光合生产潜力是指除光照以外，其他生态因素（温度、水、气、矿质营养等）满足，生产条件（灌溉、肥料、技术、植保等）最佳，理想作物群体在当地光照条件下，单位面积上所形成的最高产量，是作物产量的理论上限。

（2）光温生产潜力是指除光、温外，其他生态条件（水分、空气等）及所有生产条件（灌溉、肥料、技术、植保等）最佳时，理想作物群体在当地实际光照和温度条件下，单位面积上所形成的最高产量，是在当前技术水平下，通过合理投入可能达到的作物产量上限。

（3）气候生产潜力是指在土壤、投入和管理等条件没有限制的情况下，受水分限制的作物的光温水生产潜力。

（4）土地生产潜力是指受到土壤条件限制的作物生产潜力，或者称作物的光温水土生产潜力。土地生产潜力可作为当地作物生产争取达到的产量水平。

（5）经济生产潜力是指在土地生产潜力的基础上，在当地社会经济条件下，通过物质和能量的投入，以及农业技术作用所能实现的产量。它反映了人类对自然的改造程度，是人们可以实现或基本可以实现的产量。

（6）现实生产力是在现实条件下，土地的实际产量。它反映了当前的生产水平。

这些不同层次的生产能力类型，是在耕地资源利用与保护过程中必须考虑的，因为在不同自然条件、区域土地利用水平条件和农户土地利用条件下，耕地生产能力表现形式差异很大。进行耕地资源利用与保护，就要通过进行土地基础设施建设，不断提高耕地资源利用效益，实现耕地资源的现实生产能力。

2. 影响作物生产潜力实现的因素

作物生产潜力的实现受诸多因素的影响，用系统科学的观点分析作物生产系统，可将其分为 4 个子系统：生态系统、技术系统、经济系统和社会系统。作物生产系统的实质就是在一定生态条件下，运用经济学规律和一定的农业技术体系调节和控制的生态系统。生态系统中的气候因子、水分因子、土壤因子及其他生态因子决定了作物土地生产潜力的大小。土地生产潜力的挖掘程度又取决于技术、经济和社会系统中的各因子。技术、经济和社会系统中的所有因素都可能影响作物生产潜力的实现程度。技术系统中的栽培耕作技术、良种生产技术、机械化水平、管理水平，经济系统中的物质能量投入、人工投入，以及社会系统中的政策、市场等因素都制约着作物生产潜力的实现。

总之，以上所有因素都对作物生产潜力的大小和实现程度起一定的作用，但并不是起同等重要的作用，其作用大小随作物种类及作物生产潜力层次的不同而改变。市场经济条件下，土地生产潜力的开发主要受投入与管理水平的制约，肥料投入、病虫害防治、机械化水平、农业技术应用及田间管理等条件都不同程度地影响着作物的产量。而投入与管理水平又受两类因素的影响：首先是受当地社会经济发展水平下农户利用土地能力的影响,也就是说农户的资金和管理技术水平决定了农民利用土地的能力;其次,在土地利用能力既定的条件下,对作物生产的投入与管理还受劳动者投入意愿的影响,即农户愿不愿意对土地进行充分投入。

1) 土地质量观

确立全面、准确的土地质量观,是认识土地质量,衡量土地质量的前提,分析土地利用强度和生产潜力的主要基础。土地质量是一个综合指标,取决于土地的综合特征,它是土地全部组成要素及相关环境条件因素的相互组合,彼此作用所构成的生产利用的综合效应。全面准确的土地质量观,包括以下四个观点:针对性观点、效益性观点、综合性观点、动态性观点。

2) 土地适宜性理论

土地适宜性是评价土地对特定利用类型的适宜性的过程。土地的适宜性程度和限制性的强度通常作为土地适宜性评价的主要依据。土地适宜性是一定土地类型对一种指定用途的合适程度,可以按土地的现状或按改良后的状况加以考虑。土地的限制性是指在一定条件下,构成土地质量的某种因素的优劣、多少,限制了土地的某些用途,或影响了用途的适宜程度,甚至影响了周围土地的进一步改造和利用。产能核算应选择适宜于当地生产条件的物种为调查对象,选择各指标区的作物样本产值,是正确建立产能模型的关键因素之一,一般情况下以当地重要种植作物为准。

3) 生产经济学理论

在农业生产过程中,主要解决的经济问题是要怎样合理配置和利用土地、资金、技术、劳动力等稀缺性资源,使之与空气、阳光等其他资源相结合,生产出更多的产品来满足人类社会不断增长的物质需要。

耕地生产涉及的经济问题,主要是生产什么、怎样生产和生产多少的问题。生产什么是根据生产资源和市场需要情况,解决产品与产品之间的关系问题。如何生产是根据资源配置状况,解决资源与资源之间的关系问题。生产多少,则是根据市场需要和资源供给状况,解决资源和产品之间的关系问题。要在保持粮食稳定供应的基础上,合理规划农产品品种和数量,尽可能做到物达所需,量达所求。

根据我国国情,在现有农业资源优势鉴别的基础上,对农业资源配置的结构和模式在时空尺度上进行改造、重新设计、组合和布局,以期突出区域资源的优势,实现农业系统中各种资源组分之间和谐的最优组合,并实现最佳的经济效益、社会效益和生态效益。市场经济主要是通过市场调节,实现对资源在不同农户或农业生产单位之间的分配,可以肯定,农业资源必然向着利用率高、经济效益好的农户或生产单位流动,要求生产单位或农户充分利用资源,提高效益。这样,必须进行生产要素利用率的分析和利用方式的研究,来进一步提高农业综合生产能力。

二、土地生态理论

土地是一个生态系统,因而产生了以土地生态系统为对象的土地生态学。土地生态学是土地科学的基础性学科之一,在土地科学学科体系中居于十分重要的基础地位。它是一门研究土地生态系统的特性、结构、功能、空间分布及其相互关系和优化利用的学科。它是在生态学一般原理的基础上,阐述土地及其环境物质与能量循环转化规律,优化土地生态系统的对策和措施。如何用生态学原理研究耕地资源利用与保护过程中的有关生态问题并以此为依据指导耕地资源的利用与保护,为耕地资源利用与保护提供理论依据,是土地生态学的基本任务和主要内容。

(一) 土地生态系统的概念

所谓生态,是一个反映生物与环境之间相互关系的概念,它是指生物及其赖以生存的环境在空间上的统一。而生态系统是具有一定结构和功能的单位,它是自然界一定空间的生物群落与环境之间不断进行物质循环和能量流动而形成的统一整体。

从其构成看,生态系统是由生物和非生物环境两部分组成的。生物成分包括生产者(绿色植物)、消费者(动物)和分解者(微生物)三类;非生物环境包括太阳辐射、土壤、水分、气候等生物赖以生存的各种环境要素。土地生态系统中生物与环境之间及生物与生物之间以食物关系为纽带构成营养结构,通过营养结构将生物与环境联系起来,使生产者、消费者和分解者之间,以及它们与环境之间不断地进行物质循环和能量流动,以维持生态系统的稳定。

土地生态系统是在一定地域范围内,由土地各自然要素(地貌、气候、土壤、水文、植被、动物和微生物等)组成,包括过去和现在人类活动的影响在内,是一个复杂的物质循环和能量流动的有机综合体。其组成包括生物因子和非生物因子两大部分,生物因子是土地生态系统内物质和能量转化、储存的主体,主要是指地上和地下动植物和微生物,也包括人类本身,共同构成系统的食物链网。非生物因子是组成系统结构的物质基础,即所谓环境系统,包括大气、土壤、水、地貌和地质环境等。生物因子和非生物因子之间,通过水循环、大气循环、生物循环和地质循环相互联系、相互制约,有机组织在一起。

(二) 土地生态系统的结构

所谓结构是组成系统的要素和单元之间的相互结合关系。由于空间位置不同,环境条件和生物群落存在差异,土地生态系统呈现出不同的结构。

首先,土地生态系统的环境条件差异很大,生物种类繁多,两者相互结合形成了多种多样的土地生态系统,主要有林地生态系统、农田生态系统、草地生态系统、水域生态系统、荒漠土地生态系统和城市土地生态系统等。

其次,生物构成差异及所处地理位置的不同,导致土地生态系统的空间结构产生分异。空间结构包括垂直结构和水平结构两方面。垂直结构表现为生态系统内部不同的种群占有不同的空间和生态位置。根据各生物种群在空间和食物链中的位置,每一生物种群都与其上下和四周环境进行频繁的物质交换和能量流动。研究土地生态系统的这种垂直地带性结构演变,对于山区土地资源的综合开发具有特殊意义。土地生态系统的水平结构,也就是土地和植被的水平组合方式不同,表现为各种子系统在地球表面连续不断的分换和系统功能,是进行土地利用系统分析和研究土地利用结构的基础。

最后,土地生态系统也具有层次性,一个土地生态系统可以由许多小的土地生态系统单元组成。若干个小系统可以构成一个大系统,若干个大系统再构成一个更大的系统,依此类推,直至构成全球土地生态系统。

(三)土地生态系统的特性

1. 土地生态系统具有整体性

任何一个土地生态系统都是由含多种因子的不同层次的多个子系统构成的。在某个子系统中,无论是环境组分还是生物组分,都是各种因子纵横交错而形成的复杂网络结构,各个因子相互联系,是一个彼此制约而又协调一致的整体。土地生态系统的整体性特征决定土地资源的开发利用必须具有综合性和科学性。只有全面地认识土地生态系统的特征,才有可能做到合理开发利用。

2. 土地生态系统具有开放性

不管是人控的还是自然的土地生态系统都是不同程度的开放系统,需要不断地从外界输入能量和物质,经过转换,一部分以有机物的形式积累在系统内,另一部分以热量或废弃物的形式输出到系统外,从而维持系统的有序状态。任何生态系统没有物质和能量的输入输出,就谈不上系统的生存和发展。

3. 土地生态系统具有区域性

土地生态系统有明显的区域性,由于各地气候条件多样、地形各异,森林、草地、农田和水域等土地生态系统地域性特征明显,所以土地生态系统的保护和发展要遵循因地制宜的原则。例如,山区应以林地生态系统为主,平原区建立以粮、油、棉为主体的农田生态系统。我国在西部进行的生态建设,就要根据当地具体的自然环境条件,仔细考虑生态退耕后的土地应以还林为主,还是以还草为主,以期能够达到理想的生态恢复效果。

4. 土地生态系统具有可变性

生态系统层次越多,结构越复杂,系统就越趋于稳定,受到外界干扰后,系统自我调节及恢复能力也越强。相反,食物链越单一,系统越趋于脆弱,稳定性也越差,稍受干扰,就可能导致系统的崩溃。引起土地生态系统变化的因素有自然的,也有人为的。土地生态系统具有自身的特殊性,它遵循自身的运动规律不断地发展和演替,人类只有尊重土地生态系统的规律来利用土地,发展生产,才能实现理想的目标。

土地生态系统是自然过程最活跃的场所,是人类的活动基地。在垂直方向上,它包括从基岩、土壤的母质层到植被的冠层及其上方的大气层,是岩石圈、大气圈和水圈等相互接触的地方,是各种物理过程、化学过程、生物过程、物质和能量交换转化过程最活跃的场所,它构成了一个完整的生物与其环境密不可分的系统。自然界的四大基本循环——大气循环、地质循环、水分循环和生物循环都在土地生态系统中有不同程度的表现,而且各种循环的各个环节都表现为物质的迁移和能量的转换,从而构成该系统与外界的联系,维持着系统的动态平衡和自身的发展。大气、土壤、水分和生物之间物质迁移和能量交换的过程是土地生态系统中最基本的过程,它们之间相互联系、相互作用,构成复杂的网络结构,将土地的各个自然要素连接成一个有机的统一整体,并具有统一的功能,即土地生产力。

（四）土地生态学的基础理论

任何一门学科都有其相应的理论基础。土地生态学作为生态学、土地学的一门分支学科和交叉学科,其理论基础主要包括生态学、土地学的一般理论。土地生态学的基础理论包括整体论、系统论、生态系统平衡及调控理论、渗透理论、等级理论、地域分异理论、土地利用与管理的生态系统原理等。其中,整体论与系统论、生态系统平衡及其调控理论、生态动力派理论在土地保护中的指导意义尤为重要。

1. 整体论与系统论

1) 整体论和系统论的基本内容

整体论（holism）是 1926 年由 Smuts 提出的哲学思想,以后被很多科学家发展。这一思想说明,客观世界是由一系列的处于不同等级系列的整体所组成,每一个整体都是一个系统,是一个相对稳定态中的相互关系集合。整体论排除了在定义整体之前必须先定义其所有要素及其相互关系的必要性,使我们对问题的处理变得相对简单。

系统论（system theory）是整体论的进一步发展和完善,它是一门运用逻辑学和数学方法研究一般系统规律的理论,从系统的角度揭示客观事物和现象之间相互联系、相互作用的共同本质和内在规律性。系统论包括层次、结构、功能、反馈、信息、平衡、涨落、突变和自组织等内容。它的主体思想是阐述对一切系统普遍有效的原理,不管系统组成元素的性质和关系如何,任何学科的研究对象都可看做一个系统。

系统论认为,系统的性质和规律存在于全部要素的相互联系和相互作用之中,各组成成分孤立的特征和活动的简单叠加不能反映系统整体的面貌。它主张从对象的整体性和全局进行考察,反对孤立研究其中任何部分及仅从个别方面思考和解决问题。它重视系统和环境的物质、能量和信息交换,强调系统和环境是相互联系、相互作用的,并且在一定条件下可以相互转化。它还强调系统的动态性,即把系统作为一种不断运动、发展变化的客观实体去研究。系统论方法的基本步骤为:系统地提出问题;明确系统要素之间的相互关系;构建逻辑和数学模型;根据问题的性质和目标,分析系统的特点和研究采用的具体方法;根据要求选择最佳方案;确立系统结构的组成和相互关系。

2) 整体论与系统论在土地生态学中的指导作用

土地生态系统是一个纵横交织的立体网络系统,土地生态学同时从"垂直"和"水平"两个方向研究土地生态系统和土地生态问题。所以,整体论和系统论在土地生态问题及土地生态系统研究中有重要的指导作用,主要体现在以下几个方面。

(1) 从整体性角度研究和把握土地开发利用和保护中面临的生态问题。土地开发利用和保护中产生的生态问题由多种因素造成,其形成原因也是非常复杂的,孤立研究其中任何部分或仅从个别方面思考和解决问题的办法都是难以奏效的。而整体论和系统论则主张从研究对象的整体和全局出发来研究、解决所面临的问题,从整体性角度研究和把握土地开发利用和保护中面临的生态问题。

(2) 把土地生态系统作为土地开发利用和保护对象。要把土地作为一个生态系统即土地生态系统来进行研究,从系统的整体性、有序性、层次性、动态性、开放性和目的性等角度出发来进行土地生态系统问题的研究,对土地的开发利用和保护才能更加有效。

(3) 应用系统论思想和方法来研究土地生态系统。首先要研究土地生态系统的层次、结构、功能、反馈、信息、平衡、涨落、突变和自组织等基础内容,这是研究解决土地开发利用和保护中生态问题的基础和根本。

(4) 将土地生态系统的结构性、开放性和动态性作为土地开发利用和保护问题研究的重要内容。从整体上研究系统结构与功能、系统与环境的相互关系、系统的动态变化,是系统论的精髓。应用系统论,就是要将土地生态系统的结构性、开放性和动态性作为土地开发利用和保护研究的主线之一。

2. 生态系统平衡及其调控理论

所谓生态平衡(ecological balance),是指在一定时间内,生态系统中人类和生物与环境之间,以及生物各种群之间相互制约,维护某种协调关系,使系统内能自我调节并遵循动态平衡法则,为能量流动、物质循环和信息传递达到系统结构和功能相对稳定的状态。

　　生态系统的相对稳定有两层含义：一是指生态系统的结构和功能长期、持久地保持相对不变，即具有长期的相对稳定性；二是指生态系统在环境改变和人类干扰的情况下，能通过内部的调整，以维持结构和机能的稳定。从热力学观点看，生态系统是一个开放的系统，它和自然界的其他系统一样，变化的趋势是熵的增加，放出能量，从有序到无序，最大的无序才称作平衡。

　　土地生态系统是在长期适应自然的过程中逐渐形成的，与其他生态系统一样，它具有内部的自动调节功能，可以通过自我调节和修复来保持自身的协调和稳定。但是这种能力是有条件、有限度的，如果环境的变化超出了生态系统所能够承受的周期性变化范围，生态系统的调节能力将不再起作用，土地生态系统便会受到伤害和改变，甚至出现不可逆转的破坏。土地生态系统自我调节能力的界限是系统本身的承受极限（生态阈限）。为了保持生态系统的平衡，必须根据生态系统原理，应用系统分析的手段，测定出土地生态系统的阈值界限或系统的负载能力，使土地开发利用与土地系统的负载能力相适应。否则，如果土地生态系统受到根本性的破坏，人类的生存也必然受到威胁。

　　土地生态系统调节能力的大小取决于系统成分的多样性、能量流动和物质循环的复杂性。一般来说，一个成分多样、物质循环和能量流动复杂、自身的调节相对简单的生态系统具有更强的自我调节能力，因为在成分复杂的土地生态系统中，当系统的某一部分发生机能障碍时，可以被系统的其他部分调节和补偿。生态平衡的调节主要通过系统的抵抗力、恢复力、自治力及内稳态机制来实现。抵抗力（resistance）是生态系统抵抗外部干扰、维持系统结构功能原状的能力，系统发育越成熟，结构越复杂，抵抗力就越强。环境容量、自净力都是系统抵抗力的表现；恢复力（resilience）是指生态系统遭受外部干扰后，系统恢复到原状的能力。恢复能力常由生命系统的生命力和种群世代延续的基本特征决定，一般而言，生物的世代短、结构比较简单的生态系统恢复力强；自治力（autonomy）是指生态系统对于发生在内部各种现象的自我控制能力。如果生态系统内物质和能量的资源量大于环境的交换量，则系统有足够能量和物质的保持量以支持生态系统稳定，反之则没有足够的能量和物质以抵抗外部压力的支配；稳态机制（homeostasis）是指内部组织和结构的一种调节功能，即调节生态系统中能量流动和物质循环，以及各种成分之间营养关系的能力。

　　根据热力学理论，生态系统是不能达到平衡的，生态系统的平衡只能靠稳定因素起作用，即从外界不断地向系统输送能量（负熵流），才能维持系统的有序。在这种意义上，生态系统的相对平衡是靠外加因素才能实现的。从人类的利益出发，要求人们根据生态系统的客观规律，持续不断地来调控生态系统，以维持生态系统的相对平衡。它主要包括四个原则：一是物质保护原则，即保证生态系统内部物质循环的连续性;二是生产保护原则,即生态系统的生产者总是调整自己以适应环境的变化;三是结构保护原则,即生态系统的结构是内稳态机制的载体,所有生态系统都有趋向于恢复因突变事件造成破坏的机制;四是关系保护原则,即发生在生态系统中的各种过程都是由群落内稳态机制控制的,稳态机制的作用导致群落对生境条件进行调节,尤其是使某些因素和压力造成的波动减少。

3. 生态平衡及其调控理论的指导意义

首先,根据生态平衡及其调控理论,各类农用地之间、各类建设用地之间及农用地与建设用地之间存在着密切的生态联系,它们都处于生态循环圈内,构成一个有机整体。在认识、研究土地及开发利用土地的实践中,必须充分考虑各类土地之间的生态联系及生态规律,以维护和保持土地资源开发利用的生态平衡为中心,注重协调各类土地之间的生态关系,不能只顾个体利益和经济效益,而不顾全局利益和生态效益。过去我们往往把土地分为若干部分来认识和研究,土地开发利用实践的重点也多是按土地类型分区进行的,而从整体上认识、研究不同用地类型之间的生态联系和生态平衡问题的不多,这也是近几十年来土地生态系统结构失调、功能衰减的主要原因。

其次,土地生态系统的平衡与其他生态系统的平衡一样,是相对的平衡、动态的平衡。维护和保持土地资源开发利用的生态平衡,并不是消极地维持现状,而是要依据社会经济的发展和现有经济技术条件,按照生态平衡及其调控理论,以合理开发利用和保护土地资源、实现土地可持续利用为目标,不断地打破旧的生态平衡,创建和发展比原土地生态系统更佳的新的生态平衡,扩大土地生态系统的物质循环和能量流动的规模,使土地生态平衡朝着人类所要求的方向发展,即形成可持续的、最大的生产力和最佳的生态经济效果。

最后,根据生态平衡及其调控理论,土地生态系统始终处于动态变化之中,对它的利用只能在一定范围内才能保持相对的稳定,超出其可承受能力,土地生态系统就有退化甚至崩溃的危险,所以要防止区域土地利用中生态失衡进而影响区域可持续发展。因此,实行土地生态保护,对于保护生态平衡、维持土地生态系统的健康发展有着积极的意义。而且土地生态系统有诸多类型,要因地制宜,按照生态系统的自然规律,对各种土地生态系统采取相应的有效措施,才能达到保护生态环境的良好效果。在土地利用总体规划、土地利用工程规划设计、土地开发整理及复垦规划设计等土地利用与管理工作中,要把生态平衡及其调控理论作为重要的指导理论,将维护生态平衡作为主要工作目标和任务之一,重视土地开发、整理、复垦、土地利用管理等工作过程中的生态调控,预防生态失调,促进土地生态良性循环。

三、土地经济理论

(一) 地租理论

地租泛指报酬或收益。马克思主义地租理论认为,地租是直接生产者所创造的剩余生产物被土地所有者无偿占有的部分,它是土地所有权在经济上借以实现的形式。土地的稀缺性、土地所有权的垄断正是土地在商品经济条件下产生地租的基本条件。耕地评价最主要的理论是马克思主义地租理论,所以研究地租理论对于评价体系的建立具有重要的指导意义。

地租可分为级差地租和绝对地租两种基本形式。级差地租指占用较优土地所获得的归土地所有者占有的超额利润。级差地租与耕地质量等级密切相关,它是耕地评价的理论基础。级差地租按其形成条件和特点,分为级差地租Ⅰ和级差地租Ⅱ。前者是由土地肥力和位置的不同所引起的劳动生产率差别,后者是由在同一块土地面积上追加投资所引起的劳动生产率差别。一般而言,级差地租Ⅰ与粗放经营相联系,级差地租Ⅱ与集约经营相联系。在现实中,级差地租Ⅰ和级差地租Ⅱ不仅是并存的,而且其实质也是相同的,都是在等量土地上的等量投资具有不同劳动生产率的结果。产生这一结果的基础是土地自然条件的差别,因为优越的自然条件是较高劳动生产率的自然基础。无论从历史上看,还是从一定时期的运动来看,级差地租Ⅰ都是级差地租Ⅱ的基础和出发点,而级差地租Ⅱ只是级差地租Ⅰ的不同表现形式而已。所以,土地肥力和区位是产生级差地租的充要条件,因而是构成耕地质量等级的两大要素,并成为耕地质量评价的核心内容。绝对地租是指土地所有者凭借土地所有权垄断所取得的地租,农业资本有机构成低于社会平均资本有机构成是绝对地租形成的条件,土地所有权的垄断是绝对地租形成的根本原因。

(二) 生产要素理论

最早论及生产要素这一概念的是 17 世纪英国著名经济学家威廉·配第,他从赋税的角度认为,土地为财富之母,劳动则为财富之父和能动的要素。

生产要素理论认为,由光照、温度、水分、土壤决定的耕地生产能力只仅仅表示耕地可能的生产潜力,并不等同耕地的实际生产力。耕地的实际产量还是会受到生产资料投入水平、肥料投入、病虫害防治、机械化水平,以及科技水平、农民的田间管理水平等条件的影响。可以这么说,即使耕地的自然质量相同,物质投入和管理水平不同,同样会造成产量存在很大差异。

根据这一原理,当土地自然质量一定、经济条件相似时,作物生产量取决于生产条件、农耕知识、技能水平、劳动态度等。按照土地自然质量状况评定出来的潜力等级,只是土地的可能生产量,并非土地的实际生产量,土地实际生产量还受到当地长时间形成的农耕水平、用地强度、种植技能、劳动态度的限制。运用不同土地上的利用系数,将一定光温水土生产力指数(即作物的理论生产量)修正为作物的实际生产量,体现相同土地质量、相同土地潜力等级上的不同利用水平造成的等级差异。因此在进行耕地生产能力评价时要对自然因素和人为投入因素认真考虑,尽量多方面分析耕地生产能力的大小和形成机理,通过光温生产力指数、土地质量修正因素对标准耕作制度、基准作物进行横向比较。但因农耕历史和人类经济活动强度的区域差异,在基本相似的气候、近似的土地条件下,发挥土地潜力的社会平均水平不同,土地质量还会有差异。因此,应该运用土地利用评价的方法对土地等级进行长期土地利用状况方面的修正。

(三)土地报酬理论

土地报酬规律是优化土地利用投入产出关系与经济方式的基本依据。要使土地产出更多的产品、提供最大收益就需要了解和研究土地报酬规律的作用,合理组织集约经营和规模经营,为土地的合理利用提供科学依据。

土地报酬递减规律已经有多年的发展历史,它一直被农业经济学视为最基本规律,同时也被广泛地应用于资源经济学、土地经济学、生态学等领域,随之成为工农业生产的普遍规律,并被抽象为报酬递减规律或收益递减规律。该规律揭示出,在一定的技术水平下,对土地追加投资,当投入一定量资源时,产出量会因此而增加;而当投入的资源数量超过一定量后,随着追加投入的增加,投入等量资源带来的产出量反而会呈递减的趋势。可以认为从土地利用全过程看,土地报酬的运动规律在正常情况和一般条件下,应该是随着单位土地面积上劳动和资本的追加投入,显示先递增然后趋向递减。在递减后,如果出现科学技术或社会制度上的重大变革,使土地利用在生产资料组合方面进一步趋于合理,然后又会转向递增;技术和管理水平稳定下来,将会再度趋向递减。至于土地肥力及土地生产力的发展变化趋势,在土地合理利用条件下,总的趋势是递增的,但利用不当也会趋于下降和衰退,关键在于科学技术和管理水平的主导作用。

从投入产出关系(生产函数)来看,报酬、生产力的递增、递减主要在于投入的变量资源与固定资源(土地)的比例关系是否配合得当,二者在配合比例上协调与否,以及协调程度的大小。土地报酬递减规律对合理确定土地利用的适度规模经营有着重要的指导意义。

(四)投入产出理论

保护耕地资源安全的目的和出发点是提高粮食综合生产能力。近20年来,虽然耕地不断减少、人口不断增加、人均食物消费水平不断提高,但对耕地资源的压力并没有随之增加,原因在于耕地综合生产能力的提高。因此,在稳定耕地资源数量的基础上,依靠增加投入和科技进步不断提高耕地的综合生产能力,是保证粮食安全的资源基础和满足工业化、城市化对土地需求的根本途径。从这个意义上讲,耕地综合生产能力是制定耕地资源安全标准的科学依据。

(五) 外部性理论

耕地资源不仅具有经济产出价值,还具有重要的社会承载和生态服务价值,耕地资源安全保护是一项积极的外部性经济活动,单纯依靠市场机制,其产品的供给会产生严重不足,或供给本身可能是微不足道的。耕地资源保护政策的实施,农民不仅能获得一定的经济效益,更重要的是其社会和生态等外部效益,而后者被周围和其他地区的人们无偿地享用了。耕地资源保护作为一项有明显外部性特征的经济活动,在耕地资源保护的个体需求和社会(社会成员)需求之间存在一个边际外部效益问题。正是这种外部性的存在,市场机制不可能自动引导以效益最大化为目的的农户有效地进行耕地资源保护,农业比较收益低下及"搭便车"现象明显地抑制了农民进行耕地资源保护的积极性。因此,应当着手寻找一些有效的方法和途径以消除外部性,市场条件下产权初始界定的目的就是要解决外部性问题。就目前我国农地产权而言,赋予农民清晰而完整的农地产权,从耕地资源安全保护的角度来讲,具有积极作用。但由于我国目前市场体系还不健全,还不存在有关的生态产品交易市场,实际上发达国家也还没有完全意义上的这种市场,在这种情况下我国政府还需建立耕地保护补偿金等制度,有效调动耕地资源保护的积极性。

(六) 效用理论

稀缺性是指人们对某种资源的欲望超过了其现有的数量,也就是说,稀缺性是无限的欲望与有限资源的矛盾表征。耕地资源作为一种自然资源,不可避免地具有稀缺性特征,这是由耕地资源自然供给的绝对有限性、位置的固定性、质量的差异性和报酬的递减性等因素造成的。人们在进行耕地用途的取向时,必然会遵循所得的利益与所付出的代价相平衡的原则。在传统的福利经济学和社会选择理论领域中有一个重要的伦理原则,即效用理论,其内容就是在有效范围内尽可能地实现这种平衡,最好地利用有限的资源,达到最优化。土地资源具有多种用途,当作出选择决定其用途以满足某种欲望时,必须放弃其他的用途和欲望。在耕地流转决策时,往往也只考虑了流转后的经济效益。但耕地不仅具有经济价值,还具有社会价值和生态价值,而且由于耕地流转具有不可逆性,所以在耕地保护与开发中必须综合考虑各方面的因素,以使耕地资源的综合效用达到最大。

（七）土地区位理论

所谓区位就是从空间的观点确定地理位置、距离、规模、结构的合理性。区位研究的目的是寻求地理事物存在的地域内在规律。区位是空间区域的综合体，包括自然地理区位、经济地理区位、交通地理区位和自然地理位置，是事物存在的自然空间，反映特定事物与周围陆地、山脉、河流、海洋等自然物之间的空间关系。

区位论是关于人类活动，特别是经济活动空间组织优化的学问。土地区位理论，主要是一种研究土地生产力布局的理论，其根本宗旨在于人类社会经济活动的空间法则，即社会经济活动的空间分布、运动、关联等。土地区位理论是人类选择行为场所的理论，其核心就是以最小成本获得最大利润。区位活动是人类活动的最基本行为，只有在最佳场所活动，才能取得最佳效果。土地区位理论就是为寻求合理土地生产力布局而建立的理论。土地利用总体规划必须全面系统地应用区位理论作为指导，合理地确定土地利用方向和结构，根据区域发展的需要，科学分配土地资源。

对土地利用总体规划实施情况的评价，要科学对照土地利用总体规划的用地安排和实际土地利用结构变化情况，既要分析现有规划的用地安排是否符合区位理论的基本要求，又要分析土地利用结构实际变化情况是否是按照区位理论的基本要求来发生的。对于不符合区位理论基本要求的用地布局，可以建议在新一轮土地利用总体规划修编时予以调整。

（八）土地的供给与需求

土地的供给与需求是人地关系的表现，并制约着人地关系的状况。土地资源的资产特性使土地供求关系及其制约因素不限于自然条件，而且涉及社会经济技术条件，因而有其特定的规律和机理，这是人们研究人地关系以至一切土地问题时必须遵循的一项基本原理。

土地的供给是指在一定的技术经济环境条件下，对人类有用的各种土地资源的数量，包括已利用的和未利用的后备储量的总和。按其性质可以分为土地的经济供给和自然供给。土地以其自然固有的属性供给人类利用，以满足人类社会生产和生活的需要，成为自然供给，它是无弹性的供给；土地的经济供给是指在土地的自然供给允许的条件下，在一定的时间和地区因用途利益和价格变化而形成的土地供给数量。土地的经济供给是有弹性的，而所谓的土地需求就是人类为了生存和发展进行的各种生产和消费活动，一般来说，土地的需求弹性很小。

由于土地的特殊性，土地供求平衡是相对的、暂时的，而不平衡是绝对的。从实践看，土地供求不应是绝对的、普遍的，土地的经济供给量将不能满足土地需求量的日益增长。正因为如此，地价总的趋势是上升的。面对日益紧张的人地关系，缓解该矛盾的唯一出路是从控制人口和合理利用与管理土地两方面去谋求,只有控制人口和对土地的需求,才是缓解土地压力的根本;只有合理开发利用和管理好土地,才能缓解土地经济供给的短缺,充分有效合理地利用有限的土地。

四、土地管理理论

(一)土地系统理论

土地系统,是指在一定的地域空间范围内由若干个互相作用、互相依赖的土地要素有规律地组合成具有特定结构和功能的有机整体。它是一个复杂的大系统,包含自然系统、经济系统、社会系统。

土地系统具有明显的层次性,如土地—耕地—水田—望天田等。与层次相对应,土地系统具有明显的时间和空间尺度。时间尺度,如土地利用演变、土地类型演替、土地权属变更、地价动态变化等;空间尺度,如土地的区域大小,最小至地块或刻面,大至小流域,甚至整个陆地。土地系统中这些具有不同层次和时空尺度的组分,本身也可以自成系统,称为子系统,它们互相联系组成一个具有能量流、物质流、信息流、经济流和社会流的串联系统。

按土地系统的构成要素,即子系统来分类,也就是从纵向来划分,通常可分为以下基本类型:①农田系统;②林地系统;③草地系统;④水域系统;⑤荒漠系统;⑥市地系统。

按土地系统构成要素之间的相互关系,即分系统来分类,也就是从横向上来划分,它可分成若干不同等级的区域类型。例如,我国按水热的区域分布将土地分为以下基本类型:①湿润赤道带土地系统;②湿润热带土地系统;③湿润南亚热带土地系统;④湿润中亚热带土地系统;⑤湿润北亚热带土地系统;⑥湿润半湿润暖温带土地系统;⑦湿润半湿润温带土地系统;⑧湿润寒温带土地系统;⑨黄土高原土地系统;⑩半干旱温带草原土地系统;⑪干旱温带暖湿带荒漠土地系统;⑫青藏高原土地系统。

从总体上说,土地系统由外界驱动越出非平衡线性区,从而达到远离平衡的区域。但是在局部时空范围内,土地系统也可处在平衡态和近平衡态,即系统的总倾向是朝着无序、低级和简单的方向发展。例如,在一片沙漠中,通过有意识的灌溉施肥,营造防风固沙林,这种补助能量可以提高沙漠土地的有序性,使某块土地变为绿洲。但是,绿洲要求的自然条件组合比沙漠要严格,而且必须随时加以照料,才能保持自然条件的有序性,否则总是趋于无序,趋于增熵,趋于退化。也就是说,在通常情况下,绿洲可能自动退化为沙漠而处于近平衡态。土地肥力的演化是另一个典型的例子,它似乎总是自动趋向于熵增大的近平衡态,即在通常情况下,土地肥力具有自动退化的趋势。

土地系统的不可逆过程告诉人们,在评价土地的适宜性时,要认真调查研究,充分地进行可行性论证,以便做出科学、合理的决策。否则,土地利用系统具有不可逆过程的特性及具有向近平衡态发展的趋势,将可能造成土地退化,对人类生存造成极大的危害。

(二) 系统工程理论

系统工程 (system engineering)是系统科学的应用分支学科,是一门综合性组织管理技术,是以大型的复杂系统为研究对象,并有目的地对其进行规划、研究、设计和管理,以期达到总体最优的效果。系统被定义为由相互作用和相互依赖的若干组成部分组合起来的具有某种特定功能的有机整体,而且它本身又是它所从属的一个更大系统的组成部分。

系统分析是指为研制系统收集必要而足够的信息,拟出能满足系统要求的几种方案,用多种手段分析对象系统的要求、结构及功能等,弄清该系统的特性,取得系统内外的有关信息,并考虑到环境、资源、状态等约束条件,根据评价准则对分析结果进行评价,以得到若干较为满意的解。系统综合是充分研究分析的结果,根据特定解和评价结果,把系统的组成和行为方式作为系统加以组合,拟定系统的规范。此时应尽可能多地拟订几个方案进行综合评价,做出择优选定,如果不满意,则需重新进行综合。

系统工程方法论为研究方法上的整体化、技术应用上的综合化、组织管理上的科学化。系统工程把对象系统看成是一个整体,同时把研究过程也视作一个整体。人们把系统作为若干子系统有机结合成的整体来设计,对每个子系统的技术要求都首先从实现整体技术协调的观点来考虑,对研究过程中子系统与子系统之间的矛盾或子系统与系统整体之间的矛盾都要从总体协调的需要来选择解决方案。同时,把系统作为它所从属的更大系统的组成部分来研究,对它的所有技术要求,都尽可能从实现这个更大系统技术协调的观点来考虑。例如,对于土地资源十分紧缺的地区,有限的土地资源如何分配给各个产业和部门,就需要从全局来协调考虑。在实践中,某项技术措施从子系统来看效果很好,但从全局来看就不一定好,同样有些技术措施从局部看效果不太理想,但从整体来看却有应用的价值。因此,为了保证系统的整体性效益,就需要运用现代管理技术,特别是用系统工程方法来统筹规划、综合平衡,以期取得最大的效益。

(三) 人地协调理论

人地关系即人类与其赖以生存和发展的地球环境之间的关系,是人类出现以后地球上就已客观存在的主体与客体之间的关系。在人类社会早期,生产力低下,人们依赖于自然,随着人类活动的进化,人们开始改造自然,驱使环境向着有利于满足人类需求的方面演变,这就是最早的人地关系。恩格斯提出和谐论原理,揭示了自然界对立中的统一、差别中的一致,反映了自然界作为一个整体的本质特征,是协调论的先驱。1972 年,由 58 个国家的 152 位成员组成的顾问委员会协作编写的《只有一个地球》中多次强调人类与环境之间相互影响、相互改造、相互依存的观点,是现代人地协调论的重要标志。在人地系统中,自然环境本身是一个有机的整体,虽然人的活动对地球有巨大的干预能力,但自然环境的发生发展毕竟还是受自然规律的支配。因此,人类就要在适应自然、保护自然的前提下,遵循自然规律、趋利避害,合理开发利用和改造自然,以实现生态、自然和社会的协调而持续的发展。

土地的供给与需求,是人地关系的表现,而协调土地总供给与总需求又是土地利用总体规划的重要内容。因此,我们在进行土地利用总体规划实施评价时就要以人地协调理论为指导,监督检查规划实施后土地的供需平衡的情况,及时反馈信息,采取手段调节供需矛盾,为了土地管理逐步实现从计划经济体制向市场经济体制转变服务。

（四）土地可持续利用理论

土地利用的研究已有 2000 多年的历史,但直到 20 世纪以后才形成了科学的研究体系。20 世纪 80 年代以前,土地利用研究以现状分析为特征,缺乏时间、过程、动态、空间的分析。80 年代以后可持续发展概念形成并被广泛接受,引起全球关注,人口、资源、环境、社会的发展无不与土地相关,土地可持续利用日益成为土地科学研究的焦点。90 年代以来,具有全球影响的两大组织“国际地圈与生物圈计划”(International Geosphere-Biosphere Program, IGBP)和“全球环境变化人文计划”(Human Dimensions Programme, HDP)逐渐加强对土地利用/土地覆被变化的研究,土地利用/土地覆被变化与全球变化和可持续发展的关系成为研究的核心问题。土地可持续利用思想于 1990 年在首次国际土地持续利用研讨会上正式确认,1993 年,FAO 在《持续土地利用管理评价大纲》中的定义是如果预测到一种土地利用在未来相当长的一段时间内不会引起土地适宜性的退化,则可认为这样的土地利用是可持续的。

可持续发展的核心是谋求经济发展与人口、资源、环境的综合协调,以实现经济和社会的长期稳定、持续发展。就我国目前情况而言,表现出耕地数量减少、质量下降、环境恶化,虽然人口出生率降低,但人口总量却不断增加,人地矛盾加剧。这说明,在我国经济和社会发展过程中,人口、资源、环境的关系尚未协调好。耕地资源能否可持续利用,不仅关系到我国农业的发展,还关系到我国经济社会能否可持续发展。随着我国经济的进一步发展和人口的不断增加,人多地少的矛盾将更加突出。为了维持耕地资源与人口之间的平衡,使有限的耕地资源兼顾各项用地需求,实现经济和社会长期稳定、持续发展,有关部门应通过节流、开源等各项措施,控制耕地总量不减少,并努力保护生态环境,提高耕地质量。对耕地质量变化进行分析,对达到人地关系协调和土地可持续利用目标具有重要意义。

　　土地可持续利用可以理解为在生态(自然)方面应具有适宜性,经济方面应具有获利能力,环境方面能实现良性循环,社会方面应具有公平和公正性。由于土地可持续利用研究成果是土地利用规划的重要基础,以及作为土地管理决策支持与效果评价的主要依据。所以,土地可持续利用研究应突破土地利用研究停留在概念和一般理论,以及局部性案例研究的局面,通过全面的具体指标体系及其评价标准研究使可持续利用走向实质性深入,同时要密切服务于应用目标,突出可操作性;在重视现状分析的基础上,注重生态经济社会过程的研究,探讨土地利用可持续与否的深层次原因。

(五) 集约经营原理理论

　　实行耕地总量控制,保护基本农田,必须依据集约经营原理,走集约发展道路,这是实现耕地总量动态平衡的前提。人们利用土地资源,就是要在土地上投放劳动和资本。而每单位土地面积上所投劳动和资本的多少称为集约度,以公式表示:

$$I = \frac{A + K + Z}{F}$$

式中,I 为经营集约度;A 为工资费用;K 为资本消费;Z 为经营资本所需支付的利息;F 为用地面积,通常把单位土地面积上使用高比率的变量投入(劳动、劳力、资本)称为集约经营,而把大面积土地使用低比率的变量投入称为粗放经营。当今世界,土地供给尤其是耕地供给的有限性和人类需求的无限性,决定了人们对土地要实行集约经营,使有限的土地面积上产出更多的粮食。这只有靠不断增加对土地的投入才能实现。

第二节　耕地质量建设与管理方法

一、地理信息空间分析法

　　当前地理信息技术主要包括地理信息系统(GIS)、遥感(RS)、全球定位系统(GPS)和数字地球技术。GIS 是反映人们赖以生存的现实世界(资源或环境)的形势与变迁的各类空间数据,以及描述这些空间数据特征的属性,在计算机软件和硬件的支持下,以一定的格式输入、存储、检索、显示和综合分析应用的技术。在常见的地理信息系统中,ESRI 的 ArcGIS 以其强大的分析能力占据了大量市场,成为主流的 GIS,其已成为全世界用户群体最大、应用领域最广泛的地理信息软件平台。利用 ArcGIS 的空间分析功能,实现多图层之间的叠加分析,获取评价指标值;利用其属性运算功能,进行评价单元的综合分值计算;利用其制图功能,制作评价因子专题图、耕地级别分布图和区片优势等级分级图。

二、地统计分析法

地统计(geostatistics)又称为地质统计,是在法国著名统计学家 Matheron 大量理论研究的基础上逐渐形成的一门新的统计学分支。它是以区域化变量为基础,借助变异函数,研究既具有随机性又具有结构性,或空间相关性和依赖性的自然现象的一门科学。

凡是与空间数据的结构性和随机性,或空间相关性和依赖性,或空间格局与变异有关的研究,并对这些数据进行最优无偏内插估计,或模拟这些数据的离散性、波动性时,皆可应用地统计学的理论与方法。地统计分析的核心就是通过对采样数据的分析、对采样区地理特征的认识选择合适的空间内插方法创建表面。钱振华等在基于 GIS 的上海崇明耕地土壤主要养分的空间变异研究中,采用 GIS 与地统计学相结合的方法,对上海崇明表层土壤有机质(OM)、全氮(TN)、水解氮(AN)、速效磷(AP)、速效钾(AK)、阳离子交换容量(CEC)等的空间变异分布规律进行了详细的分析研究(钱振华等,2009)。施加春(2006)在浙北环太湖平原耕地土壤重金属的空间变异特征及其风险评价研究中,研究了浙北环太湖平原 10 个区县市耕地土壤 Hg、Cd、Cr、Pb、Cu、As 六种重金属的空间变异特征及其环境风险。

三、层次分析法

层次分析法(analytic hierarchy program,AHP)的基本原理,是把所研究的复杂问题看作一个大系统,通过对系统多个因素的分析,划分出各因素间相互联系的有序层次;再请专家对每一层次的各因素进行可靠的判断后,相应地给出相对重要性的定量表示;进而建立数学模型,计算出每一层次全部因素相对重要性的权值,并加以排序;最后根据排序结果进行规划决策和选择解决问题的措施。近年来,不少学者利用层次分析法开展了地力评价方面的研究。例如,张海涛等(2003)利用 GIS 和 RS 资料在分析多种耕地等级评价因子类型基础上,确定每个评价因子的指数,并将层次分析法的原理和方法引入耕地地力评价以确定参评因子的权重;通过这些模型方法与 GIS 和 RS 结合,快速准确地对江汉平原后湖地区的耕地自然地力进行了综合评价。周红艺等(2003)以 SORER 数据库为基础,建立了基于层次分析法的耕地地力评价系统,并对长江上游典型区(彭州)的 53 个耕地单元进行了评价,生成了相应的专题评价图。王瑞燕(2004)以山东青州为试验区,利用系统聚类法、层次分析法、模糊评价法等方法和数学模型成功地实现了耕地地力自动化、定量化评价。侯伟在分析了黑龙江德惠市耕地地力等级评价因子的基础上,利用 RS 和 GIS 建立了耕地资源数据库,确定了每个评价因子的权重,并利用层次分析法进行耕地地力评价,为黑土区耕地退化治理和耕地的可持续利用与管理提供决策依据。冶军和吕新(2004)则运用主成分分析法对新疆棉田进行了质量评价。潘峰等(2002)研究了层次分析法的物元模型在土壤质量评价中的应用,提出了运用物元分析方法进行土壤质量等级的评价与排序,并采用层次分析法来确定各评价指标的权重系数,提高评判结果的准确性。

四、聚类分析法

聚类分析(cluster analysis)又称为群分析,是根据物以类聚的道理,对样品或指标进行分类的一种多元统计分析方法,它们讨论的对象是大量的样品,要求能按各自的特性来进行分类,没有任何模式可供参考或依循,即是在没有先验知识的情况下进行的。聚类分析起源于分类学,在古老的分类学中,人们主要依靠经验和专业知识来实现分类,很少利用数学工具进行定量的分类。随着人类科学技术的发展,对分类的要求越来越高,以致有时仅凭经验和专业知识难以确切地进行分类,于是人们逐渐把数学工具引用到分类学中,形成了数值分类学,之后又将多元分析的技术引入数值分类学形成了聚类分析。

聚类分析被应用于很多方面,在商业上,聚类分析被用来发现不同客户群,并且通过购买模式刻画不同客户群的特征;在生物上,聚类分析被用来进行动植物分类和基因分类,获取对种群固有结构的认识;在地理上,聚类能够帮助在地球中被观察的数据库商趋于的相似性;在保险行业上,聚类分析通过一个高的平均消费来鉴定汽车保险单持有者的分组,同时根据住宅类型、价值、地理位置来鉴定一个城市的房产分组;在因特网应用上,聚类分析被用来进行文档归类并修复信息。齐凤军运用主成分分析法和聚类分析法对山东省水资源可持续利用的区域差异进行评价,并指出山东省各地市水资源可持续利用中的问题,从而为合理利用水资源提供科学依据。刘英(2015)采用聚类分析法和比较优势指数法,对宁远种植业布局条件进行区划,对主要农作物进行比较优势分析,对种植业生产空间布局进行优化,以期为宁远不同区域现代农业区域化、专业化发展提供科学依据。

五、模糊综合评价法

耕地是在自然因素和人为因素共同作用下形成的一种复杂的自然综合体,它受时间、空间因子的制约。在现阶段,这些制约因子的作用还难以用精确的数字来表达。同时,耕地质量本身在"好"与"不好"之间也无截然界限,这类界限具有模糊性,因此,现已尝试用模糊评语评定耕地质量。模糊综合评价法目前应用较广泛。胡月明等(2001)提出了基于 GIS 的土壤质量模糊变权评价,以及基于 GIS 与灰色关联综合评价模型的土壤质量评价方法,解决了土壤质量评价中 GIS 与定量数学模型的结合,以及评价模型的变权问题。王建国等(2001)研究了模糊数学在土壤质量评价中的应用,总结土壤养分含量、质地等单因素模型并尝试用模糊乘积法进行土壤质量综合评价。但模糊综合评价法存在明显缺点,如取小取大的运算法使许多有用信息丢失,评价因素越多,丢失信息越多,使误判的可能性增大。

六、灰色关联度分析法

灰色关联度分析法是建立在灰色系统理论基础上的一种土地评价方法。由于它最终也是将评价因素与其等级的分数相乘然后相加,所以也称为关联度分析权重指数和法。关联度分析法,是根据评价因素之间发展态势的相似或相异程度来衡量评价因素之间的关联程度。评价的步骤如下:①确定评价因素和划分等级;②计算评价因素对土地平均产量的关联度;③计算评价因素权重;④评定土地等级。这种方法分析权重指数,对样本量无特别要求,且数学处理难度较小,然而这种方法只是灰色关联系统理论在土地评价中的一种尝试,还需进一步加以检验和改进。王新忠等(2000)运用灰色关联度分析法开展了新疆天然草地类型质量评价;汪华斌等(2000)对湖北清江流域旅游景区的开发潜力进行了评价。

七、回归分析法

回归分析法是将一定区域范围内的土地评价因素及其与土地生产力之间的关系,近似地描述为具有线性相关关系的变量间联系的函数。步骤一般为:①数据处理;②建立回归方程;③回归总体效果检验;④各自变量重要性的检验;⑤计算标准回归系数和评价因素的权重;⑥确定评价指数及评定土地等级;⑦再按总分值的多少进行土地等级的评定。虽然回归分析减少了主观随意性,但是进行回归分析要有足够数量及准确的资料,同时回归分析适用于解决呈线性、指数或对数分布的对象,尤以线性分布对象最为合适,否则难以取得满意的效果;再者,回归分析要求的数量大,必须借助于计算机。正是由于这些局限性,缩小了回归分析法的使用范围。但近年来,随着计算机的快速普及和网络技术的迅猛发展,利用回归分析法进行耕地评价又逐步得到应用。例如,侯文广等(2003)探讨了土壤等级评价因子的选择和因子权重的确定方法,提出了顾及因子稳定性的多元线性回归分析法,并进行了实例分析。吴克宁(2004)和林碧珊等(2005)以土种为单元,建立了土种数据库、耕地地力评价指标体系,采用限制因素法和综合归纳法,对耕地地力因素进行系统分析和评比,评价耕地地力等级。

八、神经网络模型

神经网络(neural networks, NN)是由大量的、简单的处理单元(称为神经元)广泛地互相连接而形成的复杂网络系统,它反映了人脑功能的许多基本特征,是一个高度复杂的非线性动力学习系统。神经网络具有大规模并行、分布式存储和处理、自组织、自适应和自学能力,特别适合处理需要同时考虑许多因素和条件的、不精确和模糊的信息问题。神经网络的发展与神经科学、数理科学、认知科学、计算机科学、人工智能、信息科学、控制论、机器人学、微电子学、心理学、光计算、分子生物学等有关,是一门新兴的边缘交叉学科。

神经网络的基础在于神经元。神经元是以生物神经系统的神经细胞为基础的生物模型。在人们对生物神经系统进行研究,以探讨人工智能的机制时,把神经元数学化,从而产生了神经元数学模型。大量形式相同的神经元连接在一起就组成了神经网络。虽然每个神经元的结构和功能都不复杂,但是神经网络的动态行为则是十分复杂的,因此,用神经网络可以表达实际物理世界的各种现象。神经网络模型是以神经元的数学模型为基础来描述的。人工神经网络(artificial neural network, ANN)是对人类大脑系统的一阶特性的一种描述。简单地讲,它是一个数学模型。神经网络模型由网络拓扑节点特点和学习规则来表示。潘邦龙在土地适宜性评价神经网络模型的研究与应用中,以珠海市横琴岛土地利用规划为背景,着重研究了 BP 神经网络模型在土地适宜性评价中应用的可行性、网络模型结构、学习算法和模型改进措施等,提出了利用 Levenberg-Marquardt 算法的 BP 神经网络评价模型。田梓文在基于神经网络模型的土地利用变化模拟研究中,用构造的ANN 模拟预测了泰安市泰山区和岱岳区的土地利用变化,取得了较好的效果。

九、仿真模型

仿真模型是指把所有关心的战术现象分解为一系列基本活动和事件,并按活动和事件的逻辑关系把它们组合在一起。仿真模型是被仿真对象的相似物或其结构形式。它可以是物理模型或数学模型,但并不是所有对象都能建立物理模型。例如,为了研究飞行器的动力学特征,在地面上只能用计算机来仿真。为此首先要建立对象的数学模型,然后将它转换成适合计算机处理的形式,即仿真模型。具体地说,对于模拟计算机应将数学模型转换成模拟排题图;对于数字计算机应转换成源程序。陈永继(2008)在甘蔗-土壤系统仿真模型的研究中,采用物理试验方法,测得了甘蔗密度,蔗芯、蔗皮的弹性模量和甘蔗茎秆的屈服应力;运用振动衰减法,通过田间振动试验,获得甘蔗和甘蔗-土壤系统的振动加速度曲线,并进行相关分析；采用有限元分析软件 ANSYS/LS-DYNA 建立甘蔗和甘蔗-土壤系统仿真模型。杨望等(2016)在基于土壤分层的木薯块根拔起系统动力学仿真模型研究中，针对土壤采用整体建模方法建模，针对木薯块根拔起过程动力学仿真精度受限及耕作层表土材料建模参数测定困难的问题，采用物理试验、FEM 和光滑粒子流体动力学（smoothed particle hydrodynamics，SPH)的耦合方法，建立土壤硬度测试系统动力学仿真模型，对木薯种植地耕作层土壤建模材料参数弹性模量进行了反演。

第三章　耕地质量评价

第一节　概　述

一、土地评价的定义

土地评价(land evaluation)，又称为土地分等，是依据科学的标准，对土地的数量、质量、覆盖特征和经济特点所进行的评估。是以不同土地利用为目的，估计土地潜力和土地适宜性的过程，其实质是对土地生产力高低的鉴定，基本内容是比较土地利用的要求和土地质量的供给。

二、土地评价的类别

土地评价有三种分类方式，分别是按评价目的分类、按评价方法分类(定性评价和定量评价)和按评价途径分类(直接评价和间接评价)，这里主要介绍按评价目的分类方式。按土地评价目的，可以分为土地质量评价、土地潜力评价、土地适宜性评价、土地利用可持续性评价、土地生态评价和土地经济评价。土地质量评价是指根据各种指标对某项土地利用影响的数学模式，利用计算机中已经储备的有关地区的具体资料进行对比，预测利用的结果，从而具体评定土地质量；土地潜力评价的主要目的在于预测土地的未来利用；土地适宜性评价是在土地潜力评价的基础上，联系某种具体生产对象的适宜条件来进行的。根据特定用途的适宜性，可对一定地段的土地进行评价和分级，用质量和数量来表示；土地利用可持续性评价源于土地适宜性评价，是对适宜性评价在时间方向的延伸；土地的生态评价和经济评价分别是着重土地的生态环境价值特点和土地的投入产出经济效果的评价。

第二节　土地评价类型

一、潜力评价

(一) 相关概念

土地潜力，或称为土地利用能力，是指土地在农林牧业生产或其他利用方面的潜在能力。

土地潜力评价，或称为土地潜力分类，主要依据土地的自然性质(土壤、气候和地形等)及其对土地的某种持久利用的限制程度，在特定目的下对土地的自然、经济及其生产性能进行综合评估和分类定级的过程。

土地生产潜力是指在一定条件下某种生物产品(粮食、经济作物等)的内在生产潜力,是按照生物产量与土地资源要素的相关原理,根据气候、土壤等因素估算出土地在一定条件下能生产多少生物量,一般用单位面积的产量来表示,它是反映土地质量高低的一个重要指标,是土地潜在的生产力。它的生产潜力很大程度上受到自然因素、土地资源的数量和质量的影响,同时也受到社会、经济、技术等的制约。一个地区土地生产潜力是多种因素共同影响的结果。

土地生产潜力评价实际上是指土地生产潜力的计算与土地生产潜力发挥程度的评价,是对土地固有的潜在生产力的评价,即评价土地所具有的生物或经济潜在产量。土地生产潜力评价应表示出某一地区内,各地段生产潜力的差异,表明某一地区内土地生产潜力的限制因素类型、程度,并能反映地区间的等级差别,以便在生产实践中能满足区划工作的需要,并能为各单位生产提供科学依据。

（二）土地潜力评价系统

世界上最早使用的土地潜力评价系统,是美国农业部土壤保持局在 20 世纪60 年代提出来的,它关于土地资源生产潜力的评价与划分主要是根据美国出版的1∶2 万和 1∶1.584 万比例尺的土壤调查成果。当时的主要目的是控制土壤侵蚀,潜力评价成为控制土壤侵蚀研究项目的一个有机组成部分。1961 年,克林格比尔和蒙哥马利提出的美国农业部土地潜力评价方案是迄今我们看到的最新文本。美国农业部于 1961 年颁布的土地潜力主要以大农业发展为主要目标,在这一土地资源生产潜力的评价与划分中,主要是对各种各样的土壤制图单元,按其对一般的农作物生产、林木和牧草植物生长的情况进行归类合并,划分在一个生产潜力单元土地资源的所有土壤制图单元均有可比的潜在生产力。该系统包括三个等级单位:潜力级、潜力亚级、潜力单元。

1. 潜力级

潜力级是潜力评价中最高的等级,它是限制性或危害性相对程度相同的若干土地潜力亚级的归并。按照土地的限制性种类、强度和需要特殊改良管理措施等情况,以及根据长期作为某种利用方式不会导致土地退化为依据而进行分类,全部土地划分为 8 个等级,用罗马数字表示。从Ⅰ级至Ⅷ级,土地在利用时受到的限制与破坏是逐级增强的。其中,Ⅰ～Ⅳ级土地在良好管理下,可生产适宜的农作物和饲料作物,也包括树木或牧草。Ⅴ级土地适宜一定的植物。而Ⅴ、Ⅵ两级中某些土地也能生产水果和观赏植物等特种作物,在加强包括水土保持措施在内的高度集约经营条件下,还能栽植大田蔬菜。Ⅷ级土地,若缺乏重大改造措施,则经营农作物、牧草或树木将得不偿失。

Ⅰ级土地。本级土地没有或只有很少限制,它们属于极好的土地,通常采用栽培耕作方法是安全的。土壤深厚、持水性好、易耕、高产。

Ⅱ级土地。本级土地用于农业受到中等的限制,它们存在中等程度的破坏和风险,栽培作物时要采用一定的耕作技术。这些土地要求专门的技术措施,如水土保持的轮作制度,灌溉排水系统或特殊的耕作法,它们需要综合治理。

Ⅲ级土地。本类土地作为农地受到严格限制,用后还会有严重的破坏和风险,属于中等的好地,比Ⅱ级土地受到更多的限制。

Ⅳ级土地。用于栽培农作物存在极严重的限制和危险。如果能以极大的关心加以保护,有时尚可用于栽培农作物,但能适宜本级土地的农作物种类很少,其常年产量很低。它们作为农用地的适宜性有很大限制,虽然也可以在五六年中种一次作物,但多宜用作割草场或放牧场。

Ⅴ级土地。本级土地应该保持永久的植被,如用作草场或林地没有或很少有永久性限制,作为农用则不利。

Ⅵ级土地。用作放牧地、林地,存在中等的危险,具有难以改良的限制性因素。某些Ⅵ级土地在高水平管理下,可适于发展特种果树,如覆盖草皮的果园。

Ⅶ级土地。有严重的不可克服的限制性因素,作为牧地、林地都太差,但它们可用作野生动物放养地、分水岭水源涵养林、风景游乐地、休养地等。

Ⅷ级土地。皆为劣地、岩石、裸山、沙滩河流冲积物,矿尾或近乎不毛之地,加强保护和设法增加覆盖是极重要的。

2. 潜力亚级

潜力亚级是具有相同的限制因素和危险性的潜力单元的组合。土地的限制因素是普遍存在的。例如,一些土地若不予以保护就要受到侵蚀危害,另一些天然潮湿的土地必须予以排水才能生长作物。

在该土地潜力级之下,按照土地利用的限制性因素的种类或危害,续分为亚级、同亚级的土地,其土壤与气候等对农业起支配作用的限制性因素是相同的,共分四个亚级。

(1) 侵蚀限制因子(e)。土壤侵蚀和堆积危害。

(2) 过湿限制因子(w)。土壤排水不良、地下水位高、洪水泛滥危害。

(3) 根系限制因子(s)。植物根系受限制因素的危害,包括土层薄、干旱、硬盘层、石质、持水量低、肥力低、盐化、碱化等。

(4) 气候限制因子(c)。影响植物正常生长的Ⅰ级地不分潜力亚级。

3. 潜力单元

土地潜力单元是土地潜力亚级的续分,一个潜力单元实际是指一组土地,它们对于植物的适宜性和经营管理技术都很近似,它们的土地制图单位属于范围较小、性质更为均一的、具有相似土地利用潜力和管理措施需要的土地结合。

属于同一个潜力单元的土地,应该在土地性质方面充分一致,从而导致它们具有相同的潜力、限制或危害。所以,属于同一潜力单元的所有土地应具有以下特点:①在相同经营管理措施下,可生产相同的农作物、牧草或林木;②在种类相同的植被条件下,要求相同的水土保持措施和经营管理方法;③相近的生产潜力,在相似的经营管理制度下,同一潜力单元内各土地平均产量的变率不超过25%。

(三)土地生产潜力的研究方法

土地生产潜力的研究已经有一个多世纪的历史,在这期间,众多学者从各个角度对土地生产潜力进行了研究,总结出大量有价值的估算方法,归纳起来可以分为三类,即理论计算法、经验公式法、高产地块法。

1.理论计算法

土地生产潜力的形成是绿色植物在太阳能的作用下,通过光合作用将太阳能转化为化学能,将无机物合成有机物的结果。因此土地生产潜力的形成,实质上是能量物质的转化过程。土地生产潜力的估算可用量子效率的理论,从物质能量转化的角度来研究土地生产潜力。理论计算法又称为机制法。这类方法以光温阶乘模型、瓦赫宁根模型和农业生态区域模型为代表。

2.经验公式法

经验公式法是通过统计某种因子与产量的关系而得到的。自20世纪50年代以来,国外一些学者从全球出发,以合理的种植密度下的环境参数为依据来估算生物产量,并精心设计了一些模型。其中较为著名的是 Lieth 等创建的迈阿密(Miami)模型、蒙特利尔(桑斯威特纪念,Thorthwaite)模型、格斯纳-里思(Gessner-Lieth)模型。这些模型计算所得均为气候生产潜力。

3.高产地块法

这是计算土地生产潜力的一种简便易行的方法,尤其适合在县级规划应用。这种方法第一步是调查分析,调查区内各种高产地块,并分析高产条件和投入水平。第二步是以这些高产地块的产量作为规划末期普遍可以达到的产量水平来计算全区土地生产潜力。

(四)土地生产潜力评价的主要模型

1.迈阿密模型

该模型是 Lieth 根据世界各地植物产量与年平均温度或年平均降水量的关系建立的估算植物生产潜力的模型,因在1971年美国迈阿密举行的生物学术讨论会上发表而取名迈阿密模型。计算公式为

$$Y=\frac{3000}{1+e^{1.315-0.119t}} \tag{3-1}$$

$$Y=\frac{3000}{1-e^{-0.000664p}} \tag{3-2}$$

式中, Y 为生物生产量 $[g/(m^2 \cdot a)]$; t 为年平均温度 ($^\circ$C); p 为年平均降水量 (mm)。结果取两个公式的较小值。

式(3-1)是根据年平均温度估算的植物生产潜力,式(3-2)是根据年平均降水量估算的植物生产潜力,使用上述两个公式计算同一地点的资料会出现不同的数值。根据最小量因子制约生产力水平,取二值中小的那个作为植物生产潜力的计算结果。

2. 桑斯维特纪念模型

根据蒸散量计算生物生产量的一种方法。这个模型是 Lieth 在桑斯维特研究的基础上提出来的,其公式是

$$Y = \frac{3000}{1 - e^{-0.009695(E-20)}} \tag{3-3}$$

式中, Y 为生物生产量 $[g/(m^2 \cdot a)]$; E 为年实际蒸散量(mm)。

虽然该模型只考虑了年实际蒸散量一个因子,但由于蒸散量是太阳辐射、温度、降水、饱和差、风等环境因子综合作用的结果,所以桑斯维特纪念模型比迈阿密模型精确。

3. 格思纳-里思模型

这是根据生物生产量与生长期长度之间的相关关系推测产量的一种方法。该模型是一个回归直线方程:

$$P = -157 + 5.175S \tag{3-4}$$

式中, P 为生物生产量 $[g/(m^2 \cdot a)]$; S 为光合作用季节的日数。

根据生物光合作用季节的日数(生长期的长度)来计算生物生产量。一般说来,以上三种模型比较适合于测算大区域内综合的生物生产量。如果在小范围地区对某些或某一种作物进行生产潜力估算,上述模型就显得过于粗略。

4. 瓦赫宁根模型

瓦赫宁根模型指通过模拟作物的光合、呼吸作用,叶和根的生长量等因子的日变化,以及碳水化合物的变化过程,模拟在水分和营养充足条件下的作物光温生产力。该模型是 20 世纪 60 年代荷兰瓦赫宁根大学提出的一种植物生产力的动态模拟模型。

该模型的计算步骤如下:

步骤一:计算标准作物干物质产量(Y_0)。

步骤二:按气候影响进行订正。

步骤三:作物种类订正(K)。

步骤四:温度订正(CT)。由于作物自身消耗掉总能量的 40%,所以总生长期实际包括每天温度平均值条件下的作物净产量,可用作物各自的温度订正系数进行修正。

步骤五:经济系数(CH)。由于收获量仅为干物质总产量的一部分,必须作经

济系数订正后才能得到经济产量。

5. FAO 评价模型

FAO 评价模型的基本思路与瓦赫宁根模型相同,其计算过程如下。

步骤一:计算标准作物干物质产量(Y_0)。

步骤二:作物种类与生育期间的温度订正(CT)。

步骤三:叶面积订正(CL)。

步骤四:净干物质产量订正(CN)。

步骤五:经济系数订正(CH)。

(五)土地潜力评价的步骤

1. 建立潜力评价系统

潜力评价系统是评价土地潜力等级的参照系,以土地生产能力高低或土地对某种用途的适宜性和限制性为依据,采用多层次的方法来划分土地类别或级别。

注意:系统结构要体现出土地利用的优先顺序。

2. 确定潜力评价单元

1)评价单元的概念

评价单元是土地评价对象的同一单元内土地基本属性和土地质量基本一致,不同单元之间则有较大差异的基本空间单位。

评价单元的划分对土地评价工作的实施至关重要,直接影响土地评价工作的工作量大小、评价结果的精度及成果的可应用性。

2)评价单元的划分方法

土地评价单元划分的一般方法有叠置法、均质地块法、多边形法和网络法。

(1)叠置法。将同比例的土地利用现状图与地形图、土壤图叠加,基本一致区域形成的封闭图斑即为有一定地形特征、土壤性质和耕地类型的分等单元。若图斑小于最小上图面积则应进行归并。叠置法对土地利用现状类型、地貌类型单一的地区适用性较差。

(2)均质地块法。在地图上用明显的地物界线或权属界线,将农用地分等主导特性相对均一的地块,划成为封闭单元。均质地块法适用于所有分等类型和地区。

(3)多边形法。将所有分等因素分值图进行叠加,最终生成的封闭多边形即为分等单元。此方法适合采用计算机技术进行土地评价的地方。

(4)网络法。用一定大小的方格构成的网格作为分等单元。网格大小以能基本区别不同特性的地块为标准,可采用单一大小的固定网格,也可采用大小不均一的动态网格。网格法划分评价单元适用于评价因素及权属单位空间变化不明显的地区。

3. 拟定潜力评价表

首先确定主要的土地限制因素,选取限制性因素一般应该遵循以下原则。

(1) 影响性原则。即选取的参评因素对土地生产力有较大的影响。

(2) 空间变异原则。即选取的参评因素的性状指标在评价区范围内具有较大的空间变异性。

(3) 稳定性和可获取性原则。即选取的参评因素的性状指标时间上相对稳定,能够获取指标数据。

其次,要为每一种选定的限制因素划分出对应于各潜力级的界限值。

4. 评定潜力等级

土地潜力等级的评定包括两级控制。

第一级控制。是分别对各限制因素评定相应的潜力等级,可称为单项评级。

第二级控制。是依据各限制因素所相应的潜力等级评定土地总的潜力等级,可称为综合评级。

(六) 两种生产潜力评价

1. 以气候要素为主的生产潜力评价

(1) 光合生产潜力。假设在单位时间、单位面积上,空气中 CO_2 含量正常,其他环境因素均处于最佳状态时,具有理想群体结构的高光效植物品种的最大干物质产量,是理想条件下作物产量的上限。

(2) 光温生产潜力。光合生产潜力进行温度订正后即得。

(3) 气候生产潜力。当系统中的土壤、作物群体等处于最适状态下,作物充分利用自然的气候资源所产生的有机质,根据光温生产潜力进行降水订正可得。

(4) 土地生产潜力。当系统中的作物群体结构和其他管理因素处于最适状态下,作物充分利用自然的气候资源及土地肥力所产生的有机质,根据气候生产潜力进行土地订正。

(5) 作物及种植制度生产潜力。以上光合、光温、气候、土地生产潜力的计算分别代表不同层次的理论产量上限,但是叶面积系数决定了植物群体的载光率,直接影响光温生产潜力的发挥,所以作物生产潜力的计算必须进行叶面积的订正。

(6) 现实土地生产力 (土地生产力)。土地生产力与土地生产潜力概念不同:土地生产潜力是根据土地利用条件与农作物产量形成机制,从理论上对土地生产力可能达到的产量 (上限) 进行估算;土地生产力则是土地现实的或在预定时间内达到的生产力水平,是自然、社会、技术条件共同作用的结果。土地生产潜力从光合生产潜力、光温生产潜力、气候生产潜力、土地生产潜力依次考虑温度、水分、土肥条件在农业生物产量形成中的衰减作用,产量依次减少;土地生产力则随着灌溉条件、耕作施肥技术、保温技术等的实施,可能超过土地生产潜力和气候生产潜力,向光温生产潜力靠近。

2. 以土壤要素为主的生产潜力评价

(1)土壤生产力指数模型如下：

$$IP=H\times D\times P\times T\times N(或 S)\times O\times A\times M \tag{3-5}$$

式中，IP 为土壤生产力指数；H 为土壤水分；D 为排水状况；P 为有效土层厚度；T 为土壤结构；N 为盐基饱和度；S 为可溶盐含量；O 为有机质含量；A 为黏土矿物特性；M 为矿物质含量。生产力指数越高，土地越肥沃质量也越好。

(2)土壤潜力率。土壤潜力率是根据土壤相对质量为规划工作者做出合理的土地利用决策而设计的，是以在高水平的经营管理下某一作物的预期产量为依据，综合土地质量、产量和管理措施，使土壤限制性因素减小到最小限度的相对费用，以及减小持续限制性因素对社会经济和环境的影响造成的费用。土壤潜力率是建立在每一土壤单元潜力指数(SPI)的基础上的，这是一个土壤的相对适宜性或土壤质量的数量化分级。

$$SPI=P-(CM+CL) \tag{3-6}$$

式中，P 为根据当地管理水量确定相关费用的指数；CM 为克服或者把土壤限制因素的影响减小的改良措施的费用指数；CL 为由持续影响的限制性因素造成的费用指数。

二、适宜性评价

(一)相关概念

土地适宜性是指土地对一定的用途是否适宜及适宜程度高低的特性。

土地适宜性评价就是依据土地的自然和社会经济特性，结合特定土地用途对特定土地质量的要求，对土地资源针对特定土地用途的适宜性及适宜性程度进行评价和等级划分的过程。

1. 土地适宜性评价的目的

在土地利用总体规划中，土地适宜性评价直接服务于土地利用规划中土地利用结构和布局的调整，使土地利用结构和布局的调整建立在生态适宜性基础上，达到对土地资源科学合理的开发、利用、整治和保护，从而取得良好的经济效益、社会效益和生态效益。

2. 土地适宜性评价的原则

(1)针对性原则。要针对一定的土地用途或利用方式进行土地的适宜性评价。不同的土地用途或利用方式对土地的性质有不同的要求，土地的适宜性只是针对某种具体的用途或利用方式才有其确切的意义。

（2）持续利用原则。土地对某种用途或利用方式的适宜性,是指土地在长期持续利用条件下的适宜性。经评定的适宜用途,是指在该种用途和利用方式下土地能持续利用,不会导致土地退化或其他不良后果。在评价中应考虑土地用途改变引起的土地质量的变化,考虑土地退化和土地污染的危险,避免短期行为。

（3）比较原则。土地评价是对土地质量的鉴定,有比较才有鉴别。评价中要重视三个方面的比较:一是土地利用的需求与土地质量的匹配。土地质量能否满足一定土地利用的要求,主要是将土地质量的指标特征值与土地利用要求条件的指标进行匹配,通过土地质量的指标特征值是否高于土地利用的限制性指标而确定土地的适宜性。二是土地投入产出率比较。几乎所有土地都可以用作任何用途。但只有在产出大于投入,即土地利用可以带来效益或利润的前提下,才能说明土地适合于一定的土地利用。三是土地适宜的多种用途的各自效益比较。

（4）辩证原则。土地适宜性评价要采用综合分析与主导因素相结合,以主导因素为主的原则。土地生产力和土地利用效益的高低受土地自然属性及社会经济、技术条件等多种因素的综合影响。因此,在土地适宜性评价中要全面考虑各种因素的作用,研究和分析各种因素的有机联系与综合效应,保证土地评价的准确性与可靠性。但是,影响土地质量的各个要素对土地生产力和土地利用效益的作用与影响并不能等量齐观,在评价中也必须找出土地利用与土地质量匹配中的主要矛盾或主导因素。只有坚持综合分析与主导因素相结合,才可以保证其科学性与简洁性。

（5）实践性原则。在一个地区的土地适宜性评价中,评价对象和评价范围的提出,必须从实际出发,充分考虑当地的自然、社会和经济条件。规划期间不改变土地用途的地块可不作评价。土地适宜性评价并非必须采用统一的尺度和指标。不同区域应根据生产实际,针对不同的土地利用需要,选取不同的评价指标,建立不同的评价体系。这样,才能更好地满足土地利用规划需要,实现合理利用土地的目标。

（6）潜在适宜性原则。不仅要评定某一土地单元在目前状态下对某种土地用途和利用方式的适宜性,即当前适宜性,还要根据规划需要评定土地在经过改良后的潜在适宜性。

（二）土地适宜性评价系统

目前国际上影响最大、使用最广泛的土地适宜性评价方案是 FAO1976 年正式公布的《土地评价纲要》。该纲要所规定的评价系统有四个等级:①适宜纲;②适宜类;③适宜亚类;④适宜单元。

1. 土地适宜纲

土地适宜纲,指土地适宜性的种类,表示土地对所考虑的特定利用方式评价为适宜(S)或不适宜(N)。适宜纲,是指在此土地上按所考虑的用途进行持久利用,预期所产生的效益值得进行投入,而对土地不会产生不可接受的破坏危险;不适宜纲,是指土地质量显示不能按所考虑的用途进行持久利用。土地被列入不适宜纲可能有许多原因,如技术上不能实行,会引起严重的土地退化,以及经济原因(得不偿失)等。

2. 土地适宜类

土地适宜类反映土地对某些利用方式的适宜程度,是按纲内限制性因素的强弱而划分的,用阿拉伯字母按适宜纲内的适宜程度递减顺序排列。类的数目不加具体规定。最常见的是分成三类:①非常适宜类(S_1)。土地可持久应用于某种用途而不受重要限制,或受限制较小,不至于降低生产力或效益,不需增加超出可承担水平的费用;②中等适宜类(S_2)。土地有限制性,持久利用于规定的用途会出现中等程度的不利,降低生产力或效益并增加投资及费用,但仍能获得利益;③临界适宜类(S_3)。土地有限制性,对某种用途的持久利用是严酷的,因此将降低生产力或效益,或者需要增加投入,而这种投入从经济上说只能是勉强合理。上述适宜程度的差异,主要取决于费用与效益之间的关系。由于技术条件和社会经济条件是易变的,所以不同适宜类之间的界限也应随之作出相应的调整。

不适宜类通常分成两类:①当前不适宜类(N_1)。土地有限制性,但终究可加以克服,但在目前的技术和现行成本下不宜加以利用;或限制性相当严重,以致在一定条件下不能确保对土地进行有效而持久的利用。②永久不适宜类(N_2)。土地的限制性相当严重,以致在一般条件下根本不可能加以任何利用。对这两类土地一般不需做经济上的定量分析,因为它们所指定的用途从经济角度来说都是不合算的。N_1 的上限还是 S_3 的下限,可随社会经济条件的变化而变化。而 N_2 的上限(即 N_1、N_2 之间的界限)是由自然条件决定的,一般是不会轻易改变的。

3. 土地适宜亚类

土地适宜亚类反映土地限制性类别的差异。亚类用英文小写字母表示,附在适宜级符号之后。高度适宜类(S_1)无明显限制因素,故不设亚类。不适宜纲类的土地也可按其限制性划分为亚类,但因为这类土地实际不投入经营使用,所以在实际工作中通常没有必要进行亚类的划分,更没有必要划分为适宜单元。

在实际工作中,如何设置亚类一般遵循两条原则:①亚类的数目越少越好,只要能区分开适宜类的不同质量的土地即可;②对于任何亚类而言,在符号中应尽可能少用限制因素,一般只用一个,偶尔用两个,如果可能,只列出主要符号。如果两种限制因素同样重要,就同时列出两者。

4. 土地适宜单元

土地适宜单元是适宜亚类的续分。每一适宜亚类内的所有适宜单元具有同样程度的适宜性和相似的限制性。不同适宜单元之间在生产特点和经营管理要求的细节方面不同。适宜单元用阿拉伯数字表示，置于适宜亚类之后，如 Sze-1、Sze-2等。一个适宜亚类可划分出多少适宜单元，无明确规定。

此外，在某些情况下还可增加划分"有条件适宜"的类别，指在研究区可能有些小面积土地，在规定的经营管理条件下对某些指定用途而言是不适宜的，但如果实现了某些条件，这类土地可变为适宜。条件的变化可能与经营方式有关，或与所需的投资有关，或与作物的选择有关。在这些情况下，设置"有条件适宜"的好处是如果土地用途发生局部变化或采取局部的改良措施，可不对土地重复进行适宜性评价。然而，为了避免给人们带来含糊不清，除非迫不得已，一般应尽量避免使用"有条件适宜"这一类别。

在实际工作中，究竟划分到哪一等级，取决于研究区的范围大小、研究目的与深度。如果研究区范围较小，目的地较狭窄，那么需要划分出土地适宜单元；否则，划分到纲、类和亚类就够了。

(三) 土地适宜性评价步骤

1. 评价系统的选择与制定

土地适宜性评价系统概况：①概要性评价系统——美国农业部土地潜力分级评价系统；②针对性评价系统——FAO《土地评价纲要》评价系统；③综合性评价系统——《中国 1∶100 万土地资源图》的土地资源评价系统。

1) 美国农业部土地潜力分级评价系统(LCC)

潜力指土地在某种利用方面的潜在能力；限制性则是对潜力施加不利影响的土地特征，分为暂时限制性和永久限制性，前者指通过一定措施可以消除的限制性，后者指不易改变的限制性。该评价体系包括三个等级：潜力级（capability class）、潜力亚级（capability subclass）、潜力单元（capability unit）。

2) FAO《土地评价纲要》评价系统

主要包括四个等级：适宜纲（order）、适宜级（class）、适宜亚级（subclass）和适宜单元（unit）。

3)《中国 1∶100 万土地资源图》的土地资源评价系统

主要划分为土地潜力区、土地适宜类、土地质量等、土地限制型、土地资源单位。

(1) 土地潜力区。以水热条件为划分依据，是土地资源评价的"零"级单位。同一区内，具有大致相同的土地生产潜力，包括适宜的农作物、牧草、林木的种类、组成、熟制和产量，以及土地利用的主要方向和措施。将全国划分为九个潜力区，即华南区、四川盆地—长江中下游区、云贵高原区、华北—辽南区、黄土高原区、东北区、内蒙古半干旱区、西北干旱区、青藏高原区。

(2) 土地适宜类。是在土地潜力区范围内,依据土地对于农、林、牧业生产的适宜性划分。划分时,尽可能按主要适宜方面划分,但对那些主要利用方向尚难明确的多宜性土地,则作多宜性评价。共划分八个土地适宜类,即宜农耕土地类、宜农宜林宜牧土地类、宜农宜林土地类、宜农宜牧土地类、宜林宜牧土地类、宜林土地类、宜牧土地类、不宜农林牧土地类。

(3) 土地质量等。是在土地适宜范围内反映土地的适宜程度和生产力的高低,是土地资源评价的核心。土地质量等级的划分按农、林、牧三方面,每个方面分三等。

(4) 土地限制型。是在土地质量等的范围内,按限制因素种类及强度划分。同一土地限制型内的土地具有相同的主要限制因素和要求相同的主要改造措施。土地限制型划分为无限制(o)、水文与排水限制(ω)、土壤盐碱化限制(s)、有效土层厚度限制(l)、土壤质地限制(m)、基岩裸露限制(b)、地形坡度限制(p)、土壤侵蚀限制(e)、水分限制(r)和温度限制(t)。

(5) 土地资源单位。是土地资源图的制图单位和评价对象。土地资源单位也称为土地资源类型,由地貌、土壤、植被与土地利用类型组成,实际上也就是土地类型。

2. 评价单元的划分

土地资源评价之前,应先确定土地评价单元,土地评价单元是土地评价的基本单位。农用土地评价单元的划分有三种方法。

1) 以土壤类型为评价单元

以土壤图为基础,以土壤类型作为评价单元。其优点主要是能充分利用土壤调查中的资料,有较好的土壤和土地利用基础,只要将土地评价地区的土壤图连同土壤调查报告收集起来就可以确定土地评价单元的数量及其位置。其主要问题是土地评价单元在地面上往往缺乏明显限制,在许多情况下往往和地面的地界和行政界不一致。

2) 以土地利用类型为评价单元

以土地利用现状图上的土地利用类型图斑为评价单元,是农用土地评价中最常用的一种方法。其最大优点是土地评价单元的界限在地面上与田块的分布完全一致,用土地利用类型作为评价单元便于各种土地利用结构的调整和基层生产单位的应用。其主要问题是土地评价单元的土地性质选取很困难。因为土地性质只能在一个土地类型单元内才相对均一,而一种土地利用类型可能由多个土地类型构成,这样土地性质的选取就比较困难,从而可能使土地评价工作很难进行,或者使土地评价的结果不准确。

3）以土地类型为评价单元

以土地类型图为基础，以土地类型作为评价单元。

3. 参评因素的选取

1）影响土地适宜性的主要因素

影响土地适宜性的主要因素包括自然因素和社会经济因素两大类。自然因素主要包括气候条件、地形条件、土壤条件、水文与水文地质状况、环境质量状况等；社会经济因素包括农业生产条件和区位条件等。

（1）气候条件。气候条件中气温与降水状况对植物的生长和发育起决定性作用，一个地区水热条件及其组合不仅决定作物的种类、熟制、产量和品质，而且在很大程度上也决定着土地利用方式和农业生产应采取的方向性措施，是农业生产的先决条件，是影响土地适宜性的基本因素。

（2）地形条件。地形对区域内水热状况的再分配和土地物质的迁移起着重要的作用，也直接影响土壤与植被的发育。地形条件在很大程度上决定着土地利用、农田基本建设、土地改良与土地开发等的经济效益。

（3）土壤条件。土壤具有供应和协调植物生长发育所必需的水分、养分、空气、热量及其他生长条件的能力，土地自然生产力主要取决于土壤的肥力水平。土壤是土地资源质量的重要影响因素，是农业生产的基本资源。土壤方面的因素，包括土壤类型、有效土层厚度、土壤质地、土体构型、障碍层、有机质和各种营养元素的含量、pH 和盐分状况等。

（4）水文与水文地质状况。水文主要指地表水状况，是影响土地资源质量与农作物产量水平的重要因素之一，特别是在干旱、半干旱、盐碱化和沼泽化地区，灌溉防洪排水等水文条件对土地利用的适宜性起到某种决定性的作用。水文地质条件主要指地下水状况，它影响土壤性状和土壤改良的可能性与难易程度，地下水位的高低和矿化度大小是土壤是否会沼泽化和盐碱化的决定因素。

（5）环境质量状况。农田环境污染状况对农业生产和土地利用适宜性的影响越来越重要和明显，它不仅影响农业产品的品质，还在一定程度上影响农作物的产量水平。农田环境质量是当前城市化、工业化背景下，土地利用适宜性评价必须考虑的因素。

（6）农业生产条件。包括区域内的灌溉、排水等水利条件，沟、渠、路、林、井、电等田间工程配套情况，机械化水平，以及作物布局、品种、轮作制度、复种指数等因素。农业生产条件对土地利用状况及其产量和效益有重要影响。

（7）区位条件。区位条件反映土地与城市、集镇的距离和相对位置，与行政、经济中心的相关位置，与河流、主要交通道路的相对关系。对于农用地来说，地理位置是决定土地利用方向、集约利用程度和土地生产力的重要因素，并对农业生产和产品疏通具有十分重要的影响。

2）土地适宜性参评因素选取原则

（1）影响性原则，即选取的参评因素对土地生产力有比较大的影响。

（2）空间变异性原则，即选取的参评因素的性状指标在评价区范围内具有较大的空间变异性。

（3）稳定性和可获取性原则，即选取的参评因素的性状指标时间上相对稳定，能够获取指标数据。

4. 参评因素质量量化

1）参评因素的指标分级

（1）气候条件。气候条件中的温度因素决定着作物整个生长发育阶段的生命活力，对于作物的整个生命过程来说通常用≥10℃积温即活动积温作为气温条件的衡量指标，以此来考察热量条件对作物是否适宜。

（2）地形条件。地形条件一般通过地貌类型、海拔、坡度、坡向、侵蚀程度等来衡量。土壤侵蚀程度一般以侵蚀模数为主要指标，并结合地面景观和生境条件，如植被覆盖度、坡度、侵蚀类型、侵蚀土壤、基岩裸露等直观性形态进行分级。

（3）土壤条件。土壤条件一般选取有效土层厚度、土壤障碍层、土壤质地、土壤有机质、土壤 pH 等因素。①有效土层是指作物或木本植物根系能自由伸展的土层厚度，在实际土体中指作物能够利用的土壤母质层以上（有障碍土层时指障碍层以上）的土层厚度。对多年生作物来说，最佳土层厚度为 150cm 以上，临界厚度为 75cm；块根作物的最佳厚度为 75cm 以上，临界值为 50cm；谷类作物的最佳土层厚度在 50cm 以上，25cm 为临界值。②土壤障碍层是根系不能下扎或水分不能下淋的土层，该层次影响土体内水、肥、气、热等因素的协调与供应，一般有铁磐层、黏磐层、石膏磐层、铁锤结核层、潜育层、白浆层等类型。③土壤质地是土壤中各级土粒的百分含量，是反映土壤物理特性的一个综合指标，不仅影响植物的根系生长发育，水分、养分的吸收与储存，而且也影响耕作效率。④土壤有机质是反映土壤肥力状况的一个综合指标，氮、磷、钾等营养元素含量对土壤肥力起举足轻重的作用，这些养分的高低是划分土壤肥力的重要指标。⑤土壤的酸碱度采用 pH 指标表示，不同作物进行正常的生理生化生命活动时，都需要有适宜的土壤酸碱度。土壤盐碱化程度则采用土壤表层 20～30cm 的含盐总量表示，一般含盐总量小于 0.3% 为轻度盐碱化，0.3%～0.5% 为中度盐碱化，5%～1% 为强度盐碱化，大于 1% 为极强度盐碱化或称盐土。

（4）农田环境质量状况。农田环境质量状况因素可通过土壤环境质量指标反映。

2）参评因素指标分值量化

参评因素指标分值量化，一般可采用最大最小值法按百分制进行换算。原则包括：①因素质量分值与土地资源质量优劣成正比；②因素质量分值采用 0(1)～

100 分的封闭区间,最优取 100,相对最劣取 0 或 1;③因素质量分值只与参评因素的显著作用区间相对应。

5. 参评因素综合分值计算与适宜性等级的划分

1) 参评因素综合分值的计算

参评因素综合分值在各因素质量分值量化基础上,采用以下方法计算得到。

(1) 加权求和。

$$H = \sum_{i=0}^{n} w_i f_i \tag{3-7}$$

(2) 几何平均法。

$$H = \left(\prod_{i=0}^{n} f_i \right)^{\frac{1}{n}} \tag{3-8}$$

式中,H 为综合分值;i 为参评因素编号;w_i 为第 i 个参评因素的权重;f_i 为第 i 个参评因素的质量分值;n 为参评因素总数。

(3) 限制系数法。当评价研究区存在强限制性因素时,可选择限制系数计算法:

$$H = \frac{\prod_{j=1}^{m} F_j \cdot \sum_{k=1}^{n} w_k f_k}{100^m} \tag{3-9}$$

式中,H 为综合分值;j 为强限制性因素编号;k 为非强限制因素编号;F_j 为强限制性因素质量分值;f_k 为第 k 个非强限制性因素的质量分值;w_k 为非强限制性因素的权重;m 为强限制因素个数;n 为非强限制性因素个数。

2) 适宜性等级的初步划分

(1) 适宜性等级的高低与单元综合分值的大小相对应,分值越大,级别越高,反之亦然。

(2) 不同适宜性级别间综合分值具有明显差异。

(3) 任何一个综合分值只能唯一对应一个土地适宜性级别。

(4) 土地适宜性级别的界线不打破行政权属界线和线状地物。

3) 级别的验证和最终确定

实地验证的重点包括如下四个方面。

(1) 适宜性结果与相关研究结果存在明显差异的地块。

(2) 相邻地块定级结果差别很大的地区。

(3) 大范围适宜性级别无差异或差异很小的地区。

(4) 当地专家认为评价结果有出入甚至错误的地区。

可在评价单元中随机抽取一定比例(如 5%)的单元进行野外实测,将实测结果与评价初步结果进行比较。如果差异小于 5%,则认为适宜性评价初步结果总体上合格,对于发现的不合格计算结果要进行修正;如果大于 5%,则应对适宜性评价初步结果进行调整。

三、耕地质量等级评价

（一）相关概念

耕地质量是多层次的综合概念，是指耕地的自然、环境和经济等因素的总和。相应地，耕地质量内涵包括耕地本底质量、健康质量和经济质量三个方面，其中本底质量构成耕地质量的基础，是耕地质量的自然属性，健康质量是耕地质量的环境属性，经济质量用来衡量经济发展给耕地质量所带来的影响。衡量耕地质量主要有三个方面的因素，即耕地适宜性、耕地生产潜力和耕地现实生产力。

耕地质量评价是以耕地利用方式为目的，估算耕地生产潜力和耕地适宜性的过程，是根据所在地特定区域，以及地形地貌、成土母质、土壤理化形状、农田基础设施等要素相互作用表现出来的综合特征，揭示生物生产力的高低和潜在生产力。其具体内容包括评估耕地粮食生产能力、耕地种植业收益能力和耕地潜在质量高低。国内外耕地质量评价研究取得了较大进展，从查田定产、基础地力、土壤性质等单纯对耕地自然状态的研究，发展到综合考虑自然、经济、社会的人地一体化的资源价值管理评价，从定性评价发展到定量评价。

（二）耕地质量评价背景

为全面促进土地管理由数量管理为主向数量质量并重管理转变，掌握年度内耕地现状变化及耕地质量建设引起的耕地质量等别变化情况，以上一年度耕地质量等别成果为基础，充分调查由建设占用、灾害损毁、农业结构调整、生态退耕、耕地开发、土地整治等活动对耕地的数量、质量、权属状况造成的影响，全面开展更新评价工作，保持耕地质量等别数据的现势性，逐步建立土地数量、质量、权属统一调查、统计和登记制度，实现土地资源信息的社会化服务，满足经济社会发展及国土资源数量质量并重管理的需要。

（三）耕地质量评价指标体系

土地评价指标体系的研究是 20 世纪 90 年代以来土地科学研究众多领域的一个热点。土地质量指标体系则是用来描述土地质量及其与人类活动关系的标准，目的是要正确评价土地质量，进而把握土地质量变化的过程、机制和效应。国外有些学者从不同的研究领域对土地质量指标体系进行了探讨，取得了相关研究成果。具体到耕地质量评价中，需要充分考虑影响耕地质量的自然、社会经济和生态环境等方面的多种因素，但在实际的耕地质量评价中，根据不同的评价目的，以及评价人员的认识水平、知识及专业背景的不同，评价指标的选择及其权值的确定往往不同，难免导致耕地质量评价结果的差异。如何基于不同的评价目的，因地制宜地确定评价指标体系,是耕地质量评价首先要解决的问题。耕地质量是指耕地的状况和条件,对耕地质量的评价需要在某一层次上针对具体目标进行。耕地质量评价涉及的影响因素多,而且许多因素难以用定量的方法研究,评价方法的标准化一直是世界各国学术界重点研究的课题,美国、加拿大等发达国家,以及 FAO 已建立各自的耕地评价体系。

20 世纪 90 年代以来,国土资源部在进行大量试点研究的基础上,形成了《农用地分等规程》(TD/T 1004—2003)并以此规程为依据,在开展的全国农用地分等工作中,首先采用层次分析法和德尔菲法相结合的方法,选择了地形、田面坡度、地下水位、有效土层厚度、表层土壤质地、剖面构型、土壤有机质含量、pH、灌溉保证率、排水条件等 10 个评价指标,并对每一个评价指标分级打分;然后用加权求和的方法得到农用地评价单元的自然质量分,依次乘以光温潜力指数和作物的产量比系数,计算出自然等指数,并用等间距法(200 分)划分自然质量等;最后,自然等指数分别乘以土地利用系数和土地经济系数得到农用地利用等和等指数,然后用等间距法(200 分)划分农用地利用等和农用地等别,并于 2009 年全面完成了我国分省农用地调查与评价工作。国土资源部的农用地评价中强调了土地利用条件和土地投入产出差异对耕地质量的影响,但是在耕地利用评价中也存在着土地利用系数和土地经济系数确定较为简单的问题。

虽然上述土地评价体系在土地评价领域具有重要的历史地位和应用价值,但是要解决我国目前国情条件下多种用途竞争下的耕地保护与合理利用问题,基本农田保护和种植业结构调整中的耕地质量评价指标问题,很难照搬照抄这些现有的土地评价体系,需要进行耕地质量评价体系的创新。由于土壤侵蚀与水土流失是土地退化的重要形式,而压力-状态-响应(PSR)模型主要是针对环境问题而建立的,所以基于 PSR 模式的土地质量指标体系能比较明确地反映出土地质量变化的因果关系,从而有助于决策者采取合适的土地政策和管理措施,进行退化土地的恢复重建,由此也成为建立土地质量指标体系的基本思路或考虑的出发点。我国在这方面的研究起步较晚,国内一些学者在土地质量评价过程中,也对土地质量指标体系的构建开展了一定的研究工作。葛向东等以长江三角洲地区锡山市为例提出了支持 PSR 模型的耕地质量评价指标体系。郭旭东等以陕西省安塞县为例,针对其水土流失问题,建立了基于 PSR 框架的土地质量指标体系。赵春雨等指出 PSR 框架是构建耕地质量指标体系的最佳思路,提出了由耕地生态功能指标和耕地现实生产力指标组成的耕地质量评价指标体系。孔祥斌创建了基于农户土地利用目标变化的压力-状态-效应-响应逻辑框架模型,并根据不同经济发展阶段下的变化特征,构建了基于农户土地利用目标变化的耕地质量评价指标体系。李涛构建了基于农户决策行为的耕地质量评价体系及合适的耕地质量评价要素的分值体系,以分析由农户决策行为差异性造成耕地质量空间变异性的特征规律。高英在分析指标体系结构和影响因素的基础上,归纳提出了平原湖区、山地区、岗地丘陵区三类耕地地力评价指标体系。袁秀杰为消除平原区和丘陵区不同评价指标体系之间的差异,针对影响耕地地力评价的所有因素进行分析,将灰色关联度和层次分析法相结合,建立了一个统一的指标体系。韩敏以国土资源部颁布的《农用地分等规程》(TD/T 1004—2003)为依据,制定了一套符合贵州实际情况(川鄂湘黔浅山区、贵州高原区和滇黔高原山区)的农用地自然质量评价指标体系。石淑芹提出基于耕地生产能力评价指标体系、耕地质量评价指标体系,以及耕地自然等和利用等指标体系的三种区域性耕地资源评价指标体系。

(四)耕地质量评价方法

耕地质量是耕地各种性质的综合反映,它由土壤条件、农田基础设施条件及耕地立地条件等因素影响并决定。耕地质量评价对指导农业生产具有极为重要的意义,耕地质量评价方法的优劣直接影响耕地质量评价结果的可靠性。耕地质量评价包括评价指标选取、权重和隶属度函数确定,以及耕地质量综合指数计算等步骤。由于选取的指标不同,分析的目标有差异,选择的评价方法也不同,所以没有统一的评价方法。以往的传统耕地质量评价中,通常采用定性分析方法,这些方法主要建立在专家评价的经验上。随着计算机技术的普及、国外统计软件的引进,以及科学技术方法的发展,定量研究已经成为必然趋势,使得那些过去因数据量大、计算复杂的分析方法也得到广泛的应用,大大地提高了土壤肥力评价的定量水平和科学性。

耕地质量评价方法包括评价指标选取、权重和隶属度函数确定,以及耕地质量综合指数计算等步骤。其中,评价指标的选取与权重确定最早采用专家经验法;其后又采用多种数理统计的方法来选取指标与确定权重,其中主成分分析方法的应用最为广泛。目前耕地质量评价所采用的主要方法包括经验判断指数和法、层次分析法、模糊综合评价法、回归分析法和灰色关联度分析法等,其中应用较多的是经验判断指数和法、层次分析法、模糊综合评价法等。

土壤肥力评价方法直接影响着评价结果的正确性、客观性和指导性。因此,在进行土壤肥力评价时,选择的评价方法应最大限度地减少人为的主观性,使评价结果能客观地反映土壤肥力水平的真实差异性。同时,选择的评价方法应最大地利用新技术和新的分析手段,减少数据分析量对评价方法的限制。另外,选择的土壤肥力评价方法要能最大限度地利用选取指标包含的各方面信息,保证土壤肥力的信息利用最充分。Smith 等提出基于非参数地学统计的多变量指标克里格法进行土壤质量评价,这种方法是将多个土壤质量指标根据特定的标准将测定值综合成一个总体的土壤质量指数。Andrews 等应用多元统计的方法选取 MDS 的成分并赋予权重,利用非线性得分函数将指标值转换成分值形成土壤质量指数,评估了不同管理方式造成的土壤质量上的差异。Masto 等针对印度半干旱地区提出更灵敏的土壤质量指数方法,根据直接转换、逐步回归和主成分分析三种方法分别将分值综合生成土壤质量指数,评价了长期不同施肥措施下的土壤质量。胡月明在对浙江省红壤资源质量评价时分别采用了指数和法、指数积开方法和模糊综合评判法并对评价结果进行了比较,指数积开方法结果最为理想。秦明周等以开封市为例,针对权重指数和法易受主观因素影响的缺点,采用修正的 Nemero 评价模型,突出土壤属性因子中最差因子对土壤质量的影响。张海涛将层次分析的原理和方法引入耕地地力评价以确定参评因子的权重,通过这些模型与 GIS 和 RS 结合,进行了江汉平原后湖地区耕地自然地力评价。周红艺以 SOTER 数据库为基础,建立了基于 AHP 的耕地地力评价系统。王建国研究了模糊数学在土壤质量评价中的应用,总结了土壤养分含量、质地等单因素模型并尝试用模糊乘积法进行了土壤质量综合评价。聂艳根据各评价因子的隶属函数,应用模糊物元贴近度聚类分析模型计算评价因子的权系数和评价单元的贴近度,经过聚类分析划分耕地质量级别。林志垒利用 PCA 方法确定耕地质量评价综合因子,利用数据挖掘工具 See 5 自动构建决策树模型,然后用构建的模型来获取耕地质量分等规则。赵庚星以 GIS 叠加分析模型,通过图形与其相应属性库的对应统一,采用回归分析、聚类分析等定量模型,实现了农地评价中评价单元划分、数据提取、参评因素选取及权重确定、评价与分等定级一系列的定量化、自动化评价流程。侯文广提出了顾及因子与评价目标的相关系数变化的多元线性回归分析法,并对南方土壤进行了评价。该方法可选择稳定性好、显著性强的因子,并能客观地确定因子权重,避免判断的主观性。陆文彬选取补充耕地的 7 个指标,应用灰色关联度分析法进行了耕地质量的评价,以确定补充耕地。农肖肖基于 ArcGIS 的空间分析模型,采用多因子综合评判法对泸定县耕地质量做出评价。于东升在对 Norm 值确定指标及其权重的 PCA 方法(Norm 值法)改进的基础上,采取更为合理的隶属度函数确立方法,提出一种能反映耕地现实生产力的耕地质量评价方法——Bio-Norm 法。曹隽隽运用模糊灰色物元与克里格插值方法对公安县耕地等别更新进行了实证研究。刘智超利用聚类分析法得到耕地质量多因素指标评价体系中综合等别的客观划分,结合地学统计方法,选用江苏省赣榆县为例,对耕地质量评价做了实证研究。

随着 RS、GIS、GPS 和现代统计分析等技术手段及有关数学模型的日益成熟,以 3S 技术为依托的自动化和定量化耕地资源变化影响评价成为土地科学领域的研究热点和发展趋势之一。20 世纪 70 年代开始,GIS 开始被广泛用于土地资源清查、土地评价、土地利用规划、综合制图等方面。GIS 在我国土地评价中的应用始于刘岳等在北京十三陵地区的研究,黄杏元和傅伯杰等利用 GIS 也进行了类似研究并加以改进。近年来,随着信息技术的不断发展,利用 GIS 进行系统研究耕地评价工作已成为热点之一,并取得了不少成功的经验。黄河借助 GIS 和数学模型集成技术,分别对福建莆田县水田和旱地的地力状况及限制因素进行评价。袁天凤利用农用地分等自然质量等指数模型,结合分模块控制的方法实现区域间等指数可比,以重庆市丘陵山地 4 个代表县为实证,在 GIS 技术辅助下,对耕地自然质量进行评价和比较。李涛提出在耕地质量评价研究方法方面,不仅要借助传统的学科方法,还要引进遥感信息识别技术、地理空间分析技术、空间尺度分析技术,以提升基于农户决策行为的耕地质量评价研究水平。

(五) 耕地质量评价成果的应用

1. 在土地利用总体规划修编中的应用

土地利用总体规划编制的一个重要目的就是保证土地资源的可持续利用和社会经济的可持续发展,首先要进行的就是要切实保护耕地,实现耕地总量动态平衡,耕地质量等别年度更新评价成果的完成,将提供耕地质量的可比性,充实地籍管理信息系统,并能利用分等成果开展土地整理、调整农业结构、提高土地利用集约化水平、实现耕地总量动态平衡,为理顺土地价格体系、培育完善土地市场,促进土地资源合理分配,开展土地整理、土地征用补偿、农村集体土地使用权流转等工作提供依据;为科学量化土地数量、质量的分布,实施区域耕地占补平衡制度和基本农田保护制度提供依据。

2. 在永久基本农田划定中的应用

依据《农用地质量分等规程》(GB/T 28407—2012)规定的标准耕作制度、指定作物和有关参数,统一进行农用地自然质量分和质量等指数的计算,通过对产量比系数、土地利用系数和土地经济系数的逐级修正,采用因素法对耕地的质量优劣进行综合评价,确定耕地的自然质量等、土地利用等和经济等。耕地质量等别年度更新评价成果可将区域内的农用地按质量进行分等评价,直观地反映在农用地土地利用现状图上,方便统一掌握农用地质量分布格局,为永久基本农田的划定提供科学依据。

3. 在耕地占补平衡中的应用

近年来,党中央、国务院高度重视耕地保护工作。党的十八大、十八届三中全会和中央经济工作会议就保护 18 亿亩耕地红线、确保实有耕地面积基本稳定、实行耕地数量和质量保护并重等提出了新的更高要求。为了贯彻落实最严格的耕地保护制度,国土资源部下发了《关于强化管控落实最严格耕地保护制度的通知》,要求各地充分认识保护耕地的极端重要性,坚决落实党中央、国务院决策部署,加大土地利用规划计划管控力度,同时进一步严格建设占用耕地审批,强化耕地数量和质量占补平衡。耕地质量等别年度评价更新的工作,健全了耕地质量等别评价制度,为建设用地审批提供了审查依据,最大程度上引导建设不占或者少占耕地,保障耕地面积的基本稳定。同时,通过充分了解耕地的质量分布情况,建立起耕地质量等别数据库,为耕地占补平衡从数量平衡转向数量和质量综合平衡提供了条件,最终实现真正意义上的耕地占补平衡。

4. 在农用地征收补偿标准中的应用

随着国民经济持续快速发展,城市、工业、交通、水利等项目建设需要大量的建设用地。若农用地被征用成为建设用地,那么农民的权益就受到了侵害,为此需要给农民一定的补偿。在农用地征收补偿标准上,一直存在争议,如何更加合理地确定补偿标准是当前亟待解决的问题。一般来讲,征地补偿的土地价格要符合市场发展要求,要能使农民的土地财产权得到维护。在该标准的制定过程中,就可以充分利用耕地质量等别年度更新评价成果来解决价格问题。这是因为耕地质量等别年度更新评价成果,较真实地反映了土地的自然质量、利用水平和经济水平,使耕地征收补偿标准的制定更加有据可依,为与国际上现行做法接轨提供了依据。通过耕地质量等别年度更新评价成果,根据农用地的自然属性和经济属性进行综合评定,真实体现其质量,并划分等别,使耕地价值补偿的标准更加细化,为耕地征收补偿提供科学和可操作的依据。

5. 在耕地生产能力核算中的应用

耕地生产能力核算是耕地资源核算中的一项重要内容,结合耕地分等成果,可在耕地等别划分的基础上,以耕地地块为单元,对耕地生产潜力和现实生产力进行核算。通过耕地生产潜力核算可以全面客观地了解耕地质量和生产能力,有利于科学地管理耕地资源,为保障粮食生产安全和提高粮食综合生产能力服务,为区域全面、协调、可持续发展提供科学的决策依据。

6. 在高标准基本农田建设项目中的应用

高标准农田是我国耕地资源中的优质田,其土地整治建设效果较高,土地集中连片,且农业生产的基础配套设施较为全面,能够实现高产稳产的生产目标。这种农田是未来我国耕地发展的主要方向。耕地质量等别年度更新评价成果可为高标准农田提供技术依据。因为耕地质量等别成果是高标准基本农田项目可行性研究、规划设计中耕地质量分析的依据。在开展高标准基本农田建设前,要根据耕地质量的等别现状,研究可采用的工程技术措施和技术经济条件,制订出适宜的高标准基本农田方案;在高标准基本农田建设后,要重新测评耕地质量等别,确保工程质量。

四、农用地产能核算

（一）相关概念

农用地综合生产能力是指在一定地域、一定时期和一定的经济社会条件下,各种农业资源要素综合投入所形成的农用地生产功能,包括农用地的自然生产能力、利用生产能力和经济生产能力等。它是由作物种植规模(种植面积)与作物生产能力的乘积而得到的某作物总的经济产量,也可以说包括农用地理论产能、农用地可实现产能和农用地实际产能三个层次。农用地产能核算的最终结果为农用地不同等别层次产能的标准粮单产和总产。

农用地理论产能是在农业生产条件得到充分保证,光、热、水、土等环境因素均处于最优状态,技术因素所决定的农作物所能达到的最高产量。农用地可实现产能是在农业生产条件得到基本保证,光、热、水、土等环境因素均处于正常状态、技术条件可以满足,由政策、投入等因素决定的正常年景下农作物能达到的最高产量。农用地实际产能是指目前已经实现的产能,即某年农作物已经达到的平均产量。

农用地综合生产能力调查与评价的目标是,贯彻落实《中华人民共和国土地管理法》,科学评价我国不同区域和全国总体的农用地综合生产能力,分析评价农用地利用强度和潜力,为农用地资源数量质量并重管理、科学编制土地规划、开展土地整理、耕地保护和动态监测、落实耕地占补平衡制度等提供技术支撑。切实掌握我国农用地资源的安全状况,服务于国土资源管理与改革的需要,实现我国严格保护土地资源的战略目标。

（二）农用地产能核算的基础

农用地产能核算的理论基础有土地生产力理论、土地肥力理论、农业效益理论、农业地租地价理论和农业区位理论。理论产能的理论基础是土地生产潜力理论,现实产能的理论基础是土地生产潜力理论和土地肥力理论,实际产能的理论基础是土地肥力理论、农业效益理论、农业地租地价理论和农业区位理论。

（三）农用地产能核算的任务

农用地综合生产能力调查与评价的任务是,对各个省农用地的自然生产潜力和现实生产能力进行调查,评价其在某一时期农用地的粮食综合生产能力,并在计算机技术的支持下由下而上逐级汇总形成国家成果,在开展全面调查的基础上,分析评价农用地综合生产能力的分布变化规律和时空差异性。具体包括以下五个方面。

（1）在农用地数量详查和质量评定的基础上，通过开展农用地综合生产能力调查与评价，摸清我国区域农用地产能总量及其空间分布特征。

（2）通过对区域农用地综合生产能力状况的年度动态变化的评价分析，摸清我国工业化、城镇化及社会经济发展与农用地生产能力变化的关系，为制定保障我国农用地资源安全的有关政策提供科学依据。

（3）通过区域间农用地综合生产能力的对比分析，反映区域性生产能力的分布状况及消长变化，为战略性、区域性土地资源宏观调控提供依据。

（4）进行不同层面生产能力的比较分析，反映由农用地自然质量状况、利用水平差异等造成的农用地在生产能力上的差异。

（5）对农用地生产能力与实际粮食产量进行比较分析，正确评价我国农用地利用强度和潜力，为提高土地利用效率、节约用地提供技术支撑。

（四）农用地产能核算的工作步骤

农用地产能评估及计算的具体工作一般都是在农用地分等的基础上，针对调查所需的相关具体材料进行补充，进而对农用地的各个层次及区域分别展开产能的评估和计算工作。具体来说，这项工作可以细分为九个主要步骤：整理农用地分等的相关参考材料、进行外业补充调查并收集相关资料、建立相关数据库、评估理论上的农用地产能、评估农用地的可实现产能、评估农用地的实际产能、检验并评价相关评估成果、评估具体土地的已开发强度及其可利用空间、整理并最终验收相关成果等。

（五）农用地产能核算的应用

农用地综合生产能力调查与评价成果对于加强国土资源管理具有重要意义，将有助于实现保障农用地综合生产能力不降低的耕地保护目标，而不仅仅局限于保障行政区域内耕地总量不减少的耕地保护初级目标。以农用地生产能力调查评价成果为基础，协调我国粮食安全与工业化、城镇化发展和生态平衡之间的关系将保证我国实现土地的可持续利用，并最终实现社会经济的可持续发展。

五、耕地地力调查评价

（一）相关概念

耕地地力是指在特定气候区域，由地形、地貌、成土母质、土壤理化性状、农田基础设施及培肥水平等要素综合构成的耕地生产能力，由立地条件、土壤条件、农田基础设施条件及培肥水平等因素影响并决定，是耕地内在的、基本素质的综合反映。因此，耕地地力也就是耕地的综合生产能力。

耕地地力评价是以利用方式为目的,评估耕地生产潜力和土地适宜性的过程,主要揭示生物生产力的高低和潜在生产力,其实质是对耕地生产力高低的鉴定。耕地地力评价的对象是耕地的生产能力,是一种一般目的的评价。

(二)耕地地力评价的目的

耕地地力评价,就是要充分利用测土配方施肥数据,挖掘第二次土壤普查成果和近年来土壤监测等在内的历史数据,建立测土配方施肥数据库和县域耕地资源管理信息系统,对不同尺度或区域耕地的基础地力进行评价,并开展成果应用。耕地地力评价是土壤肥料工作的基础,是加强耕地质量建设、提高农业综合生产能力的前提;是摸清区域耕地资源状况,提高耕地利用效率,促进现代农业发展的重要基础工作。

(三)耕地地力评价的基本原理

耕地地力评价大体可分为以产量为依据的耕地当前生产能力评价和以自然要素为主的生产潜力评价。本次耕地地力评价是指耕地用于一定方式下,在各种自然要素相互作用下所表现出来的潜在生产能力。

生产潜力评价又可分为以气候要素为主的潜力评价和以土壤要素为主的潜力评价。在一个较小的区域范围内(县域),气候要素相对一致,耕地地力评价可以根据所在地的地形地貌、成土母质、土壤理化性状、农田基础设施等要素相互作用表现出来的综合特征,揭示耕地潜在生物生产力的高低。耕地地力评价结果表达方法主要有两种。

1. 回归模型法

$$Y = b_0 + b_1 X_1 + b_2 X_2 + \cdots + b_n X_n \qquad (3\text{-}10)$$

式中,Y 为单位面积产量;X_i 为耕地自然属性(参评因素);b_i 为该属性对耕地地力的贡献率(解多元回归方程求得)。

2. 参数法

$$\text{IFI} = b_0 + b_1 X_1 + b_2 X_2 + \cdots + b_n X_n \qquad (3\text{-}11)$$

式中,IFI 为耕地地力指数;X_i 为耕地自然属性(参评因素);b_i 为该属性对耕地地力的贡献率(层次分析法或专家直接评估求得)。

(四)耕地地力评价的总体思路

(1)根据测土配方施肥项目总体进度,利用测土配方施肥产生的田间调查、农户调查和土样测试数据。

（2）收集整理第二次土壤普查的相关资料、土壤图和土地利用现状图、行政区划图等。

（3）建立县域耕地资源信息系统，以县为单元分步骤开展耕地地力评价工作。

（4）在组织好县耕地地力评价的基础上，适时开展省级和全国区域性耕地地力评价，最终形成不同尺度与目标的耕地地力评价成果（表3-1）。

表 3-1　土壤普查、地力调查与评价的对照

项目	第二次土壤普查	耕地地力调查与质量评价	结合测土配方施肥开展的耕地地力评价
目的	土壤资源调查	耕地质量调查	耕地地力评价
范围	全国土壤资源	基本农田与园地	耕地（随测土配方施肥项目不断深入）
目标	摸清我国土壤类型、数量、分布	摸清耕地生产能力、耕地土壤环境问题	摸清耕地生产潜力、土壤障碍因素
内容	土壤命名及理化性状	耕地地力与环境状况调查及评价	耕地养分状况、肥力状况、地力状况评价
方法	野外、人工调查为主，专家研讨	利用已有成果，开展野外田间调查和农户调查、补充调查，利用计算机技术建立评价系统	利用已有成果，结合测土配方施肥项目，开展补充调查，利用计算机技术建立评价系统
成果	土壤志、土种志、纸制系列土壤图	耕地地力与质量、GIS耕地资源管理系统	一套数据库、一个系统、系列电子图件、表格和报告《县级耕地地力评价》

（五）耕地地力评价的任务

（1）对测土配方施肥数据、第二次土壤普查空间数据和属性数据进行数字化管理。

（2）利用县域耕地资源管理信息系统，编制数字化土壤养分分布图、耕地地力等级图、中低产田类型分布图等。

（3）在此基础上，编写县域耕地地力评价工作报告、技术报告，以及耕地改良利用、作物适宜性评价和种植业布局等专题报告。

（4）项目县耕地地力评价成果的最终体现。①一个系统，即《××县城耕地资源管理信息系统》，包括耕地地力分级图、耕地养分图，以及属性、空间数据

库;②一套图件,包括《××县耕地地力分级图》、《××县××养分图》等;③一组数据,包括耕地地力分级面积统计、中低产田类型与面积统计、耕地养分分级面积统计数据;④一批报告,包括技术报告、工作报告、专题报告;⑤一本专著,即《××县耕地》。

第三节　耕地质量分等

一、评价指标体系

耕地质量评价过程中,评价指标体系的研究是重要环节。由于研究地域的差异性和指标的复杂性,目前在耕地质量指标体系方面尚未取得共识,但学术界对此有很多尝试。田有国等用穷举法建立了中国耕地基础地力指标总集,分为气候、立地条件、剖面性状、耕地理化性状、耕地养分性状、障碍因素和土壤管理七个方面,共64个因素。赵春雨和朱永恒根据耕地质量指标体系选取的依据,认为评价耕地质量的变化需要的指标体系包括两种功能五个层次24个具体指标,其中两种功能是指生态功能和生产功能,五个层次分别指土壤质量、气候质量、生物多样性质量、景观生态质量和耕地生产力。王瑷玲等在考虑自然条件和区域差异状况,并征求专家和当地农民意见的基础上,建立了莱芜里辛土地整理项目的耕地质量影响因素因子体系,包括5个因素和9个因子,其中5个因素是指面积、土壤、水分、地块和交通,9个因子指土地利用类型、田坎系数、土层厚度、质地、有机质、灌溉保证率、坡度、连片和田间道路通达度。方斌等以耕地的环境条件与土壤条件为基础,建立了耕地质量均衡三级评价系统,分别从耕地的本底质量、健康质量和经济质量方面进行评价。

综上所述,目前各种类型耕地质量评价所构建的评价指标体系都以气候因素、地形自然条件因素和土壤物理化学性状因素等为主。根据耕地质量的概念和内涵,影响耕地质量的因子可分为自然因素和社会经济因素两类。自然因素是一种内在变化,需要长期积累。而随着人类活动对耕地质量的影响越来越显著,社会经济条件也成为耕地质量评价的重要环节。

(一)自然因素指标

立地条件指标包括:地形地貌、成土母岩或母质、坡度、坡向、表土层厚度和质地、土体构型、障碍层厚度和出现的位置、水土流失强度、沙化或盐渍化程度等。

耕地土壤质量包括耕地土壤的肥力质量、健康质量和环境质量。肥力质量指标包括土壤物理、化学、生物学等指标。其中土壤物理指标包含土壤质地、土层和根系深度、容重、渗透率、团聚体的稳定性、土壤持水特征、土壤温度等参数;土壤化学指标包括有机质、pH、电导率、常量元素和微量元素（如锌、硼等）等；土壤生物学指标包括微生物生物量碳和氮、潜在可矿化氮、土壤呼吸量、酶、生物碳/总有机碳比值、微生物丰度及多样性、土壤动物的丰度、生物量及多样性等。土壤环境质量和健康质量指标在不同的文献中有较大差异。曹志洪和周健民认为土壤环境质量指标包括土壤碳、氮的储量及其向大气的释放量，土壤磷、氮储量及其向水体的释放量，土壤健康质量指标包括污染物质（重金属、农药、化肥残留）、中微量营养元素全量和有效性等。徐建明等认为环境质量指标包括污染物土壤环境容量、重金属元素全量、重金属元素有效性、有机污染物的残留量、土壤pH、土壤质地等，而健康质量指标主要包括有益有毒元素全量及有效性、人体健康必需的主要微量元素、全球地区性食物中缺乏的主要元素、全球地区性食物中过量的元素、有毒元素等。

气候质量指标一般用于大尺度的耕地质量评价，如区域、国家和全球尺度。气候质量指标包括太阳辐射（辐射强度、季节分布、日照天数、日均照射时间）、温度（有效积温、年平均温度、月平均温度、年际变化）、降水量（年平均降水量、降水量季节分配、降水量年变化率）和气象灾害（风沙、暴雨、霜冻、冰雹等）。

（二）社会经济指标

耕地的交通状况是由耕地空间地域性决定的。在农业生产中，耕地位置的远近、交通状况的好坏会对经济利益产生很大的影响。土地投入指标包括肥料投入（包括化肥、有机肥等）、灌排设施投入、农药投入和薄膜投入等。耕作制度包括粮食作物面积比例、经济作物面积比例、耕地利用类型、种植结构、轮作制度和规模利用程度等。政策措施指标主要指明晰土地产权，正确引导土地流转，提高农产品价格和进行种植补贴等。

总体而言，影响耕地质量的因素指标很多，且重要程度即权重各异，应结合实际，因地制宜地选择因素，利用合理的方法确定权重。

二、评价方法

技术方法与手段的发展过程一般是定性-半定量-定量-数学统计与数学模型-新方法与技术综合集成。以往的传统耕地质量评价中，通常采用定性分析方法，这些方法主要建立在评价专家的经验上。随着科学技术方法的发展，定量研究已经成为必然趋势。目前耕地质量评价所采用的主要方法包括经验判断指数和法、层次分析法、模糊综合评价法、回归分析法和灰色关联度分析法等，其中应用较多的是经验判断指数和法、层次分析法、模糊综合评价法等。

（一）经验判断指数和法

经验判断指数和法在耕地质量评价中应用较早,是一种根据经验判断参评因素权重并进行耕地质量评价的方法。此方法以调查访问和经验为依据选定参评因素,并确定各参评因素的权重(经验权重)。然后,按评价单元累加各参评因素的指数获得指数和,再对照事先设定的不同耕地等级指数范围,评定各单元的地力等级。

（二）层次分析法

层次分析法是美国运筹学家 Saaty 于 20 世纪 70 年代提出的一种定性与定量相结合的决策分析方法。它是一种将决策者对复杂系统的决策思维过程模型化、数量化的过程。应用这种方法,决策者通过将复杂问题分解为若干层次和若干因素,在各因素之间进行简单的比较和计算,就可以得出不同方案的权重,为最佳方案的选择提供依据。耕地质量评价是多种因素综合作用的结果,不仅每一种因素对耕地质量的影响是复杂的,而且各因素之间是相互制约、相互影响的,层次分析法可以增加赋值的科学性,降低主观性,是一种较为合理的方法。

（三）模糊综合评价法

耕地是在自然因素和人为因素共同作用下的自然综合体,存在明显的时空差异。目前,耕地的时空差异还难以用精确的数字来表达,这主要是由于耕地质量本身"好"与"不好"之间的界限具有模糊性。因此,现已尝试用模糊评语评定耕地质量。虽然模糊综合评价法目前应用较广泛,但模糊综合评价法存在明显缺点,由于影响因素多,在相关信息取舍方面存在主观性,从而增加误判的可能性。

（四）基于实际测产的区域耕地质量评价法

基于实际测产的区域耕地质量评价法主要考虑耕地土壤质量、环境条件及管理水平,包括自然环境、耕作利用、基础设施、空间关系及社会经济等影响因素,针对区域特点,按适当比例选择一系列代表不同土壤类型、环境类型、管理水平的典型性田块实施作物测产,据此建立作物产量与参评因子的有机联系,确定合理的参评因子,建立参评因子的隶属度函数,确定参评指标最小数据集(minimum data set,MDS)及权重,利用综合指数法确定耕地质量指数。

三、实例——广东省农用地分等

（一）目的与意义

在国内学者农用地分等定级研究的基础上，国土资源部于 2003 年对《农用土地分等定级规程》进行了修订，界定了农用地等和级的概念，认为农用地分等定级是根据农用地的自然属性和社会属性及其在经济活动中的地位和作用，综合评定其质量差异并划分等级的工作；农用地分等以建立全国范围内统一可比的分等指数为核心，体现了对土地级差地租Ⅰ的评价，反映不同质量农用地在不同利用水平和经济水平下的收益差异，为土地税收服务。农用地分等是在耕作制度控制下，从作物光温潜力出发，经作物产量比系数折算成全国可比的标准粮，再测算土地自然质量分、土地利用系数、土地经济系数，按照积分法综合成全国可比的分等数量指标。现行的农用地分等定级体系除土地分等指数外，其中间成果也可应用到土地资源管理的实际工作中，每一层成果都可以单独划分等级，满足土地利用管理和土地规划的多目标要求，具有很好的解析性。

广东省，尤其是珠江三角洲地区社会经济的发展速度居于全国前列，建设占用农用地的数量多、速度快。因此，耕地占补平衡、基本农田区划定、土地开发整理、基本农田保护、征地制度改革及土地利用总体规划等多个方面的土地工作，迫切需要具有跨区域横向可比的土地评价研究成果。

（二）范围与依据

1. 范围

农用地分等包括广东省所辖 21 个地级市，12 个县（市、区），陆地总面积 17.98 万 km²。根据地形特点可分成五区：珠江三角洲平原、粤北山地、粤西山地台地、粤东山地丘陵、潮（州）汕（头）平原。由于广东省特殊的地理位置和社会经济条件，形成了一系列自然、经济特性。

2. 依据

农用地分等的依据如下。

(1)《中华人民共和国土地管理法》。

(2)《广东省农用地分等定级与估价工作实施方案》。

(3)《广东省农用地分等定级与估价工作技术方案》。

(4) 各期国家农用地分等定级与估价工作与技术简报。

(5)《城镇土地分等定级规程》等相关文件。

（三）技术路线与方法

1. 农用地分等的技术路线

依据广东省标准耕作制度，以指定作物的光温（气候）生产潜力为基础，采用因素法计算农用地自然质量分,通过对土地自然质量、土地利用水平、土地经济水平逐级订正,综合评定农用地质量等别。

2. 农用地分等的方法步骤

(1) 资料收集整理与外业调查。

(2) 划分指标区、确定指标区分等因素及权重。

(3) 划分分等单元并计算农用地自然质量分。

(4) 全国各省作物生产潜力指数速查表,确定产量比,计算农用地自然等指数。

(5) 计算土地利用系数及农用地利用等指数。

(6) 计算土地经济系数及农用地经济等指数。

(7) 划分与校验农用地自然等别、利用等别和经济等别。

(8) 整理、成果分析。

3. 分等工作流程

农用地分等的工作流程如图 3-1 所示。

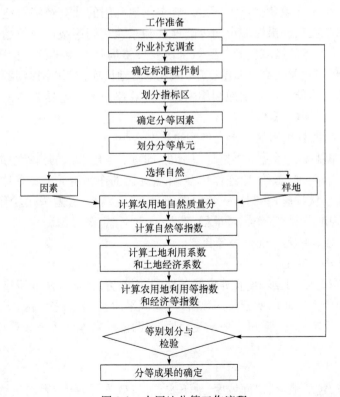

图 3-1　农用地分等工作流程

（四）具体步骤

1. 调查和收集资料

广东地形复杂，有山地、丘陵、平原、台地等，以山地和丘陵为主。珠江三角洲与韩江三角洲是广东主要的平原地区。广东属热带、亚热带季风气候类型，由于纬度较低，大部分在北回归线以南，是我国最接近赤道的地区，太阳辐射热量大，日照多，又濒临南海，受海洋暖湿气流的调剂，所以气候温暖，夏长冬短，雨量充沛，几乎全年都能适应农作物的生长。广东良好的气候条件，使全省大部分土地都可以一年两熟或三熟。在汉代，广州附近已有一年两熟稻，特别是从宋代引进占城稻种之后，进一步发展了双季稻的种植，并从明中叶开始，又迅速发展了冬种杂粮和增加了农作物的品种，从而在比较广阔的区域内形成了包括冬种作物在内的一年三熟制。明清时期，珠江三角洲和韩江三角洲已成为广东主要的农业基地。但随着工业化和城市化高速发展，土地利用剧烈变化使得广东土地资源面临巨大压力。目前，广东土地利用率达 90% 左右，城镇建设用地迅速增加，农业用地、环境用地面积持续减少，生态环境承受巨大压力。广东土地利用的社会经济效益差异非常显著，呈现由珠江三角洲沿海城市向内陆地区和东西两侧逐级递减的趋势。土地利用的社会经济效益的区域差异与区域经济发展格局基本相符。从全省来看，内陆地区的生态环境效益较高，向珠江三角洲及沿海地区递减，其中以河源的生态环境效益最高，东莞最低。广东土地利用生态环境效益的区域差异总体呈现出与社会经济效益逆向发展的态势。

2. 确定标准耕作制度及指定作物和基准作物

标准耕作制度实际上主要指种植制度，即重点考虑地区的作物组成与配置、熟制与种植方式（间作、套种、轮连作）。广东各地区的作物组成主要有甘薯—早稻—晚稻、春花生—秋甘薯，熟制有一年两熟制、一年三熟制，普遍采用轮作方式；广东的基准作物为晚稻，指定作物是早稻、春花生、秋甘薯、冬甘薯。

3. 划分分等单元和选取分等因素

1）划分分等单元

根据广东地形、土壤、气候等自然条件，采用叠置法、地块法或网格法等进行划分，将广东划分为粤北山地丘陵区、珠江三角洲平原区、潮汕平原区、粤东沿海丘陵台地、粤中南丘陵地区、雷州半岛丘陵台地、粤西南丘陵地区 7 个分等单元，即广东 7 个二级区。

2）分等因素

分等因素包括地形、田面坡度、地下水位、有效土层厚度、表层土壤质地、剖面构型、有机质含量、pH、灌溉保证率、排水条件，具体见表 3-2。

表 3-2　广东二级区分等因素指标体系

二级区	地形地貌水文地质				土壤基本性状			土壤管理	
	地形	田面坡度	地下水位	土层厚度	质地	剖面结构	有机质	pH	灌溉
粤北山地丘陵区	0.09	0.08	0.03	0.17	0.12	0.10	0.07	0.07	0.19
粤中南丘陵地区	0.09	0.08	0.03	0.17	0.12	0.10	0.07	0.09	0.15
潮汕平原区	0.07	0.06	0.05	0.15	0.14	0.10	0.06	0.08	0.14
珠江三角洲平原区	0.07	0.06	0.05	0.15	0.14	0.10	0.06	0.08	0.14
粤东沿海丘陵台地区	0.08	0.06	0.04	0.15	0.13	0.10	0.06	0.08	0.18
雷州半岛丘陵台地区	0.08	0.06	0.05	0.15	0.13	0.10	0.06	0.08	0.19
粤西南丘陵地区	0.09	0.08	0.03	0.17	0.12	0.10	0.07	0.09	0.15

注：岩石露头度因素影响修正系数范围为 0.4~0.8；障碍层出现深度影响修正范围系数为 0.4~0.8；盐渍化程度影响修正系数范围为 0.4~0.8。

4. 评定分等单元的自然质量分值及计算分等单元各作物的理论产量

1）评定分等单元的自然质量分值

几何平均法：

$$F = \sqrt[n]{\prod_{i=1}^{n} w_i f_i} \tag{3-12}$$

式中，F 为某分等单元的自然质量综合分值；i 为分等因素编号；n 为单元内分等因素的数目；f_i 为第 i 个分等因素质量分值，其取值范围为 0（或 1）~100；w_i 为第 i 个分等因素的权重。根据评定分等单元的自然质量分值的计算公式计算得出各指定作物的自然质量分值。

2）计算分等单元各作物理论产量

根据单元分值，可直接从"分值-作物的理论产量对照表"查出所对应的各作物的理论产量。

5. 计算各作物的标准粮产量及分等单元标准总量

1）计算各作物的标准粮总量

轮作周期中的各种作物的产量，通过产量比系数折算成相应的标准粮产量，后者为有可比性的农用地生产潜力水平指标。作物产量比系数的计算可区别以下两种情况。

（1）在相同的生长季内播种生长的作物。其产量比系数可直接采用作物单产比较计算，即指定作物产量比系数=基准作物最高产量/指定作物最高产量。

（2）在不同生长季内播种生长的基准作物、指定作物。首先应将指定作物或基准作物的最高单产调整为基准作物或指定作物生长发育所对应的光、温、水，特别是光、温条件下的最高单产，然后再采用上述公式计算指定作物的产量比系数。

2）分等单元标准总量

单元内各作物标准粮产量之和为该分等单元的标准粮总量,它按标准耕作制度下可种植的指定作物的标准粮产量加和后获得,公式为

$$R_i = \sum_{j=1}^{n} A_j X_j \qquad (3\text{-}13)$$

式中,R_i 为理论标准粮产量;A_j 为第 j 种作物的产量比系数;X_j 为该单元第 j 种作物的理论产量。

6. 计算土地利用系数

土地利用系数的测算公式为

$$K_i = \frac{1}{n} \sum_{i=1}^{n} \frac{Y_\text{实}}{Y_\text{理}}, \quad 0 \leqslant K_i \leqslant 1 \qquad (3\text{-}14)$$

式中,K_i 为土地利用系数;$Y_\text{实}$ 为样点标准粮实测总量;$Y_\text{理}$ 为样点标准粮理论总量;n 为样点数。这样就可获得各分等单元的实际产量,即分等单元的实际产量=理论产量土地利用系数。

7. 计算土地经济系数

在广东现实产出水平的基础上,用土地经济系数衡量在目前社会平均投入产出水平上土地收益的差异。土地经济系数的计算公式为

$$K_c = \frac{1}{n} \sum_{i=1}^{n} \frac{a_1}{a_{\max}}, \quad 0 \leqslant K_c \leqslant 1 \qquad (3\text{-}15)$$

式中,K_c 为土地经济系数;a_i 为单元指定作物的产量-成本指数(实测值),即单位面积标准粮产量(kg/hm^2)/单位标准粮平均成本;$a_{\max}$ 为产量-成本指数的国家指定值或省、区域的最大值;n 为样点数。

8. 评定各单元土地等别

利用土地理论标准粮产量、土地利用系数和土地经济系数,通过计算获得分等单元的指数,并按土地分等指数的高低将农用地分为不同的土地等别。土地分等指数的计算公式为

$$G_i = R_i K_i K_c \qquad (3\text{-}16)$$

式中,G_i 为第 i 分等单元的分等指数;R_i 为该分等单元的理论标准粮总量(指定作物的自然等指数);K_i 为该分等单元所在利用系数等值区的土地利用系数值;K_c 为该分等单元所在经济系数等值区的土地经济系数值。

根据所计算得到的土地分等指数,查找所编制的《土地总指数-土地等别对照表》,就可确定所对应的土地分等单元的土地等别。

（五）成果分析

1. 耕地自然质量等别分析

耕地自然质量等是通过对耕地土壤的自然属性,包括水分,土壤理化性质,影

响水热分配的地形、地貌、排水、灌溉等的限制因子对光温(气候)生产潜力的修正所计算出来的,反映的是一定区域内的自然条件下潜在或者理论上的自然生产能力,与人为投入无关。

表 3-3 显示的是不同二级区耕地自然质量等别分布情况。粤北山地丘陵区耕地自然质量等别划分为 13 个等别(5～17 等),以 12～15 等地为主,面积合计 506 124.17hm²,占粤北山地丘陵区耕地总面积的 74.93%,59.35% 的耕地在 14 等以上;珠江三角洲平原区耕地自然质量等别划分为 13 个(6～18 等),以 14 等、15 等和 16 等为主,面积合计 307 958.48hm²,占珠江三角洲平原区总耕地面积的 81.21%,88.75% 的耕地在 14 等以上;潮汕平原区耕地自然质量等别划分为 9 个(9～17 等),以 14～16 等为主,面积合计 93 534.61hm²,占潮汕平原区总耕地面积的 77.01%,82.15% 的耕地在 14 等以上;粤东沿海丘陵台地区耕地自然质量等别划分为 12 个等别(6～17 等),以 14～17 等为主,面积合计 141 467.3hm²,占粤东沿海丘陵台地区总耕地面积的 91.43%,91.43% 的耕地在 14 等以上;粤中南丘陵地区耕地自然质量等别划分为 13 个(6～18 等),以 12～16 等为主,面积合计 469 804.1hm²,占粤中南丘陵地区总耕地面积的 89.59%,66.62% 的耕地在 14 等以上;雷州半岛丘陵台地区耕地自然质量等别划分为 14 个等别(5～18 等),以 13～17 等为主,面积合计 420 511.69hm²,占雷州半岛丘陵台地区总耕地面积的 94.44%,86.77% 的耕地在 14 等以上;粤西南丘陵地区耕地自然质量等别划分为 16 个等别(4～19 等),以 14～17 等为主,面积合计 203 966.45hm²,占粤西南丘陵地区总耕地面积的 75.90%,87.41% 的耕地在 14 等以上。

从广东各县(市、区)耕地自然质量等别成果可知,全省耕地总面积为 2 569 360.18hm²(2010 年),耕地自然质量等别共有 16 个等别,等别区间为 4～19 等,基本上呈正态分布,等别值越大,耕地自然质量越高,广东耕地自然质量等别总体分布情况如图 3-2 所示。从各等别面积比例来看,以 14～16 等地面积比重最大,分别达到全省耕地面积的 22.78%、21.39% 和 20.29%,三者面积超过全省耕地总面积的 60%;其次是 13 等地,面积占全省耕地面积的 12.60%,再次是 12 等、17 等和 11 等,面积占全省耕地面积的 7.44%、6.68% 和 3.67%,18 等、10 等和 9 等地面积只占全省耕地面积的 1.33%、1.38% 和 1.02%,其他等别面积较少,均小于全省耕地面积的 1%。若将广东耕地自然质量划分为高、中、低三个级别,自然质量等别较高的(15～19 等)耕地面积为 1 286 791.27hm²,占总耕地面积的 50.08%,自然质量等别中等的(10～14 等)耕地面积为 1 229 912.08hm²,占总耕地面积的 47.87%;自然质量等别较低的(4～9 等)耕地面积为 52 656.83hm²,占总耕地面积的 2.05%,表明广东耕地总体上自然质量较高。

表 3-3　广东耕地自然质量等别各二级区面积汇总统计分析

二级区	4等	5等	6等	7等	8等	9等	10等	11等	12等	13等	14等	15等	16等	17等	18等	19等	合计
粤北山地丘陵区/hm²	—	560	2 546	12 856	8 392	20 961	25 253	60 028	95 101	126 041	178 198	106 784	33 577	5 214	—	—	675 511
占该二级区比例/%	—	0	0	2	1	3	4	9	14	19	26	16	5	1	—	—	100
占该等别比例/%	—	91	85	93	95	80	71	64	50	39	30	19	6	3	—	—	26
珠江三角洲平原区/hm²	—	—	186	—	—	145	379	4 878	10 905	26 181	67 617	105 998	134 343	28 229	356	—	379 217
占该二级区比例/%	—	—	0	—	—	0	0	1	3	7	18	28	35	7	0	—	100
占该等别比例/%	—	—	6	—	—	1	1	5	6	8	12	19	26	16	1	—	15
潮汕平原区/hm²	—	—	—	—	—	214	528	2 498	6 408	12 027	27 851	26 399	39 284	6 250	—	—	121 459
占该二级区比例/%	—	—	—	—	—	0	0	2	5	10	23	22	32	5	—	—	100
占该等别比例/%	—	—	—	—	—	1	1	3	3	4	5	5	8	4	—	—	5
粤东沿海丘陵台地区/hm²	—	—	2	2	235	669	89	1 407	1 932	8 927	20 724	40 728	59 817	20 199	—	—	154 731
占该二级区比例/%	—	—	0	0	0	0	0	1	1	6	13	26	39	13	—	—	100
占该等别比例/%	—	—	0	0	3	3	0	1	1	3	4	7	11	12	—	—	6
粤中南丘陵地区/hm²	—	—	8	94	50	3 157	7 800	21 591	58 241	84 112	119 685	121 242	86 524	21 900	21	—	524 425
占该二级区比例/%	—	—	0	0	0	1	1	4	11	16	23	23	17	4	0	—	100
占该等别比例/%	—	—	0	1	1	12	22	23	30	26	20	22	17	13	0	—	20
雷州半岛丘陵台地区/hm²	—	45	197	661	94	385	451	1 491	8 327	47 264	132 691	91 443	94 513	54 601	13 120	—	445 283
占该二级区比例/%	—	0	0	0	0	0	0	0	2	11	30	21	21	12	3	—	100
占该等别比例/%	—	7	7	5	1	1	1	2	4	15	23	17	18	32	38	—	17
粤西南丘陵地区/hm²	20	13	74	242	86	760	865	2 523	10 153	19 093	38 654	56 923	73 254	35 135	20 665	10 274	268 734
占该二级区比例/%	0	0	0	0	0	0	0	1	4	7	14	21	27	13	8	4	100
占该等别比例/%	100	2	2	2	1	3	2	3	5	6	7	10	14	20	60	100	10
总计/hm²	20	618	3 013	13 855	8 857	26 291	35 365	94 416	191 067	323 645	585 420	549 517	521 312	171 527	34 162	10 274	2 569 359
比例/%	0	0	0	1	0	1	1	4	7	13	23	21	20	7	1	0	100

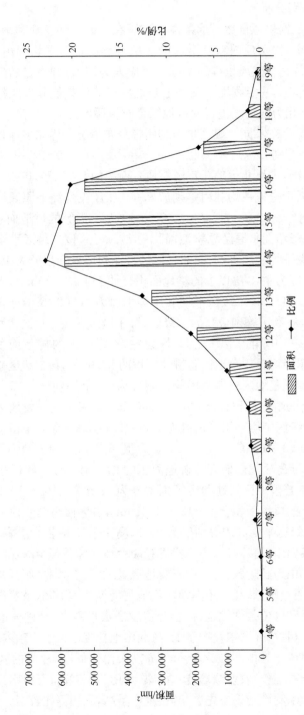

图 3-2　广东耕地自然质量等别面积分布

2. 耕地利用等别分析

耕地利用等是依据耕地自然质量条件和其所在地区平均土地利用条件,进行耕地的质量综合评定,侧重反映耕地潜在的区域自然质量和平均利用水平差异。耕地利用等的内涵是在自然质量等的基础上考虑人为因素,即将自然生产能力转化为可实现的生产能力,一定程度上反映了当地生产劳动技能和农业技术水平的高低,是从现实生产能力的角度进行的耕地综合质量评价。

表 3-4 显示的是广东不同二级区耕地利用等分布情况。粤北山地丘陵区耕地利用等划分为 12 个等别(3～14 等),以 7～11 等耕地为主,大于 7 等的耕地面积合计 569 551.19 公顷,占粤北山地丘陵区耕地总面积的 84.31%,该二级区平均利用等别值为 8.69,低于全省平均利用等别值 9.00;珠江三角洲平原区耕地利用等别划分为 10 个等别(3～12 等),以 7～10 等为主,大于 7 等的耕地面积合计 331 175.78hm²,占珠江三角洲平原区总耕地面积的 87.33%,该二级区平均利用等别值为 8.19,低于全省平均利用等别;潮汕平原区耕地利用等别划分为 10 个等别(5～13 等),以 8～12 等为主,8 等以上的耕地面积合计 111 183.55hm²,占潮汕平原区总耕地面积的 91.54%,该二级区平均利用等别值为 10.02,高于全省平均利用等别 1 个等别,是全省利用等别最高的二级区;粤东沿海丘陵台地区耕地利用等别划分为 10 个等别(4～13 等),以 8～11 等为主,8 等以上的耕地面积合计 139 248.54 公顷,占粤东沿海丘陵台地区总耕地面积的 89.99%,该二级区平均利用等别值为 9.36;粤中南丘陵地区耕地利用等别划分为 13 个等别(3～15 等),以 7～11 等为主,7 等以上的耕地面积合计 461 640.60hm²,占粤中南丘陵地区总耕地面积的 88.03%,该二级区平均利用等别值为 9.00;雷州半岛丘陵台地区耕地利用等别划分为 10 个等别(3～12 等),以 8～11 等为主,8 等以上的耕地面积合计 407 136.72hm²,占雷州半岛丘陵台地区总耕地面积的 91.43%,该二级区平均利用等别值为 9.19;粤西南丘陵地区耕地利用等别划分为 13 个等别(3～15 等),以 8～12 等为主,8 等以上的耕地面积合计 246 884.21hm²,占粤西南丘陵地区总耕地面积的 91.87%,该二级区平均利用等别值为 9.92,高于全省平均利用等别值。

潮汕平原区、粤西南丘陵地区、粤东沿海丘陵台地区和雷州半岛丘陵台地区的利用等比较高,粤北山地丘陵区、粤中南丘陵地区及珠江三角洲平原区耕地利用等较低。相对于自然质量等,珠江三角洲地区耕地利用等整体下降,虽然珠江三角洲地势相对低缓,交通和区位条件优越,社会经济发展水平高,但是过分追求经济效益,粮食的种植过于粗放,导致粮食产量低;粤北山地丘陵区位于广东内陆,经济发展比较落后,导致单位土地的科技含量和经济投入比较低,本地区的利用等相对低;潮汕平原地区精耕细作,农业栽培技术成熟,利用等相对高;粤西南丘陵地区具有优越的光热条件,水利设施设备先进,其粮食产量高,利用等比较高。

表 3-4 广东耕地利用等别各二级区面积汇总统计分析

二级区	3等	4等	5等	6等	7等	8等	9等	10等	11等	12等	13等	14等	15等	合计
粤北山地丘陵区/hm²	623	16 382	35 671	53 285	71 542	131 822	134 038	90 367	79 307	43 660	18 812	2	—	675 511
占该二级区比例/%	0	2	5	8	11	20	20	13	12	6	3	0	—	100
占该等别比例/%	42	54	51	41	28	26	23	20	28	25	31	0	—	26
珠江三角洲平原区/hm²	24	4 553	15 060	28 406	48 873	114 985	97 506	65 351	4 322	139	—	—	—	379 219
占该二级区比例/%	0	1	4	7	13	30	26	17	1	0	—	—	—	100
占该等别比例/%	2	15	22	22	19	23	17	14	2	0	—	—	—	15
潮汕平原区/hm²	—	—	583	1 332	8 360	13 636	26 221	20 951	16 308	29 846	4 220	—	—	121 457
占该二级区比例/%	—	—	0	1	7	11	22	17	13	25	3	—	—	100
占该等别比例/%	—	—	1	1	3	3	4	5	6	17	7	—	—	5
粤东沿海丘陵台地区/hm²	—	170	293	1 260	13 758	21 310	46 726	37 761	27 576	5 353	521	—	—	154 728
占该二级区比例/%	—	0	0	1	9	14	30	24	18	3	0	—	—	100
占该等别比例/%	—	1	0	1	5	4	8	8	10	3	1	—	—	6
粤中南丘陵地区/hm²	778	8 052	16 788	37 166	64 628	87 157	96 312	78 085	71 916	42 818	14 202	6 492	31	524 425
占该二级区比例/%	0	2	3	7	12	17	18	15	14	8	3	1	0	100
占该等别比例/%	52	27	24	29	25	17	16	17	25	24	24	77	18	20
雷州半岛丘陵台地区/hm²	32	865	598	5 829	30 821	92 921	127 275	120 638	55 770	10 534	—	—	—	445 283
占该二级区比例/%	0	0	0	1	7	21	29	27	13	2	—	—	—	100
占该等别比例/%	2	3	0	5	12	18	22	26	19	6	—	—	—	17
粤西南丘陵地区/hm²	29	73	480	2 382	18 886	41 912	60 659	45 926	31 775	42 470	22 097	1 900	146	268 735
占该二级区比例/%	0	0	0	1	7	16	23	17	12	16	8	1	0	100
占该等别比例/%	2	0	0	2	8	8	10	10	11	24	37	23	83	10
总计/hm²	1 486	30 095	69 473	129 660	256 868	503 743	588 737	459 079	286 974	174 820	59 852	8 394	177	2 569 358
比例/%	0	1	3	5	10	20	23	18	11	7	2	0	0	100

　　通过对广东各县(市、区)耕地利用等别成果的汇总结果可知,全省耕地总面积为 2 569 360.18hm²(2010 年),耕地利用等别共 13 个,等别区间为3～15等,呈正态分布,主要集中在 7～11 等,面积占全省耕地面积的 81.55%,广东耕地利用等面积分布如图 3-3 所示。从各等别面积比例来看,以 9 等、8 等和 10 等地面积比例最大,分别达到全省耕地面积的 22.91%、19.61%和 17.87%,三者面积约占全省耕地总面积的 60%;其次是 11 等、7 等、12 等和 6 等地,分别占全省耕地面积的 11.17%、10.00%、6.80%和 5.05%,再次是 5 等、13 等和 4 等,分别占全省耕地面积的 2.70%、2.33%和 1.17%,高等别地 15 等和 14 等及最低等别 3 等地面积均不到全省耕地面积的 0.5%。若将广东利用等别划分为高、中、低三个级别,利用等别较高的(12～15 等)耕地面积为 243 243.12hm²,占总耕地面积的 9.47%,利用等别中等的(8～11 等)耕地面积为 1 838 533.38hm²,占总耕地面积的 71.56%;利用等别较低的(3～7 等)耕地面积为 487 583.68hm²,占总耕地面积的 18.97%,表明广东耕地利用等处于中等水平。

　　3. 耕地经济等别分析

　　耕地经济等别是依据耕地自然质量条件,在所在地平均利用条件和平均经济条件下,对耕地进行的综合质量评定,侧重反映潜在的(或者理论上)区域自然质量、平均利用水平和平均效益水平不同造成耕地生产力水平的差异性。

　　表 3-5 显示的是广东不同二级区耕地经济等别分布情况。从表 3-5 可知,粤北山地丘陵区耕地经济等别划分为 10 个(2～11 等),以 4～8 等为主,大于 4 等的耕地面积合计 587 149.30hm²,占粤北山地丘陵区耕地总面积的比例合计为 86.92%,该二级区的平均经济等别为 5.73,略高于全省平均经济等别 5.56;珠江三角洲平原区耕地经济等别划分为 9 个(2～8 等),以 4～6 等为主,大于 4 等的耕地面积合计 315 908.46hm²,占珠江三角洲平原区总耕地面积的 83.31%,该二级区的平均经济等别为 4.69,是全省平均经济等别最低的二级区;潮汕平原区耕地经济等别划分为 8 个(3～11 等),以 5～7 等为主,5 等以上的耕地面积合计 110 662.96hm²,占潮汕平原区总耕地面积的 91.11%,该二级区的平均经济等别为 6.81,是全省平均经济等别最高的二级区;粤东沿海丘陵台地区耕地经济等别划分为 9 个(2～10 等),以 4～7 等为主,4 等以上的耕地面积合计 144 555.35hm²,占粤东沿海丘陵台地区总耕地面积的 93.42%,该二级区的平均经济等别为 5.70,略高于全省平均经济等别;粤中南丘陵地区耕地经济等别划分为 11 个(1～11 等),

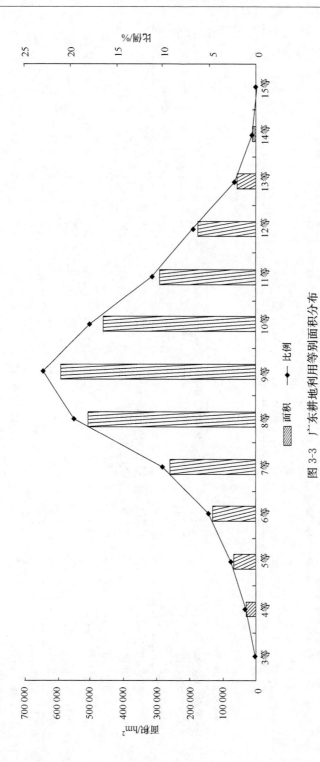

图 3-3　广东耕地利用等别面积分布

表 3-5　广东耕地经济等别各二级区面积汇总统计分析

二级区	1等	2等	3等	4等	5等	6等	7等	8等	9等	10等	11等	合计
粤北山地丘陵区/hm²	—	25 208	63 155	86 273	142 377	128 192	99 168	81 277	35 449	14 077	337	675 513
占该二级区比例/%	—	4	9	13	21	19	15	12	5	2	0	100
占该等别比例/%	—	45	31	20	23	24	25	38	42	64	9	26
珠江三角洲平原区/hm²	—	11 733	51 576	92 858	128 217	75 564	18 885	385	—	—	—	379 218
占该二级区比例/%	—	3	14	24	34	20	5	0	—	—	—	100
占该等别比例/%	—	21	25	22	21	14	5	0	—	—	—	15
潮汕平原区/hm²	—	—	1 853	8 943	26 659	20 407	17 552	9 676	35 214	332	822	121 458
占该二级区比例/%	—	—	2	7	22	17	14	8	29	0	1	100
占该等别比例/%	—	—	1	2	4	4	4	5	42	2	23	5
粤东沿海丘陵台地区/hm²	—	218	9 956	22 323	31 580	44 649	38 098	4 246	846	2 814	—	154 730
占该二级区比例/%	—	0	6	14	20	29	25	3	1	2	—	100
占该等别比例/%	—	0	5	5	5	8	10	2	1	13	—	6
粤中南丘陵地区/hm²	95	17 403	55 141	91 835	127 226	92 367	75 940	49 861	7 491	4 631	2 434	524 424
占该二级区比例/%	0	3	11	18	24	18	14	10	1	1	0	100
占该等别比例/%	91	31	27	21	20	17	19	23	9	21	68	20
雷州半岛丘陵台地区/hm²	—	1 267	18 581	98 293	96 868	98 104	84 973	44 846	2 352	—	—	445 284
占该二级区比例/%	—	0	4	22	22	22	19	10	1	—	—	100
占该等别比例/%	—	2	9	23	16	18	21	21	3	—	—	17
粤西南丘陵地区/hm²	9	477	3 657	27 264	71 080	76 011	65 424	22 206	2 606	—	—	268 734
占该二级区比例/%	0	0	1	10	26	28	24	8	1	—	—	100
占该等别比例/%	9	1	2	6	11	14	16	10	3	—	—	10
总计/hm²	104	56 306	203 919	427 789	624 007	535 294	400 040	212 497	83 958	21 854	3 593	2 569 361
比例/%	0	2	8	17	24	21	16	8	3	1	0	100

以 4～7 等为主,4 等以上的耕地面积合计 451 785.73hm²,占粤中南丘陵地区总耕地面积的 86.15%,该二级区的平均经济等别为 5.39,低于全省平均经济等别;雷州半岛丘陵台地区耕地经济等别划分为 8 个(2～9 等),以 4～8 等为主,4 等以上的耕地面积合计 425 435.19hm²,占雷州半岛丘陵台地区总耕地面积的 95.54%,该二级区的平均经济等别为 5.61,略高于全省平均经济等别;粤西南丘陵地区耕地经济等别划分为 9 个(1～9 等),以 5～7 等为主,5 等以上的耕地面积合计 237 327.57hm²,占粤西南丘陵地区总耕地面积的 88.31%,该二级区的平均经济等别为 5.92,高于全省平均经济等别。

整体来看,潮汕平原区和粤西南丘陵地区经济等别比较高,潮汕平原区精耕细作,农业栽培技术成熟,投入产出率高;粤西南丘陵地区具有优越的光热条件,水利设施设备先进,其粮食产量高,经济等别也比较高。粤中南丘陵地区及珠江三角洲平原区耕地的经济等别较低,虽然珠江三角洲地势相对低缓,交通和区位条件优越,社会经济发展水平高,但是粮食的种植过于粗放,导致粮食产量低,经济效益低下。

通过对广东各县(市、区)耕地经济等别成果的汇总结果可知,全省耕地总面积为 2 569 360.18hm²(2010 年),耕地经济等别共有 11 个,为 1～11 等,呈正态分布,主要集中在 4～7 等,面积占全省耕地面积的 77.34%,广东耕地经济等别面积分布如图 3-4 所示。从各等别面积比例来看,以 5 等和 6 等耕地面积比重最大,分别达到全省耕地面积的 24.29% 和 20.83%,其次是 4 等和 7 等,分别占全省耕地面积的 16.65% 和 15.57%,再次是 8 等和 3 等,分别占全省耕地面积的 8.27% 和 7.94%,9 等和 2 等分别占全省耕地面积的 3.27% 和 2.19%,其他等别耕地面积均较小,特别是 1 等耕地面积仅 104hm²。若将广东经济等别划分为高、中、低三个级别,经济等别较高的(8～11 等)耕地面积为 321 902.71hm²,占总耕地面积的 12.53%;经济等别中等的(4～7 等)耕地面积为 1 987 129.66hm²,占总耕地面积的 77.34%;经济等别较低的(1～3 等)耕地面积为 260 327.81hm²,占总耕地面积的 10.13%。表明广东耕地质量经济等别整体上属于中等水平。

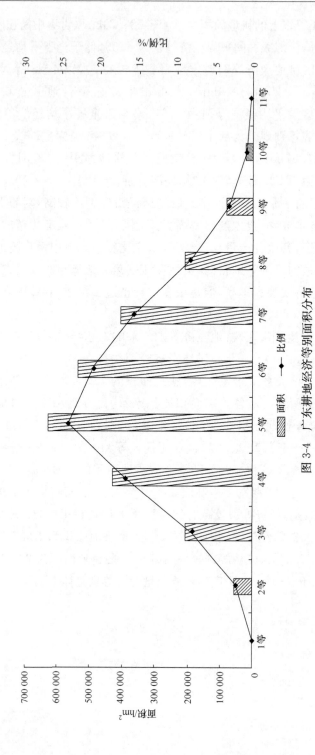

图 3-4　广东耕地经济等别面积分布

第四节　耕地综合生产能力测算

一、产能核算的基础

(一)理论基础

农用地产能核算的理论基础有土地生产潜力理论、土地肥力理论、农业效益理论、农业地租地价理论和农业区位理论。理论产能的理论基础是土地生产潜力理论,可实现产能的理论基础是土地生产潜力理论和土地肥力理论,实际产能的理论基础是土地肥力理论、农业效益理论、农业地租地价理论和农业区位理论。

(二)工作基础

郧文聚等(2007)认为,近年来我国开展了全国土地利用现状调查和变更调查工作,摸清了土地资源的数量情况,也开展了农用地分等定级工作,掌握了土地资源质量状况,而对于农用地的产能还没有较为全面的调查评价。前两项工作是开展耕地产能核算的重要基础,也是农用地分等工作的深化与延续。所以,可以认为农用地分等成果是产能核算的基础,主要表现在以下几个方面。

(1)提供了产能核算对象的基本单元(分等单元)。农用地分等单元是农用地等级评定和划分的基本空间单位,单元内部土地质量相对均一,单元之间有较大差异。所以,应该以此为产能核算的基本空间单位。分等单元图可直接作为产能核算的工作底图。

(2)提供了供核算使用的土地质量指数,包括自然等指数和利用等指数。产能核算的基本思路就是建立分等单元的自然等指数和利用等指数与其相应的样本产量调查值之间的数学关系模型,那么,农用地分等工作计算出了每个单元的自然质量等指数和利用等指数,所以产能核算可以直接使用这两个指数。

(3)提供了产能核算的农作物基础。农用地分等指数是对大宗农作物土地生产(潜)力逐步修正的结果,因此,产能核算农作物的选择要与农用地分等确定的基准作物和指定作物一致,避免不一致带来的分等指数的重新计算。

(4)提供了产能核算的面积。产能核算涉及的基本要素是标准粮单产和面积,农用地分等提供了分等单元面积、自然等别面积和利用等别面积,这为核算不同区域及不同等别农用地的产能提供了基础。

(5)提供了土地质量的评价方法。当农用地分等工作完成时间较长,或未进行农用地分等工作的区域,需要计算分等单元的自然等指数和利用等指数时,可以按照《农用地分等规程》(TD/T 1004—2003)规定的方法进行。

二、产能核算的原理与方法

(一)理论产能核算原理与方法

(1)基本原理。理论产能是环境条件和生产条件最优状态下所实现的最高产量。而农用地自然质量等别划分的依据是作物生产力原理,即各种作物在各自固定的光合作用速率及投入管理水平最优的状况下,作物的生产量由土地质量所决定,而土地质量是光照、温度、水分、土壤、地形等因素综合影响的结果。根据这一原理,可以首先假设评价工作区域内各处的土地利用投入管理已是最佳状态,然后用影响作物生产量的各因素的优劣和组合状况定量推算地上作物生产量的高低,以作物生产量的高低最终评定土地质量等级。所以,理论产能是土地自然质量等别差异的主要表现特征。目前,符合这一条件的用地单元(地块)是各级农业科研部门的农业试验田,农业试验田的样点单产可以视为环境条件和生产条件最优状态下的最高产量,此产量可作为理论产能核算的样点理论单产。相应单元的农用地自然质量等指数可以视为环境本底条件的综合表现。

(2)核算方法。建立农业试验田单产样本值和相应的农用地自然质量等指数的函数关系模型,将所有分等单元的农用地自然质量等指数代入函数方程,可以获取试验田样本所在区域的农用地理论单产。其方程为

$$Y_i = a + bR_i \tag{3-17}$$

式中,Y_i 为第 i 个单元试验田单产样本值;R_i 为第 i 个分等单元自然质量等指数;a 和 b 为回归系数值。依据 a 和 b,将该区域所有农用地分等单元的自然质量等指数代入式(3-17),可获得各单元的粮理论单产。

(二)可实现产能核算原理与方法

(1)基本原理。可实现产能是环境条件和生产条件处于正常状态下所获得的最高产量。符合这一条件的样本产量是评价区域已经实现的最高产量,即最高利用水平的产量。土地质量等别反映了土地自然质量的高低,并不反映人们对土地质量利用到何种程度。土地利用分等就是揭示土地质量和人们利用土地质量的能力间的关系,反映人们利用土地能力的指标是相同质量土地的利用水平。而土地利用水平的高低受控于三种因素:一是土地质量;二是利用方式;三是经营水平。因此,可实现产能核算的基本原理是经济学的生产要素理论,生产产品的数量及其价值量取决于生产要素的相互结合、共同作用。根据这一原理,当土地自然质量一定、经济条件相似时,作物生产量取决于生产条件、农耕知识、技能水平、劳动态度等。按照土地自然质量状况评定出来的潜力等级只是土地

的可能生产量,并非土地的实际生产量,土地实际生产量还受到当地长时间形成的农耕水平、用地强度、种植技能、劳动态度的影响。所以,可实现产能的样本产量是在区域生产条件、农耕知识和技能水平、劳动态度等方面都处于正常状态下所获得的最高产量值。

(2) 核算方法。建立分等抽样单元作物可实现单产样本值与相应单元利用等指数的函数关系,即

$$Y_i = c + dX_i \qquad (3\text{-}18)$$

式中,Y_i 为第 i 个单元作物可实现单产样本值;X_i 为第 i 个单元利用等指数;c 和 d 表示回归系数值。依据 c 和 d,将核算区域的所有农用地分等单元的利用等指数代入式(3-18),可获得各单元的可实现单产。

(三) 实际产能核算原理与方法

首先,依据农业统计数据,将核算区域内各乡镇的指定作物单位面积产量视作各乡镇指定作物的实际单产;然后,根据标准粮换算系数,将指定作物的实际单产换算为标准粮实际单产;最后,根据标准耕作制度核算乡(镇)域实际单产,用实际单产乘以耕地面积得到乡(镇)域实际产能。

三、实例——广东省农用地产能核算

(一) 目的与意义

1. 目的

农用地产能核算工作的目的:一是在农用地分等的基础上,通过开展农用地产能核算,摸清广东从乡镇到全省农用地理论产能、可实现产能和实际产能的数量和空间分布特征;二是通过区域间农用地产能对比分析,全面掌握全省区域性产能的分异状况,为区域性土地资源宏观调控与调整提供依据;三是通过同一区域内不同类型产能比较分析,正确评价各行政区内农用地利用强度和潜力,为合理制定农业科技、开发利用、增产增效目标及针对性措施提供技术支撑。

2. 意义

农用地产能核算工作对于落实严格保护耕地的战略目标具有重要意义。

(1) 开展农用地产能核算工作是严格执行耕地补偿制度,解决当前耕地占补平衡工作中存在的占多补少、占优补劣等问题,督促建设单位履行占一补一法定义务,确保补充耕地与被占用耕地数量和质量的必要手段。

(2) 开展农用地产能核算工作,是贯彻落实《中共中央国务院关于进一步加强农村工作提高农业综合生产能力若干政策的意见》和中央人口资源环境工作座谈

会精神,履行国土资源管理部门职责,严格保护耕地特别是基本农田,提高农业综合生产能力,实现国家粮食安全战略的重要措施。

(3) 开展农用地产能核算工作,客观评价农用地的生产能力,测算农用地利用强度和潜力,为科学编制土地利用总体规划和土地开发整理专项规划,确定土地开发整理重点区域,合理核定各级政府耕地,实现基本农田保护目标提供依据。

(4) 开展农用地产能核算工作,有利于农用地资源的保护,是实现人地协调和提高农用地资源利用集约化水平的重要途径,是促进经济社会可持续发展的有力保障。

(二) 范围与依据

1. 范围

农用地产能核算的工作范围包括广东所辖 21 个地级市,121 个县(市、区),陆地总面积 17.98 万 km²。根据地形特点可分为五区:珠江三角洲平原、粤北山地、粤西山地台地、粤东山地丘陵、潮(州)汕(头)平原。由于广东特殊的地理位置和社会经济条件,形成了一系列自然、经济特点。

2. 依据

(1)《中华人民共和国土地管理法》。

(2)《农用地产能核算技术规范(国土资源大调查专用稿)》,2007 年 12 月。

(3)《农用地分等规程》(TD/T 1004—2003),2003 年 4 月 8 日发布,2003 年 8 月 1 日实施。

(4)《土地利用现状分类》(GB/T 21010—2007),2007 年 8 月 10 日发布。

(三) 技术路线和方法

在各区(市)级农用地产能核算成果的基础上,运用资料分析与实际调查、定性分析与定量分析、常规手段与计算机技术相结合的方法,建立农用地产能核算数据库,分别核算农用地不同层次(理论产能、可实现产能和实际产能)和不同区域(县区、市域)的产能。

在农用地分等中,根据广东热量、水分、土壤条件等地域差异和各地多年形成的种植习惯,将全省划分为粤北山地丘陵区、粤中南丘陵山地区、珠江三角洲平原区、潮汕平原区、粤东沿海丘陵台地区、雷州半岛丘陵台地区和粤西南丘陵山地区七个省级标准耕作制度二级区,见表 3-6。

表 3-6 广东省耕作制度分区

国家一级区	国家二级区	省二级区	县
江南区	南岭丘陵地区	粤北山地丘陵区	梅州 蕉岭 平远 梅县 兴宁 和平 连平 韶关 乐昌 仁化 南雄 始兴 曲江 乳源 新丰 连州 连南 阳山 连山 英德 翁源 大埔 龙川 怀集 广宁 封开
华南区	华南低平原区	珠江三角洲平原区	博罗 深圳 东莞 广州 增城 从化 花都 番禺 中山 珠海 斗门 佛山 三水 南海 顺德 江门 鹤山 新会 台山 开平 恩平 高明
		潮汕平原区	汕头 潮阳 澄海 揭阳 揭东 惠来 南澳 普宁 潮州 潮安
		粤东沿海丘陵台地区	惠州 惠东 惠阳 汕尾 陆丰 海丰
	华南沿海西双版纳低山丘陵区	粤中南丘陵山地区	饶平 揭西 陆河 丰顺 五华 河源 紫金 东源 龙门 佛冈 德庆 云浮 郁南 新兴 罗定 信宜 阳春 清远 清新 高要 四会 肇庆 云安
		雷州半岛丘陵台地区	吴川 湛江 遂溪 雷州 徐闻 廉江
		粤西南丘陵山地区	阳江 阳东 阳西 茂名 高州 电白 化州

1. 理论产能核算

依据农用地自然质量等指数核算农用地理论产能,主要思路是以二级指标区为单位,建立农用地标准粮理论单产和相应的农用地自然质量等指数的函数关系,将所有分等单元的农用地自然质量等指数代入函数方程,获取分等单元的农用地理论单产。

依据所有分等单元的农用地理论单产乘以相应的分等单元的耕地面积,核算各分等单元的农用地理论产能。

1) 农用地理论单产 Y_F 核算

建立指定作物理论单产样本值与相应的自然质量等指数数据库。

将指定作物的理论单产样本值与样本地块自然质量等指数录入农用地产能核算数据库。

建立理论单产样本值与自然质量等指数数学模型。

以二级指标区为单位,建立指定作物理论单产样本值与样本地块相应的自然质量等指数的函数关系模型(以线性模型为例):

$$Y_i = aR_i + b \qquad (3\text{-}19)$$

式中,Y_i 为第 i 个单元指定作物理论单产样本值;R_i 为第 i 个分等单元自然质量等指数;a、b 为回归系数。

核算农用地分等单元理论单产 Y_F。

依据 a 和 b，将该二级指标区内所有农用地分等单元的自然质量等指数代入式(3-19)，可获得各单元的年均标准粮理论单产 Y_F。

2) 核算农用地分等单元理论产能 W_F

分等单元理论单产乘以分等单元耕地面积可以获得农用地分等单元理论产能。

$$W_{Fi} = Y_{Fi} S_i \tag{3-20}$$

式中，W_{Fi} 为第 i 个分等单元理论产能；Y_{Fi} 为第 i 个分等单元理论单产；S_i 为第 i 个分等单元耕地面积。

3) 区域理论产能核算

县(区、市)辖区内各分等单元的理论产能之和为该县(区、市)辖区内理论产能。

县(区、市)辖区内理论产能除以该县(区、市)耕地面积得到该县(区、市)辖区内理论单产。

地级市辖区内各县(区、市)理论产能之和为地级市理论产能。

地级市辖区内理论产能除以该县(区、市)耕地面积得到该地级市辖区内理论单产。

二级指标区内各市理论产能之和为二级指标区理论产能。

二级指标区内理论产能除以该县(区、市)耕地面积得到该县(区、市)辖区内理论单产。

理论产能核算的技术路线如图 3-5 所示。

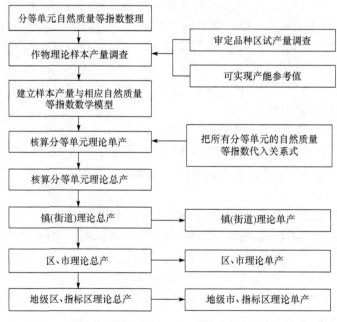

图 3-5　农用地理论产能核算技术路线

2. 可实现产能核算

依据农用地利用等指数核算农用地可实现产能,主要思路为以二级指标区为单位,建立抽样单元的可实现单产和相应的农用地利用等指数的函数关系,将所有分等单元的农用地利用等指数代入函数方程,可以获取各分等单元的农用地可实现单产。依据所有分等单元的农用地可实现单产乘以相应的分等单元耕地面积核算农用地可实现产能。

1）农用地可实现单产 Y_p 核算

建立指定作物可实现单产样本值与相应利用等指数数据库。

将调查的抽样分等单元指定作物标准粮可实现单产样本值与相应单元利用等指数录入农用地产能核算数据库。

建立抽样单元可实现单产样本值与相应单元利用等指数的函数关系。

以二级指标区为单位,建立抽样分等单元指定作物标准粮可实现单产样本值与相应单元利用等指数的函数关系:

$$Y_i' = cY_i + b \qquad\qquad (3-21)$$

式中,Y_i' 为第 i 个单元指定作物可实现单产样本值;Y_i 为第 i 个单元利用等指数;c、d 为回归系数。

农用地分等单元可实现单产 Y_p 核算。

依据 c 和 d,将核算区域的所有农用地分等单元的利用等指数代入式(3-21),可获得各单元的可实现单产 Y_p。

2）农用地分等单元可实现产能 W_p 核算

分等单元可实现单产乘以分等单元耕地面积可以获得农用地分等单元可实现产能。

$$W_{pi} = Y_{pi}S_i \qquad\qquad (3-22)$$

式中,W_{pi} 为第 i 个分等单元可实现产能;Y_{pi} 为第 i 个分等单元可实现单产;S_i 为第 i 个分等单元耕地面积。

3）区域可实现产能核算

县（区、市）辖区内各分等单元的可实现产能或和为该县（区、市）辖区内可实现产能。

县（区、市）辖区内可实现产能除以该县（区、市）耕地面积得到该县（区、市）辖区内可实现单产。

地级市辖区内各县（区、市）可实现产能之和为地级市可实现产能。

地级市辖区内可实现产能除以该县（区、市）耕地面积得到该地级市辖区内可实现单产。

二级指标区内各市可实现产能之和为二级指标区可实现产能。

二级指标区内可实现产能除以该县（区、市）耕地面积得到该县（区、市）辖区内可实现单产。

可实现产能核算的技术路线如图 3-6 所示。

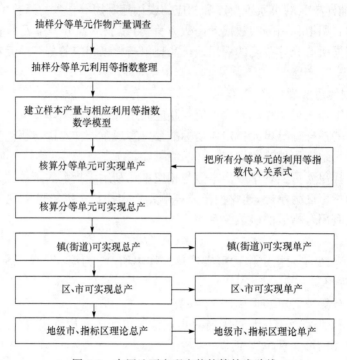

图 3-6　农用地可实现产能核算技术路线

3. 实际产能核算

依据农业统计数据,将核算区域内各行政社区的指定作物单位面积产量视作各行政社区指定作物的实际单产。然后,根据标准粮换算系数,将指定作物的实际单产换算为标准粮实际单产。根据实际耕作制度,核算各乡镇农用地实际产能。

乡(镇)实际产能:①以国家确定的基准作物统计单产为基准,根据标准粮换算系数,把指定作物统计单产换算为标准粮实际单产;②根据标准耕作制度核算镇域实际单产 Y_0;③实际单产乘以基期年乡(镇)耕地面积得到乡(镇)实际产能 W_0;④根据各镇(街道)的实际单产,计算出区域实际单产和实际总产。

实际产能核算的技术路线如图 3-7 所示。

4. 农用地利用强度和利用潜力

1)农用地利用强度和潜力的内涵

农用地生产能力潜力是农用地生产的预期能力与实际能力的差值,反映的是通过自然、社会经济条件的改善,农用地生产能力所能提升的数量空间。农用地生产能力潜力包括可实现潜力和理论潜力两部分。

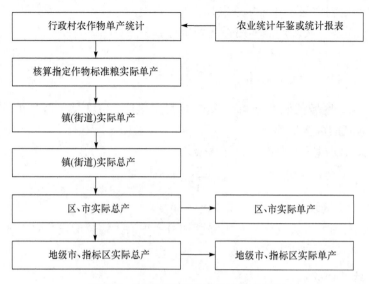

图 3-7　农用地实际产能核算技术路线

　　可实现潜力是耕地利用生产能力与实际生产能力的差值,它反映的是通过改善人为投入要素,使之达到正常水平(区域平均水平)所能获得的农用地生产能力的增量。理论潜力是农用地理论生产能力与可实现生产能力的差值,它是指通过改善人为投入要素使之达到最佳组合,充分发挥农用地自然生产能力时所能获得的耕地生产能力的增量。

　　区域农用地利用强度包括理论利用强度和可实现利用强度。可实现利用强度是实际生产能力与可实现生产能力的比值,反映了目前农用地可实现生产能力的发挥程度。理论利用强度是可实现生产能力与理论生产能力的比值,反映农业科技利用水平。

　　2) 理论利用强度和理论利用潜力

　　区域农用地理论产能利用强度评价计算公式:

$$S_{Ti} = \frac{Y_{Pi}}{Y_{Fi}} \tag{3-23}$$

式中,S_{Ti} 为第 i 区域的农用地理论产能利用强度;Y_{Pi} 为第 i 区域的可实现单产;Y_{Fi} 为第 i 区域的理论单产。

　　区域农用地理论潜力评价计算公式:

$$L_{Ti} = Y_{Fi} - Y_{Pi} \tag{3-24}$$

式中,L_{Ti} 为第 i 区域的农用地理论潜力。

　　将各乡镇农用地理论产能利用强度和理论潜力综合形成县农用地理论产能利用强度和理论潜力。

3) 可实现利用强度和可实现利用潜力

区域农用地可实现产能利用强度评价计算公式：

$$S_{Ai} = \frac{Y_{Oi}}{Y_{Pi}} \qquad (3\text{-}25)$$

式中，S_{Ai} 为第 i 区域的农用地可实现产能利用强度；Y_{Oi} 为第 i 区域的实际单产；Y_{pi} 为第 i 区域的可实现单产。

区域农用地可实现潜力评价计算公式：

$$L_{Ai} = Y_{Pi} - Y_{Oi} \qquad (3\text{-}26)$$

式中，L_{Ai} 为第 i 区域的农用地可实现潜力。

将各区农用地可实现产能利用强度和可实现潜力综合形成县农用地可实现产能利用强度和可实现利用潜力。

（四）结果分析

1. 产能核算结果

利用构建的各个二级指标区的数学模型分别核算各个市区的理论产能和可实现产能，根据各个市区的年鉴产量数据核算实际产能，再进行二级指标区产能的汇总核算，形成了全省分市、分指标区的产能核算结果，见表 3-7 和表 3-8。

表 3-7　广东各二级指标区产能核算结果

城市	理论产能 /万 t	可实现产能 /万 t	实际产能 /万 t	耕地面积 /hm²	理论单产 /(kg/hm²)	可实现单产 /(kg/hm²)	实际单产 /(kg/hm²)
潮州市	60.05	50.47	40.818 96	31 926	18 809	15 808	12 785
东莞市	25.59	18.52	15.560 26	14 011	18 264	13 218	11 106
佛山市	63.39	48.66	28.476 29	40 247	15 750	12 090	7 075
广州市	146.95	108.26	91.771 82	85 658	17 155	12 639	10 714
河源市	210.37	168.90	121.054 10	131 275	16 025	12 866	9 221
惠州市	243.93	179.75	90.886 18	143 671	16 978	12 511	6 326
江门市	344.55	244.96	154.282 80	207 259	16 624	11 819	7 444
揭阳市	220.57	180.79	127.369 20	118 117	18 674	15 306	10 783
茂名市	453.78	368.01	228.709 20	256 187	17 713	14 365	8 927
梅州市	274.36	224.78	155.778 10	164 693	16 659	13 648	9 459
清远市	413.05	308.76	172.736 50	284 122	14 538	10 867	6 080
汕头市	70.21	60.70	46.058 77	35 282	19 900	17 204	13 054

城市	理论产能/万 t	可实现产能/万 t	实际产能/万 t	耕地面积/hm²	理论单产/(kg/hm²)	可实现单产/(kg/hm²)	实际单产/(kg/hm²)
汕尾市	156.16	116.80	87.672 92	93 612	16 682	12 477	9 366
韶关市	315.04	264.19	179.813 40	223 773	14 079	11 806	8 036
深圳市	7.11	6.09	2.227 034	4 078	17 435	14 934	5 461
阳江市	316.82	237.61	99.181 36	185 238	17 103	12 827	5 354
云浮市	201.48	164.20	98.164 03	122 260	16 480	13 430	8 029
湛江市	760.63	588.98	470.298 70	467 193	16 281	12 607	10 066
肇庆市	279.83	232.33	170.697 80	172 646	16 208	13 457	9 887
中山市	55.80	40.82	22.450 40	34 693	16 084	11 766	6 471
珠海市	20.84	15.14	7.571 452	14 791	14 090	10 236	5 119
合计	4640.51	3628.72	2411.579 00	2 830 732	16 393	12 819	8 519

表 3-8　广东分指标区的产能核算结果表

指标区	理论产能/万 t	可实现产能/万 t	实际产能/万 t	耕地面积/hm²	理论单产/(kg/hm²)	可实现单产/(kg/hm²)	实际单产/(kg/hm²)
潮汕平原区	281.20	234.70	175.52	143 097.1	19 651	16 402	12 265
雷州半岛丘陵台地区	760.63	588.98	470.30	467 193.3	16 281	12 607	10 066
粤北山地丘陵区	997.81	810.26	529.56	690 630.7	14 448	11 732	7 668
粤东沿海丘陵台地区	268.79	198.32	139.31	158 021.9	17 010	12 550	8 816
粤西南丘陵山地区	559.24	435.42	236.79	321 357.7	17 402	13 549	7 369
粤中南丘陵山地区	1022.41	814.13	520.17	598 059.7	17 095	13 613	8 698
珠江三角洲平原区	750.44	546.92	339.93	452 373.7	16 589	12 090	7 514
合计	4640.52	3628.73	2411.58	2830 734.1	16 393	12 819	8 519

2. 理论产能的分布规律及差异性分析

1）理论产能的分布规律

经测算，广东全省的理论产能单产为 16 393kg/hm²，其中汕头的理论单产最高，为 19 900kg/hm²；韶关的理论单产最低，为 14 079kg/hm²。结合全省的平均单产，以及全省 100 个县级单位理论单产的频率分布，将县级单位划分为高（18 301～27 155kg/hm²）、中（15 501～18 300kg/hm²）、低（11 654～15 500kg/hm²）三个等级区（图 3-8），中高产区主要分布在潮汕平原区，低产区主要分布在粤北地区。

经测算，从地级市层面分析，全省的理论产能为 4640.51 万 t，其中最高的是湛江 760.93 万 t，最低的是深圳 7.11 万 t。将广东 100 个县级单位根据理论产能的

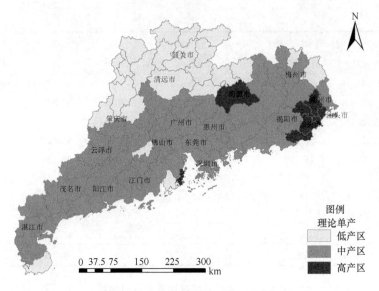

图 3-8　广东理论单产分布示意图

分布频率分为高(103 万～240 万 t)、中(44 万～102 万 t)、低(0～43 万 t)三个产区,分布图如图 3-9 所示。广东理论产能高产区主要分布在粤西和粤北地区,粤东次之,珠江三角洲地区主要为低产区,其中耕地面积在数量上的差异是主要原因。

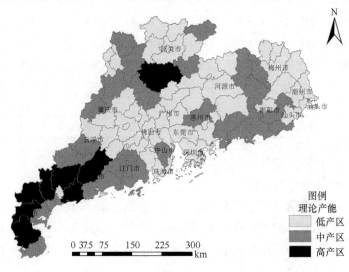

图 3-9　广东理论产能分布示意图

2) 理论产能的差异性分析

从图 3-10 和图 3-11 可以看出,耕地面积和理论产能呈正相关关系,耕地面积越大,理论产能也相对较高。湛江和茂名的理论产能较高,依次为 760.63 万 t(约占全省理论产能的 16%)、453.78 万吨(约占全省理论产能的 9%);深圳的理论产能最低,仅为 7.11 万 t(约占全省理论产能的 0.1%)。

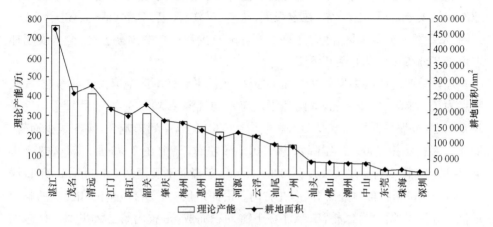

图 3-10　广东分市理论产能与耕地面积对照图

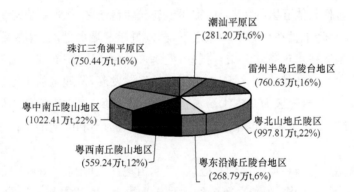

图 3-11　广东指标区理论产能与占比示意图

　　从指标区的层面上,广东七个指标区中,粤中南丘陵山地区和粤北山地丘陵区的理论产能相对较高,分别是 1022.41 万 t 和 997.81 万 t,同时这两个地区也是广东占有耕地面积最大的两个指标区,不过粤中南丘陵山地区由于理论单产较高,所以在耕地面积较粤北山地丘陵区少的情况下理论产能仍较高。潮汕平原区和粤东沿海丘陵台地区的理论产能最少,两个地区耕地面积占全省的比重也都在 5% 左右。各指标区的理论产能受到耕地面积的影响明显,其数值分布在一定程度上也反映了各指标区的耕地面积情况。

　　3) 区域差异驱动力分析

　　农用地理论产能的区域分布主要与地区的耕地面积有关,而理论单产的分布主要取决于该地区农用地的自然条件,即地理、气候和土壤条件。这里主要分析理论单产的区域差异驱动力。

　　农用地理论单产高低分布宏观上首先服从于大区域内的气候和地形分布。广东省农用地理论单产的分布,大体上呈现从南到北的条带状分布,基本服从区域内地形和气候分布规律。首先,在宏观上,从南(湛江、茂名)到北(清远、韶关),从东到西,从沿海平原到山区,随着光热水的逐渐减少和地势的逐渐上升,全省农用地理论单产分布从高到低逐渐下降。

　　理论单产高产区主要落在潮汕平原区,潮汕平原区本区土壤为赤红壤带,气候特点为夏无酷暑、冬季温和,夏雨冬干。年平均气温 21.0℃左右,1 月日平均气温12℃以上,极端最低气温−2.7℃,一般均在 0℃以上,寒潮影响少,霜冻极少而轻。≥10℃年积温为 7800℃,年降水量 1800mm 左右,集中在 2~9 月。该区热量丰富,年平均太阳辐射总量为 120~130kcal/cm²,年辐射平衡值达 62kcal/cm²,年日照数 1900~2400h。虽地处沿海,但在省内各沿海地区中,受台风袭击和影响的频率最低。本区平原由韩江、榕江、练江在下游冲积而成,是省内第二大平原。优越的灌溉条件、平坦的土地等自然条件使得该地区的理论单产水平为全省最高。

　　中产区包括其他五区的大部分,雷州半岛丘陵台地区,虽然拥有全省最好的热量条件,但是年降水量在全省平均值之下,蒸发量超过降水量,土壤渗漏多;粤西南丘陵台地区虽然在水热条件上结合很好,但是多受台风影响;珠江三角洲平原区曾经是广东重要的粮食基地,不过随着近年来的经济发展,该地区的土壤条件有所降低;粤东沿海丘陵台地区为全省洪涝灾害最严重的区域;粤中南丘陵地区在水热条件上十分优越,该区东源县也位于高产区中,但是较为不利的地形条件制约了该地的理论单产。

　　低产区主要分布在粤北山地丘陵区,粤北山地丘陵区与 56kcal 辐射平衡等值线和日温≥10℃年积温 7000℃等温线大致走向一致,也基本与土壤分布相吻合。该二级区土壤为黄红壤,纬度高,海拔高,春暖迟,秋寒早,无霜期短,年平均气温16~20℃,1 月平均气温为 8~10℃,极端最低气温为−5℃,≥10℃年积温为 6000~7000℃,水稻安全生育期比省内其他地区少,为 220~240 天。双季稻季节紧,越往北,越进大山区越明显,因寒露风影响,晚稻产量较差。气候垂直差异也较大,部分高寒山区仅能栽种一造中稻,带内红薯不能越冬。本区年降水量为 1400~1800mm,降水主要集中在 4~9 月,秋旱比较突出,石灰岩地区(主要分布在本区)的干旱现象更为严重。由于水热条件的缺乏加之土壤条件较差,全省的低产区主要分布在该区。

　　分析结果表明,广东农用地理论单产其地理分布与农用地的自然条件分布基本一致。

3. 可实现产能的分布规律及差异性分析

1) 可实现产能的分布规律

经测算,全省的可实现产能单产为 16 393kg/hm²,其中汕头最高,为 17 204kg/hm²;珠海最低,为 10 236kg/hm²。结合全省的平均单产,以及全省 100 个县级单位可实现单产的频率分布,将县级单位划分为高(14 054~17 204kg/hm²)、中(11 852~14 053kg/hm²)、低(88 750~11 851kg/hm²)三个等级区。图 3-12 中高产区主要分布在潮汕平原区、河源、信宜和肇庆地区,低产区主要分布在粤北、珠海江门一带。

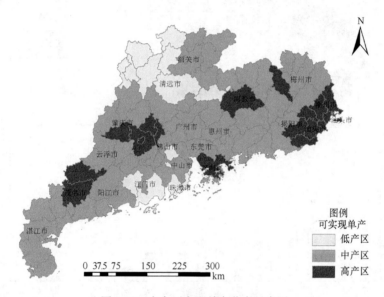

图 3-12 广东可实现单产分布示意图

经测算,从地级市层面分析,全省的可实现产能为 3628.72 万 t,其中最高的是湛江 588.93 万 t,最低的是深圳 6.09 万 t。将广东 100 个县级单位根据理论产能的分布频率分为高(81 万~188 万 t)、中(36 万~80 万 t)、低(0~35 万 t)三个等级区,分布图如图 3-13 所示,广东可实现产能和理论产能在分布上具有一定的相似性,耕地面积的多少在其中起主要作用。

2) 可实现产能的差异性分析

在图 3-14 和图 3-15 中,耕地面积和可实现产能呈正相关,耕地面积越大,可实现产能也相对较高。湛江和茂名的可实现产能较高,依次为 588.98 万 t(约占全省总可实现产能的 16%)、368.01 万 t(约占全省总可实现产能的 10%);深圳的可实现产能最低,仅为 6.09 万 t(约占全省总可实现产能的 0.2%)。

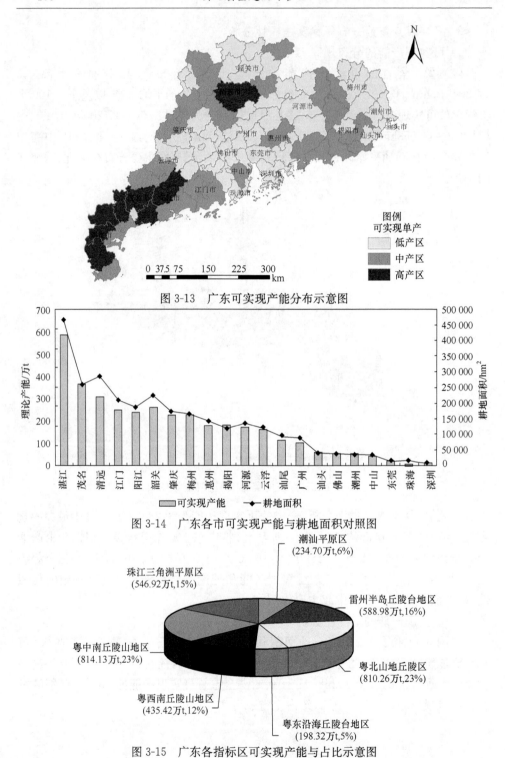

图 3-13　广东可实现产能分布示意图

图 3-14　广东各市可实现产能与耕地面积对照图

图 3-15　广东各指标区可实现产能与占比示意图

从指标区的层面上，广东七个指标区中，粤中南丘陵山地区和粤北山地丘陵区的可实现产能相对较高，分别为 814.13 万 t 和 810.26 万 t，这与理论产能指标区分布有一定的相似性。

3) 区域差异驱动力分析

可实现产能中主要分析可实现单产的区域差异驱动力。可实现单产分布上大体与理论单产相似，但局部有所不同。

高产区主要分布在精耕细作、农业栽培技术成熟的潮汕冲积平原区、河流冲积平原的河边田及丘陵山地的峒田区，主要有茂名的高州、信宜，梅州的兴宁、梅县，河源的东源县及肇庆市。潮汕平原区和梅州兴宁、梅县是广东省内耕作历史悠久的水田耕作区，精耕细作，单位土地的劳动力投入量大，单位面积的可实现单产高；同时，这几个区域的土壤主要为水稻土，土壤肥沃。

中产区主要分布在粤西沿海、珠江三角洲地区和粤东丘陵地带，出于对经济利益的追求，主要种植经济作物，对粮食种植粗放，可实现单产较低；雷州半岛由于降水、干旱等自然条件的限制，耕作以旱地为主，所以粮食生产水平也不高，可实现单产总体较低。全省农用地可实现单产主要与全省水稻实际产量分布水平基本一致。

低产区仍旧主要位于粤北地区，由于较差的自然条件，所能种植的作物有限，农用地的利用水平较低，所以可实现单产也较低。同时江门地区也位于低产区，主要原因是处于沿海低地，虽然能种植水稻或一些经济作物，但土壤受盐渍化影响程度较高，作物的产量较低。

4. 实际产能的分布规律及差异性分析

1) 实际产能的分布规律

广东的实际产能单产为 8519kg/hm²，其中汕头最高，为13 054kg/hm²；阳江最低，为5354kg/hm²。同样，结合全省的平均单产，以及全省 100 个县级单位实际单产的频率分布，将县级单位划分为高（9640 ～ 14 380kg/hm²）、中（6861 ～ 9639kg/hm²）、低（3054～6860kg/hm²）三个等级区。如图 3-16 所示，广州、东莞和潮汕平原区为高产区，同时理论单产和可实现单产不突出的湛江的实际单产也位于高产区。

从地级市层面分析，全省的实际产能为 2411.579 万 t，其中得益于较高的实际单产和拥有省内最多的耕地的湛江最高，为 470.29 万 t，占全省的 20%。最低的是深圳，为 2.2 万 t，占全省的比例不到 0.1%。将广东 100 个县级单位根据理论产能的分布频率分为高（70 万～152 万 t）、中（26 万～69 万 t）、低（0～25 万 t）三个等级区，分布图如图 3-17 所示，广东实际产能和可实现产能在分布上具有一定的相似性，不过高产区只有湛江一带，耕地面积的多少和实际单产起决定作用。

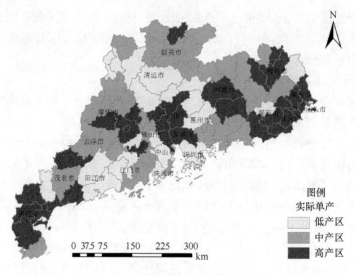

图 3-16　广东实际单产分布示意图

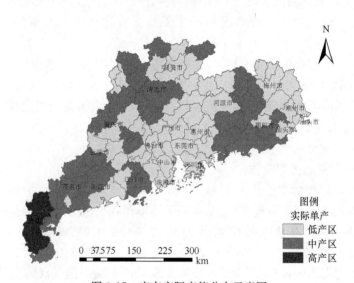

图 3-17　广东实际产能分布示意图

2）实际产能的差异性分析

从图 3-18 和图 3-19 中可以看出，广东地级市之间实际产能的差异比较大，最高的湛江实际产能是最低的深圳的 211 倍，同时湛江实际产能也是第二的茂名的 2 倍，这主要与其占有全省 16％的耕地面积相关，同时由于单产较低，清远虽然耕地面积为全省第二，但实际产能并不高。实际产能的多少与耕地面积曲线大致相等，但吻合程度较理论产能和可实现产能低，主要由于实际产能还更多地与地区的社会经济因素相关。

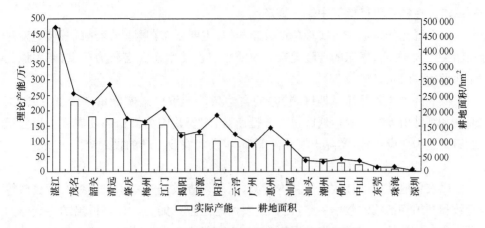

图 3-18　广东各市实际产能与耕地面积对照图

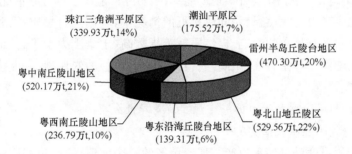

图 3-19　广东指标区实际产能与占比示意图

从指标区的层面上,广东七个指标区中,粤中南丘陵山地区和粤北山地丘陵区的可实现产能相对较高,分别是 520.17 万 t 和 529.56 万 t,同时由于湛江实际产能较高,雷州半岛丘陵台地区的实际产能占全省总量的 20%。

3) 区域差异驱动力分析

实际单产在分布上与可实现单产有一定的相似性,实际单产中,高产区主要还是位于潮汕平原区,茂名的信宜,梅州的兴宁、梅县,河源的东源县及肇庆市,这几个地区为传统的农业区,农业人口较多,对单位土地的劳动力投入量在全省来说都是较高的;同时对比可实现单产,实际单产高产区中增加了广州、东莞和湛江,广州和东莞为省内经济较为发达地区,对农业的单位面积耕地的机械化投入较多,其中广州的农业 GDP 也位居全省第三,仅次于湛江和茂名,两地区的单位面积耕地农药、化肥投入量也处于全省的上游水平;湛江是全省农业 GDP 最高的地级市,在可实现单产的核算中,湛江由于土地利用方式大多为旱作,所以可实现单产数据相对较低,而实际上湛江对农业生产投入较大,单位面积机械化投入水平与东莞持平,所以湛江在实际单产核算中位于高产区。

中产区在分布上与可实现单产分布相似,主要分布在粤西、粤东的丘陵地带区和韶关地区,粤西、粤东的丘陵地带区农业生产上受水涝灾害较为严重,韶关地区受地形条件限制。

低产区主要还是清远地区,较差的自然条件导致该地实际单产较低;同时深圳、中山、佛山等经济发达地区也位于低产区,主要是因为城市的发展将大量肥沃农田转变为建设用地,实际土壤条件下降,以及对农业生产的投入较少。

5. 三种产能之间的关系

以农用地县域统计数据为基本对象,利用调查数据建立了农用地产能自然等指数和利用等指数的数学关系,计算出农用地的生产能力。计算得出的生产能力是当前自然条件与技术经济水平下高产出、高投入可以实现的目标。从计算结果看,农用地的理论产能单产、可实现产能单产、实际产能单产的分布情况比较相似,说明在光温生产潜力大,背景相同或相近的情况下,农用地自然质量、利用水平对农用地产量水平有显著的影响,自然质量等指数高(土壤肥力水平高、地质水分条件好)、农用地利用等指数高(田间经营与管理水平高)的农用地,一般也具有较高的标准粮产量。

6. 理论利用强度和潜力的分布规律及差异性分析

1) 理论利用强度和潜力的分布规律

理论利用强度是可实现单产与理论单产的一个比值,而理论利用潜力是可实现单产与理论单产之间的一个差值,两者具有负相关性。理论利用强度分布上可实现产能较高的地区,如潮汕平原区和茂名、肇庆、梅州等地,其强度值都较高,但潜力值则较小,而珠江三角洲地区的理论利用强度都较低,其潜力值较大。

2) 理论利用强度和潜力的差异性分析

理论利用强度较低的地级市是江门、广州、东莞等市,汕头市的理论强度最高,表 3-9 中经济较发达地区对农用地的利用程度都相对较低,主要因为经济发达地区农用地主要以菜地为主,而传统产粮区的理论利用强度都较高,理论利用潜力则与之相反。

潮汕平原区、河源和梅州的理论强度普遍较高,说明传统农业区利用自然条件尽可能地发挥了土地的理论最高产量,因此,理论潜力也较低。理论潜力高的地区为广州、东莞等珠江三角洲城市,该地区的自然条件优越,农用地的理论利用潜力值高。

表 3-9　广东市级理论利用强度潜力

城市	理论单产/(kg/hm²)	可实现单产/(kg/hm²)	理论利用强度/%	理论利用潜力/(kg/hm²)
潮州市	18 809	15 808	84.04	3 001
东莞市	18 264	13 218	72.37	5 046
佛山市	15 750	12 090	76.76	3 660
广州市	17 155	12 639	73.68	4 516
河源市	16 025	12 866	80.29	3 159
惠州市	16 978	12 511	73.69	4 467
江门市	16 624	11 819	71.10	4 805
揭阳市	18 674	15 306	81.96	3 368
茂名市	17 713	14 365	81.10	3 348
梅州市	16 659	13 648	81.93	3 011
清远市	14 538	10 867	74.75	3 671
汕头市	19 900	17 204	86.45	2 696
汕尾市	16 682	12 477	74.79	4 205
韶关市	14 079	11 806	83.86	2 273
深圳市	17 435	14 934	85.66	2 501
阳江市	17 103	12 827	75.00	4 276
云浮市	16 480	13 430	81.49	3 050
湛江市	16 281	12 607	77.43	3 674
肇庆市	16 208	13 457	83.03	2 751
中山市	16 084	11 766	73.15	4 318
珠海市	14 090	10 236	72.65	3 854

7. 可实现利用强度和潜力的分布规律及差异性分析

1) 可实现利用强度和潜力的分布规律

可实现利用强度和潜力的计算与理论利用强度和潜力相似,可实现利用强度和潜力是可实现单产和实际单产之间的关系,其中实际单产高的地区的可实现利用强度相对也较高,如广州、潮汕地区和湛江等区域。可实现利用强度和潜力值的大小在一定程度上反映该地区实际单产随着投入的增多所能增产的潜力。

2) 可实现利用强度和潜力的差异性分析

可实现利用强度值较高的是潮州、广州、东莞、湛江等市(表 3-10),潮州主要是因为实际单产较高,所以可实现利用强度较高;广州、东莞、湛江主要是因为其可实现单产都比较低,而实际单产较高,所以可实现利用强度较高。深圳的可实现利用强度最低,其实际单产很低,主要由于深圳的农用地耕作作物基本都为经济作物,粮食产量较低。

表 3-10　广东市级可实现利用强度潜力

城市	可实现单产/(kg/hm²)	实际单产/(kg/hm²)	可实现利用强度/%	可实现利用潜力/(kg/hm²)
潮州市	15 808	12 785	80.88	3 023
东莞市	13 218	11 106	84.02	2 112
佛山市	12 090	7 075	58.52	5 015
广州市	12 639	10 714	84.77	1 925
河源市	12 866	9 221	71.67	3 645
惠州市	12 511	6 326	50.56	6 185
江门市	11 819	7 444	62.98	4 375
揭阳市	15 306	10 783	70.45	4 523
茂名市	14 365	8 927	62.14	5 438
梅州市	13 648	9 459	69.31	4 189
清远市	10 867	6 080	55.95	4 787
汕头市	17 204	13 054	75.88	4 150
汕尾市	12 477	9 366	75.07	3 111
韶关市	11 806	8 036	68.07	3 770
深圳市	14 934	5 461	36.57	9 473
阳江市	12 827	5 354	41.74	7 473
云浮市	13 430	8 029	59.78	5 401
湛江市	12 607	10 066	79.84	2 541
肇庆市	13 457	9 887	73.47	3 570
中山市	11 766	6 471	55.00	5 295
珠海市	10 236	5 119	50.01	5 117

第五节　耕地地力调查评价

一、评价指标体系

(一)评价指标筛选

由于世界各国采用的地力评价方法不同,同一国家不同地区间也往往不统一,而且评价目的和侧重点也不尽相同,所以用于地力评价的指标体系也颇具差异。但通常都包括气候、立地条件、土壤养分状况、土壤管理措施等指标。例如,农业部于 2000 年组织专家用穷尽法建立了 1 套供全国地力评价的公用指标体系,该体系中包含气候、立地条件、剖面性状、耕层理化性质、土壤养分状况、障碍因素、土壤管理 7 类共 64 项指标。

气候因素在各国的评价体系中存在较大差别,如美国农业部的评价指标和中国一致,均包含了土壤湿度及温度等指标,但是 FAO 生产力评估指标中则不包含上述信息。此外,土壤微生物性质(如微生物量碳、氮等)也有明显差异,例如,Glover 等在美国华盛顿州土壤质量评价中采用了土壤微生物性质指标,而我国的相关研究则甚少涉及微生物方面。

由于不同区域的气候、土壤母质、质地、坡面性状、土壤理化性状等存在着巨大的差异,在实际工作中并不一定将全部指标都纳入考虑,而是根据经验和因地制宜的原则加以筛选。指标筛选一般遵循以下原则:选定的因子对地力有较大的影响,且存在较明显的变异;应选择稳定性高的因子,以便评价结果在较长时间内有应用价值,或选择稳定性较低但与当前生产有密切关系的因子;选择因子应与评价目的、范围和用途相协调。例如,小比例尺制图、区域评价时,环境因素(如气候、地貌等)应占有主导地位;反之,土壤等应作为主导参评因素。

在指标筛选过程中,除利用原始变量作为评价指标外,还可以利用主成分分析法等统计学方法,通过降维而仅用少数几个综合变量来替代多个原始变量。一般采用相关分析、聚类分析等方法从全部评价指标中选取最终的参评指标。

(二) 评价单元划分

根据农业部的技术规程,一般用土地利用现状图和土壤图叠加形成的图斑作为评价单元。这样做既克服了土地利用类型在性质上的不均匀性,又克服了土壤类型在地域边界上的不一致性。同时,以土壤系统分类单元结合土地利用现状作为评价单元,也有助于我国土地评价工作与国际接轨,实现信息共享。也有学者利用土壤图、基本农田划定图、土地利用现状图进行三图数字化叠置的图斑作为评价单元,但在三者叠加过程中会形成大量面积小于农用地图层或土壤图单元的小多边形,需要对其进行合并处理。与上述方法不同,周红艺等利用 SOTER 数据库(soil and terrain database)进行地力评价。SOTER 数据库是以地形、母质特性和土壤属性作为三类基础数据,划分为地形-母质-土壤单元(即 SOTER 单元),每个 SOTER 单元都包含全面的地形、母质特性和土壤属性信息,这样在建立 SOTER 数据库时就已确定了评价单元。

(三) 评价单元赋值

评价单元赋值是根据各评价因子的空间分布图或属性数据库,将其数据赋值给每个评价单元。对于点位分布图(如养分点位分布图),多采用空间插值将其转换为栅格图,并与评价单元图叠加,通过加权统计进行赋值。目前最常用的空间插值方法为基于半方差函数的克里格法（如普通克里格、泛克里格、回归克里格等），其他方法包括反距离加权、径向基函数、全局多项式、局部多项式等。插值方法应根据研究区域、实测点数量、具体用途等来选择。在采用克里格插值时，可利用块金系数检验其因子空间相关性的强弱，即块金系数$\leqslant 25\%$、$25\% \sim 75\%$和$\geqslant 75\%$时，分别表示其具有强烈、中等及微弱的空间自相关性。当变量空间自相关程度为微弱时，其变异主要由随机变异组成，不适合采用插值方法进行空间尺度拓展。生成克里格插值图件后，可以通过相关性检验和交互检验来评价其预测精度。常用的精度检验指标有平均预测误差、均方根误差、平均标准误差等。

对于矢量分布图（如土壤质地分布图），将其直接与评价单元图叠加，通过加权统计、属性提取，给每个评价单元赋值。对于线型图（如等高线图），可对其进行栅格化，再与评价单元图叠加，通过加权统计给评价单元赋值。

在实际工作中，很多指标（如成土母质、土体厚度、灌溉保证率等）并无矢量分布图可以用于直接赋值，同时也往往难以进行空间插值，此时多采用以点带面的方式进行赋值。但需要满足以下两个条件：土壤调查中采样点分布均匀且密度较大，并在调查中有详细的记录；这些定性指标在空间上一定范围内存在相对的一致性。一些学者也做了些许变通，例如，王良杰等利用 GIS 以耕地距水库、河流、灌区、较大水塘等的空间距离来计算灌溉条件指标，但这种方法并不一定适用于其他类型的指标。

（四）评价指标权重及隶属度计算

权重系数的大小反映了不同评价指标与耕地质量间的相关程度，准确计算各指标的权重系数关系到评价结果的客观性和可靠性。实际应用中较多采用的方法主要包括专家打分法（德尔菲法）、层次分析法、多元回归法、模糊数学法、灰度理论法等。农业部 2008 年发布的《耕地地力调查与质量评价技术规程》（NY/T 1634—2008）中即推荐使用德尔菲法-层次分析法确定各评价因子权重。美国的土地评价与立地分析系统（land evaluation and site assessment system, LESA）也同样采用了层次分析法。

德尔菲法的核心是充分发挥一组专家对问题的独立看法，然后归纳、反馈，逐步收缩、集中，最终得出评价与判断。层次分析法是 Saaty 提出的一种定性与定量相结合的决策分析方法，其基本原理是根据问题的性质和最终的目标，将问题分解为不同的组成因子，按照因子间的相互关联影响及隶属关系将因子按不同层次聚合，形成一个多层次的分析结构模型，最终把系统分析归结为确定最底层相对于最高层的相对重要性权值。通过判断矩阵，在计算出某一层次相对于上一层次各个因素的单排序权值后，用上一层次因素本身的权值加权综合，即可计算出某层因素相对于上一层乃至整个层次的相对重要性权值，即层次总排序权值。德尔菲法-层次分析法是上述两种方法的集成,该方法虽可充分利用专家经验,但是在实际工作中由于个体认识的差异,不同专家对某一指标的打分值有时会差异很大,往往导致判断矩阵的某些元素难以确定,做出的判断不能满足一致性检验,无法建立起完全判断矩阵,并且因为较少考虑土壤各属性间的依赖关系,所以较难表达环境变量和土壤性质间的非线性关系。

多元回归分析法是处理变量的统计相关关系的一种数理统计方法,其基本思想是:虽然自变量和因变量之间没有严格的、确定的函数关系,但是可以设法找出最能代表其相互关系的数学表达形式。刘友兆等利用多元回归分析拟合了标准粮产量与灌溉条件、排水条件、地下水埋深和耕层质地间的回归方程,从而确定了评价指标权重。多元回归分析便于操作,但是可能忽略了交互效应和非线性的因果关系。

人工神经网络具有高度非线性函数映射功能,由大量神经元节点互连形成复杂的网络。在本质上,人工神经网络是一种归纳学习方法,即通过对大量实例的反复学习,由内部自适应过程不断修改各神经元之间互联的权重值,最终使神经网络权重值分布收敛于一个稳定的范围。利用人工神经网络可找到统一的数学模型来反映评价指标与耕地地力间的非线性关系,并在学习过程中不断地更正权重,以得到比较客观的权重值。王瑞燕等和孔维娜等都是将作物产量作为定量目标结合人工神经网络建立了评价模型。

除评价因子的组合权重外,计算耕地地力的综合指数还需要确定其隶属度。根据模糊数学理论,可将评价指标与耕地地力之间的关系分为戒上型函数(如有机质、速效磷、速效钾)、戒下型函数(如土壤容重)、峰型函数(如 pH)、直线型函数(如坡度、灌溉指数)及概念型隶属函数(地貌类型、土壤剖面构型、质地等五类)。对于前四种类型,可以用德尔菲法对某组实测值进行评估得出相应的隶属度,并根据这两组数据拟合隶属函数;也可以根据唯一差异原则,用田间试验的方法获得测试值与耕地地力的一组数据,用这组数据直接拟合隶属函数,求得隶属函数中各参数值。再将各评价因子的实测值代入隶属函数,即可计算各评价因子的隶属度。对于概念型评价因子,可采用德尔菲法直接给出隶属度。许多学者,如鲁明星等和白根川等均采用这种方式进行地力评价。

二、耕地地力评价方法

耕地地力评价所采用的主要方法包括经验判断指数和法、层次分析法、模糊综合评价法、回归分析法和灰色关联度分析法等多种,但应用较多的还是经验判断指数和法、层次分析法、模糊综合评价法等。

（一）经验判断指数和法

经验判断指数和法是根据经验去判断参评因素权重并进行耕地评价的一种方法。以调查访问和当地多年经验为依据，选定参评因素，并确定各参评因素的权重（经验权重）。然后，按评价单元累加各参评因素的指数获得指数和，再对照事先设定的不同耕地等级指数范围，评定各单元的地力等级。

指数和法在耕地评价中应用较早，而且近年来，又得到进一步的改进。王令超等认为，加权求和模型更适合于农用地经济评价，而以因素分值的幂来描述因素对总体贡献的几何平均值模型则更适合于农用地自然属性评价，据此建立了综合这两种模型的复合模型。针对权重指数和法易受主观因素影响的缺点，秦明周等在开封市的研究中采用修正的 Nemero 评价模型，突出土壤属性因子中最差因子对土壤质量的影响；张萍等针对土地资源具有动态性的特点，采用变权的动态加权法建立土地评价模型，也是一种新思路。

（二）模糊综合评价法

侯文广等探讨了土壤等级评价因子的选择和因子权重的确定方法，提出了顾及因子稳定性的多元线性回归分析法，并进行了实例分析。吴克宁和林碧珊等以土种为单元，建立了土种数据库、耕地地力评价指标体系，采用限制因素法和综合归纳法，对耕地地力因素进行系统分析和评比，评价耕地（土种）地力等级。何毓蓉等采用土壤质量系数对川江流域及其周边的几个典型农业生态区的耕地地力进行了评价，用以指导生态环境建设和农业结构调整。而且，基于可拓展学的理论和方法构建土地适宜性评价的物元模型也已有研究人员进行了尝试。周勇等利用遥感与地理信息系统和物元分析法，以武汉市狮子山地区为样区对农用土地综合评价进行了研究。这对解决耕地评价中存在的权重不确定、人为因素影响过多等问题提供了新的思路与方法。

耕地地力评价是多种因素综合作用的结果，不仅每一种因素对地力的影响是复杂的，而且因素之间是相互制约、相互影响的，为了增加赋值的科学性，降低主观性，笔者认为层次分析法是一种较为合理的方法。此外，尽管选择评价因子和确定权重已开始摆脱经验方法，广泛采用层次分析、主成分分析等定量方法，但权重指数和法仍不失为一种较为有效的方法。

（三）GIS 在耕地地力评价中的应用

GIS 是以采集、存储、管理、分析、描述和应用地球空间及地理分布有关数据的计算机系统，集地理学、信息学、计算机科学、空间科学、地球科学和管理科学等多学科为一体的新兴边缘学科。GIS 从 20 世纪 70 年代开始正式运行以来就被广泛用于土地资源清查、土地评价、土地利用规划、综合制图等方面。

　　GIS 在我国土地评价中的应用始于刘岳等在北京十三陵地区的研究,黄杏元、傅伯杰等利用 GIS 也进行了类似研究并加以改进。但近十年来运用 GIS 和数据库技术进行评价信息的获取、数据输入及量化、评价单元的生成、评价因子分析、级别划分、评价结果分析、面积量算及成果图的输出乃至建成集成系统来支持耕地评价工作的全过程又成为现代评价的研究热点之一,并取得了不少成功的经验。刘钦普在 GIS 和 SPSS 技术支持下完成了许昌市耕作土壤肥力的综合评价。毕如田等通过叠加土地利用现状图、基本农田规划图和土壤图而形成评价单元,用 15项耕地地力指标计算每一个评价单元的综合评价指数,作为耕地地力评价依据,并在 GIS 支持下,建立了山西省闻喜县耕地资源数据库系统。史舟等建立了柑橘土地适宜性评价系统,用于柑橘种植咨询。欧阳进良等依托 GIS 的强大功能针对不同作物进行土地适宜性评价,并据评价结果、各类土地的特点及区位和经济因素进行作物种植分区。黄河借助 GIS 和数学模型集成技术,分别对福建省莆田县水田和旱地的地力状况及限制因素进行评价。刘友兆等以江苏省邳州市为研究区域,在 GIS 的支持下对耕地地力进行了评价研究,通过 GIS 的运用,实现了县域耕地分等的自动化,提高了结果的科学性。孙艳玲等以重庆市为例,在 GIS 技术和数学模型支持下,应用 ARCINFO 进行了空间数据的采取、处理和分析,运用层次分析法确定评价因素的权重,并对耕地地力进行了分析评价。

　　利用 GIS 和适当的评价方法,不但提高了结果的精确度,有利于评价结果的推广应用,同时也减少了评价工作中所需的人力、物力、财力。GIS 具有管理空间不均匀分布资源的功能,应用 GIS 对耕地地力进行评价既能把握影响耕地地力的空间变异状况和空间分布状况,又能把它们精确地反映到图上,克服过去人工进行评价所具有的速度慢、准确率低、数据更新不方便的缺点,为耕地地力评价提供了良好的工具。

三、实例——广东省耕地地力调查评价工作

　　(一)组织形式和工作范围

　　该工作由广东省土壤肥料总站组织广东省生态环境与土壤研究所和高明市农业技术推广中心共同完成。同时成立工作领导小组,聘请了土壤、肥料、种植业、国土资源、环保、地理信息系统等方面的专家,成立专家组,对本次开展的耕地地力调查与质量评价工作进行综合评价因素的确定、指导、审定及验收。本次耕地地力调查与质量评价工作对 246 户农户的耕作管理、施肥、生产成本、经济效益等情况进行了调查,就耕地利用改良专题调查了 32 人次;总共采集大田水稻土样 196 个,菜地土样 47 个,蔬菜样 6 个,水样 25 个,污染样 19 个,体积质量样 26 个,合计 319个。全部样品的化验工作由持有计量认证的广东省生态环境与土壤研究所测试中

心承担,共化验 51 个项目,4570 多样次。

(二) 耕地地力评价的结果检验

在拟合隶属函数和评估各个要素对耕地地力的权重时,都依赖于专家的经验。由于专家认识程度的分歧及数学方法的局限,第一轮评价结果与耕地的实际生产能力难免会发生一定的偏差。第一轮评价工作完成后,应邀请参与制定隶属函数和层次分析判断矩阵的专家依据概念性产量对评价结果进行评估。如两者相差太大,则必须重新拟合隶属函数和评估各个要素对耕地地力的权重。如此经过若干个回合,直至绝大多数专家对评价结果满意。

(三) 广东省耕地地力调查评价的主要成果

耕地地力调查与质量评价工作取得了五方面的成果:一是查清了高明区的耕地等级及分布情况。全区耕地面积以二、三级耕地为主,其次是一级地,一、二、三级耕地总面积 1.193 万公顷,占全区耕地总面积的 82%。二是查清了耕地土壤肥力状况。土壤有机质属中等水平,二、三级有机质含量的耕地占 73%;土壤全氮含量中等偏高,含氮量为一、二、三级的耕地占 87%;耕地土壤有效磷比较丰富,含磷量为一、二、三级的耕地占 70%;有近九成的耕地土壤速效钾含量偏低。耕地土壤中的硅、镁、钙、硼、钼均缺乏,铁和锰丰富。耕地土壤九成以上偏酸。此外还概查了土壤环境和灌溉水的污染背景,高明区的绝大部分耕地没有受污染,灌溉水也基本没有受到污染。三是撰写了 6 份成果报告,即《高明区耕地质量评价与工作报告》、《高明区耕地质量评价技术报告》、《高明区耕地质量评价与平衡施肥》、《高明区耕地质量评价与利用改良》、《高明区耕地质量评价与种植业布局》和《高明区耕地质量评价报告》。四是建立了高明区耕地质量管理信息系统。五是绘制了地力等级、土壤养分含量、土壤有机质含量、作物种植布局、土壤 pH 等 9 份图件。

第四章 耕地质量建设

第一节 概 述

一、耕地质量现状及原因

(一) 我国当前耕地质量状况

近些年来,我国通过大力开展土地整理、农业综合开发、商品粮基地建设等方面的农田基本建设,一定程度上改善了农业生产条件,增强了抗御自然灾害的能力,提高了农业综合生产能力。但由于长期对地力建设重视不够,在耕地质量建设上的资金投入严重不足,而且相关部门间的统筹协调机制不够完善,我国耕地总体质量不容乐观。目前存在着高中产农田比重不断下降、土壤营养比例严重失调、耕层变浅、污染日趋加剧等诸多问题,严重影响农业增长方式转变。

当前,我国耕地既有数量问题,也有质量问题。首先,从数量上看,我国耕地面积有 18.26 亿亩,人均不足 1.4 亩,仅为世界平均水平的 40%。其次,从质量上看,耕地负载逐年加大,区域性退化问题日益严重。而且,随着经济社会发展,特别是工业化、城镇化步伐加快,在耕地数量减少趋势难以逆转的同时,耕地质量问题也将日益凸显。

1. 耕地退化日益严重

据农业部统计,全国因水土流失、贫瘠化、次生盐渍化、酸化导致耕地退化面积已占总面积的 40% 以上。东北黑土层厚度已由开垦初期的 80～100cm 下降到 20～30cm,黑土区耕地土壤有机质平均含量为 26.7g/kg,与 30 年前相比减少了 12g/kg,降幅高达 31%;华北平原耕层厚度为 15～19cm,比适宜的 22cm 浅 3～7cm;南方土壤酸化、西北地区耕地盐渍化问题依然突出。

农业部测土配方施肥数据显示,南方 14 省(自治区、直辖市)土壤 pH 小于 6.5 的比例由 30 年前的 52% 扩大到 65%,土壤 pH 小于 5.5 的比例由 20% 扩大到 40%,土壤 pH 小于 4.5 的比例由 1% 扩大到 4%。西北地区耕地盐渍化面积达 3 亿亩,占全国的 60%。其中,耕地次生盐渍化面积为 2100 万亩,占全国的 70%。

2. 耕地基础地力不足

据中国农业科学院农业资源与农业区划研究所研究员徐明岗介绍,欧美国家和地区粮食产量 70%～80% 靠基础地力,20%～30% 靠水肥投入,而我国耕地基础地力对粮食产量的贡献率仅为 50%,与欧美等发达国家和地区相比,低 20～30

个百分点。化肥长期不合理施用,不仅导致土壤养分失衡、土壤肥力和有机质下降,而且某些化肥所含有的重金属正在威胁人类的安全。农业部数据显示,目前我国土壤有效磷的平均含量为 23.1mg/kg,与第二次土壤普查相比,增长了近 3 倍。

除此之外,南京农业大学副校长沈其荣研究发现,耕地土壤生物群系也在不断减少。30 年前,平均每千克土壤中有 3000～5000 条有益线虫,而现在只有 500条。原来每千克土壤中有 10 克蚯蚓,现在不施有机肥的地里几乎找不到蚯蚓。如果不是靠化肥顶着,目前我国耕地基础地力不足以支撑粮食连年高产。

3. 耕地污染问题突出

来自环境部门的数据显示,目前,全国耕地面积的 10% 以上受到不同程度的重金属污染。其中,受矿区污染耕地 3000 万亩,石油污染耕地约 7500 万亩,固体废弃物堆放污染耕地约 75 万亩,“工业三废”污染近 1.5 亿亩,污灌农田近 5000万亩。

有调查显示,珠江三角洲地区近 40% 的农田菜地土壤遭重金属污染,且其中10% 属严重超标。农田“白色污染”也逐渐加剧,每年有 50 万吨农膜残留在耕地里,在 15～20 厘米的土层形成不透水、不透气的难降解层,对耕地质量构成巨大威胁。土壤污染从原来的单一无机或有机污染扩展到多元、复合污染,污染类型多样化、污染途径多元化和污染原因复杂化。

(二) 耕地质量下降的原因

耕地质量下降的主要原因如下:

一是对耕地质量建设认识不明确,现得利思想严重。在耕地面积日趋减少的情况下,一些地方的领导和农民对耕地质量建设的重要性、紧迫性和长期性认识不足。经营耕地只顾眼前利益,不考虑长远利益,只重使用,轻视建设。二是资金投入不足。农民经济条件差、投入少。前些年,耕地收益相对较低,在市场经济的作用下,农民不愿意将有限的资金投入耕地,而投入其他产业。另外,国家和地方对耕地质量建设资金投入也严重不足。三是小型机械作业。实行家庭联产承包责任制后,有些地方农民经营的土地块数多、零散,不利于大型机械作业,只好用小四轮子耕种,造成土地板结。四是耕地土壤污染。工业与城市“三废”的排放,农药化肥、农膜的过量使用,各种自然灾害等都是造成土壤退化、耕地质量下降的因素。五是耕地建设管理体制不完善。国家和各省出台的基本农田保护条例,对耕地质量保护都有明确要求,但缺乏操作性强的具体措施。另外,各地在耕地保护上,对耕地数量保护都有明确的指标,对耕地质量都不明确,没有建立耕地质量监测管理体系,领导责任也不明确。

二、加强耕地质量建设的意义

耕地是农业生产的基础，是人们赖以生存、不可再生的特殊生产资料和农业资源，是农业持续发展的重要保障。随着我国人口增长和工业化、城镇化的快速发展，社会的进步和经济建设进一步发展，耕地数量逐步减少的趋势不可逆转，在这种情况下，为确保国家粮食安全，有效促进农业增效和农民增收，并改善生态环境，必须不断加强耕地质量建设与管理，通过质量的提高来缓解数量的不足。有数据显示，如将占耕地总量 10% 的中低产田改造成高产田使其单产提高 10%，就相当于新增耕地 1300 万亩。加强耕地质量建设是实践科学发展观构建"资源节约型、环境友好型"两型农业、增强农业综合生产能力、提高农产品质量安全水平、确保国家粮食安全和农业可持续发展的关键。

土地管理法对保护耕地质量早就提出了明确要求：各级人民政府应当采取措施维护排灌工程设施，改良土壤，提高地力，防止土地沙化、盐渍化，水土流失和污染土地。按照土地管理法的要求，必须采取有效措施，加强耕地质量建设。党的十七大报告也明确提出：加大支农惠农政策力度，严格保护耕地，增加农业投入，促进农业科技进步，增强农业综合生产能力，确保国家粮食安全。这是党中央基于我国农业发展的现状和所面临的实际问题而作出的重大决策。按照中央的部署，我们既要注重耕地数量的保护，也要注重耕地质量的保护，只有提高耕地质量，才能提高单位面积粮食产量和粮食质量，确保国家粮食安全。《国土资源部关于提升耕地保护水平全面加强耕地质量建设与管理的通知》中提到耕地质量建设与管理是落实最严格的耕地保护制度的重要内容，是提高农业综合生产能力、确保国家粮食安全的根本保障，是优化利用土地资源、构建国家生态安全屏障的有效途径，也是各级国土资源部门的重要职责和任务。为落实党中央、国务院关于耕地数量管控、质量管理和生态管护的有关要求，进一步丰富耕地保护内涵，提升耕地保护水平，全面加强耕地质量建设与管理，国土资源部制定并发布了《关于提升耕地保护水平全面加强耕地质量建设与管理的通知》。为贯彻落实 2015 年"中央一号"文件精神和中央关于加强生态文明建设的部署，推动实施耕地质量保护与提升行动，着力提高耕地内在质量，实现"藏粮于地"，夯实国家粮食安全基础，促进农业可持续发展，农业部制定了《耕地质量保护与提升行动方案》。

加强耕地质量保护与管理是我们的法定职责，这是由基本国情所决定的。一是提高耕地质量是确保国家粮食生产安全的需要。中央提出严格保护耕地，确保耕地总量动态平衡，实质上是要求我们要采取各种有效措施，预防和消除危害耕地及其环境的因素，稳定和扩大耕地面积，维持和提高耕地的物质生产能力，预防和治理耕地的环境污染，保证土地得以永续和合理利用，保护和提高土地生产率。但目前在耕地保护上，有些地方只注重数量上的保护，而忽视质量上的保护，人们在经营土地时也只注重对耕地的利用、索取，而不注重养地，搞掠夺式经营。如果长期这样下去，耕地失去了永续利用，不仅会影响我们当代人的"粮袋子"，还会打破子孙后代的"饭碗"。因此，确保国家粮食安全，加强耕地的质量建设是当务之急。二是提高耕地质量是增加农民收入的需要。保护耕地，单纯在保护数量上做文章没有出路，对于耕地质量差，效益低的农业，在市场竞争中必然将被淘汰。只有增加农业投入，改善农业生产条件，提高耕地质量，才能提高耕地的产出和产品的质量，以增加农民收入。三是提高耕地质量是农业可持续发展的需要。耕地质量对农业可持续发展有直接影响。可持续农业需要有可持续农产品的数量和质量作保证，而农产品的数量和质量又依赖于耕地的生产力和清洁度。耕地质量的好坏，直接影响耕地的抗侵蚀能力、缓冲能力、解毒能力等抗逆能力。四是提高耕地质量是改善农村生态环境的需要。耕地质量的好坏与农村生态环境密切相关，不可分割。例如，在农业生产中，合理使用化肥和农药，就能减少对农村环境的污染。如果对水土流失、土壤风化、沙化、盐碱化进行综合治理，不仅能提高耕地质量，也能改善农村生态环境，可以说，采取有效措施，提高耕地质量就是在改善农村的生态环境。

三、加强耕地质量建设的对策

一是增加有机肥投入，以肥养地。土壤肥力是土壤的基本属性和质的特征，是土壤从养分条件和环境条件方面供应和协调作物生产的能力，土壤肥力状况是耕地质量好坏的具体体现。俗话说：庄稼是一枝花，全靠粪当家。改良土壤，提高耕地质量，必须增加有机肥投入。而有机肥的来源主要是牲畜的粪便。因此，必须大力发展畜牧业，走养畜增肥、用肥养地、以地增粮、畜多肥多粮增产的种养结合良性循环的路子。同时要大力推广改良土壤，草炭泥造肥、测土施肥、高茬收割，秸秆粉碎还田，施绿肥等技术措施，实施耕地培肥，有效地提高耕地有机质含量，改善土壤的不良性状，为农作物的稳产高产提供充足的条件。

二是加强农田水利基本建设，修渠改地。水利是农业的命脉，制约农业生产发展的主要瓶颈在于水，要从根本上改善农业生产条件，提高耕地质量，必须实现农田水利化。我国是一个多自然灾害的国家，水灾、旱灾经常发生，水利设施的建设直接影响粮食等农作物的产量。因此，必须大力发展以五小工程为主的水源工程，增加灌溉水源，扩大灌溉面积。同时要搞好排涝工程建设，增强抗御自然灾害的能力，真正达到旱能灌、涝能排，保证粮食生产高产稳产。

三是发挥农业机械化作用，靠机松地。党的十七大报告指出：坚持农村基本经营制度，稳定和完善土地承包关系，按照有偿自愿的原则，健全土地承包经营权流转市场，有条件的地方可以发展多种形式的适度规模经营。目前，我国农村经营土地的现状是土地承包的地块多，小而零散，不利于大型农业机械作业。制约着农业生产的发展。因此，必须按照党的十七大报告的要求，健全土地承包经营权流转市场,加快耕地向种田能手和专业大户集中,逐步实现多种形式的土地适度规模经营,发挥大型农业机械的作用,依靠大型机械对农田进行松、翻、耙、耱、压等标准作业。加深耕层、打破板结土壤,改善土壤结构,提高土壤对水分的保护、运行、调节、利用及排泄能力,达到蓄住天上水、留住径流水、释放功能水的目的。

四是防止耕地沙化、盐渍化、水土流失和污染,造林护地。当前土地沙化、盐渍化、水土流失和污染,给耕地带来严重的威胁,已成为我们整治国土的一项紧迫任务。必须因地制宜,采取有效措施,改善耕地的生态环境。要在平坦的土地上,营造网带片、乔灌草相结合的农田防护林;在水土流失地区,营造水土保护林、修建小水库、蓄水池、旱井、引洪漫地等减少对耕地的冲刷力,达到保持水土的目的。在沙漠化严重的地区,大面积营造防风固沙林,建立护田林网,形成防护体系,在牧区,特别是沙漠化比较严重的地方,以种草为主,增大植被的覆盖度,这样不仅防治耕地沙化,而且也解决了大牧畜饲草问题。同时要对工矿业废水、化肥、农药、地膜、工矿业固体废物和城市生活垃圾等污染源进行防治,创造良好的耕地环境。

五是建立保护耕地质量长效机制,可以概括为以下几点。

(1) 建立耕地质量保护目标责任制。要抓好耕地数量平衡的同时,更注重耕地质量的平衡。要积极开展耕地地力调查和质量评价工作,摸清耕地质量状况,对所有耕地进行分等定级,并建立档案。要用现代监测技术,建立科学的耕地质量监测体系,设立长期的耕地质量定位监测网站。利用科学的监测手段监测耕地质量变化状况,并以此作为考核各级领导保护耕地的依据,要把耕地质量下降或提高作为考核各级党政一把手的重要内容。

(2) 鼓励和发展多形式、多渠道、多层次的耕地投资模式。要采取政府投一点,龙头企业补一点,集体拿一点,联合开发引进一点,鼓励农民自筹点等多种形式、多渠道、多层次筹集资金,用于改善农业生产条件。积极向上级有关部门申请争取土地整理项目资金,实施田、林、路、渠、宅的综合整治,完善农田基础设施,提高土地利用率、增加有效耕地面积,改善耕作条件,提高耕地质量,建设标准农田。要在耕地占用税、增值税和土地出让金收益中提取一部分资金用于提高耕地质量建设。

(3) 注重耕地质量占补平衡。非农业建设必须节约用地,可以利用荒地的不得占用好地,能利用劣地的,不准占用耕地。如果占用耕地也必须在规定的期限内组织开垦与所减少耕地数量与质量相当的耕地,并由有关部门严格把关验收。不能只注重占补平衡,而忽视质量均衡。

(4) 禁止破坏和抛荒耕地。目前,有些地方未经批准,在耕地上建窑、建坟、建房、挖砂、采石、采矿、取土等破坏耕地的现象还时有发生。这不仅占用了耕地,还破坏了土壤,有些还造成了水土流失和土地沙化。对这些现象必须坚决依法查处,确保耕地不遭破坏。对外出打工和无能力经营耕地的农户,村委会要搞好组织协调,帮助把承包田的经营权转给种田能手,避免出现弃耕和抛荒的现象。

(5)建立耕地质量建设法律、法规保障体系。在认真实施国家和省先后出台的《基本农田保护条例》的基础上,要结合当地实际,制定切实可行的耕地质量建设管理办法,对耕地质量建设的执法主体、职责权力、质量标准、等级评定、质量验收、资金投入、保护管理、奖惩处罚等内容做出明确规定,为耕地质量建设创造一个良好的法制环境。

第二节　土地整治规划设计

一、土地整治分区

土地整治系指改变土地利用的不利生态环境条件的综合措施。土地整治规划是指为了使土地资源得以永续利用,人为地创造土地生态良性循环的途径和措施的总体安排。一般来讲,土地整治类型有水土流失地、盐碱地、沼泽地、风沙地、红黄壤低产地和海涂整治。

分区规划作为地理学的传统工作和重要研究内容,已经广泛用于各种区域相关的研究中,长期以来,我国相继开展了以自然地理条件为基础的区划、以农业资源生产条件为基础的区划、以经济水平为准绳的区划、以生态服务功能为目标的区划,以及主体功能区规划等基础性研究工作,在理论和方法上积累了大量经验。

从 20 世纪 80 年代起,我国开始进行土地分区研究,至今,有许多学者都针对地域、尺度、对象等不同维度提出了不同的土地整治分区方法。但是,总体来说,各地土地整治分区目标主要以指导地方的实践为主,对于土地整治分区方法理论层面的研究仍处于探索期。

王学萌和聂宏声(1994)应用灰色系统理论,按照定性定量相结合的方法,结合山西省的自然地理环境、社会经济条件及生产技术水平等实际,在进行因素相关分析的基础上,选择十二项因素的数量指标,建立国土开发整理综合分区的指标体系。廖赤眉提出土地整理分区主要依据的原则,即与土地资源条件、土地利用现状、土地退化过程及发展潜力的相对一致性。

目前,我国学者针对宏观的国家尺度、中观的省市尺度及微观的县级尺度都进行了土地整治分区研究。

(1)全国尺度的土地整治分区研究。王明和罗军提出要根据东、中、西部地区的差异进行土地整治的建议。鞠正山等首次将我国土地整治差别化为东部经济发达区、中部农业区、西部生态脆弱区和海洋区四大区,继而从自然环境条件、社会经济条件、土地利用结构、土地利用强度、生态环境条件五个方面,选择 28 个指标,划分出 22 个土地整治亚区。尹喜霖(2003)考虑自然资源禀赋、环境状况与土地利用动态变化将全国划分为台地国土整治开发保护区、平原多目标国土整治开发保护区、沿江重点开发区、自然保护区,再结合经济开发类型与环境保护对象进一步划分成 16 个亚区。封志明等(2006)提出中国国土综合整治区划的分级与命名规则和中国国土综合整治区划方案及等级规则。王磊等总结我国土地整治分区的研究成果,将全国可持续土地整治具体分为 7 个一级区(东北区、华北区、中部区、东南区、西北区、西南区、青藏区)和 22 个二级区,同时,对一级区的土地整治方向及各区域土地整治典型模式做了详细阐述。安翠娟等(2010)总结了目前我国国土资源综合整治分区的四种方案,以北京为实证,选取地质灾害、矿山生态环境、水土流失和土地沙化这四个重点问题作为整治分区的因素。

(2) 省、市、县级尺度的土地整治分区研究。该尺度的土地整治分区研究更注重实际的应用价值,主要内容为研究方法和指标选取的过程。程连生和安祥生将陕西省全省划分为 3 个一级、9 个二级、15 个三级国土开发整治区。国土开发整治分区指标体系包括:土地资源状况指标、矿产资源丰度及其组合特征指标、水资源状况指标、生态环境指标、劳动力资源指标、经济环境指标、国土开发利用程度指标。王绥和吴玲运用主成分分析和模糊聚类相结合的方法按照区、亚区、季区三层分区模式,根据凉山彝族自治州的特点,选择了自然地理、经济地理和社会经济共23 个具有代表性的指标。尹喜霖根据黑龙江省土地资源的实况和研究程度,提出对土地进行两级分区:①大区控制国土资源赋存、大的地貌分布规律和开发保护;②亚区的划分主要根据地质灾害与环境地质问题、自然资源的开发保护和整治对策。詹发余等(2004)根据青海省地形、地貌、国土资源分布及利用的地域性差异、各地社会经济发展不平衡的省情,以各地国土资源分布、可利用程度和生态环境状况为依据并结合西部大开发、青海大发展对资源和环境的要求将全省划分为 6 个国土资源环境综合开发及整治中心。吴琳娜和罗海波采用定性与定量相结合方法进行分区,采用二级分区系统对关岭县进行分区,一级分区体现生态环境敏感性,二级分区则以地形地貌、土地开发整治的侧重方向、土地利用现状的一致性进行分区。马军成和王令超(2011)以宜阳县为研究区域,从生态、生产、生活和整治潜力四个方面着手,构建县域土地综合整治类型分区的指标体系,采用德尔菲法对指标的权重进行确定,最终划定土地综合整治类型分区。

(3) 以景观生态为目标的土地整治分区研究。张丽珍等建立了反映系统的自然生态结构、社会经济结构和环境结构特征的县域生态经济区划指标体系,将平泉县划分为 6 个生态经济区;李绪谦等(2007)在综合分析水资源和水污染状况的基础上,划分水环境功能区,以警示灯的方式表示不同水层,不同功能分区段需要保护和治理的紧迫程度;杨庆媛以流域为单位,从总体上统一规划、安排土地利用结构、方式和产业结构,是针对流域的上、中、下等各个较大组成部分的水土资源优化配置和合理利用的总体构想;王玉学通过分析研究区域的实际情况,选取合适的景观指数。在 ArcGIS 的支持下提取廊道和斑块,并通过 Fragstats3.3 软件计算景观指数,通过综合集成赋权法确定各指标的权重,再对评价结果进行分级后划定最终分区。

(4)以农村土地整治为目标的土地整治分区研究。张正峰和陈百明采用灰色星座聚类法进行土地整治分区,以乡镇为分区单元进行土地整治分区,各区域不打破乡镇的界线。确定 10 个指标进行聚类分析:田土比率、粮食单产、耕地有效灌溉面积比率、林木覆盖率、农村道路密度、人均耕地面积、人均农林牧渔业产值、人均农村居民点面积、人均耕地后备资源量、地下水供需平衡比率。谷晓坤等(2014)以我国农村居民点用地整治为研究对象,对比分析了各地农村居民点用地比例、规模及理论上的整治潜力,从而将其划分为农村居民点整治潜力巨大优势区、农村居民点高比例区、重点突破区、城乡居民点布局优化区、农村居民点稀少的低值迁并区5 个区域,提出各区域农村居民点的整治方向。朱俭凯等(2012)从农用地整治潜力、自然条件状况、社会经济条件、生态环境状况 4 个方面选取指标进行农用地整治分区。采用层次分析法确定权重,并根据德尔菲法进行部分调整,划定区域农用地整治重点区域。

(5)以城市土地整治为目标的土地整治分区研究。张清军等(2009)采用灰色星座聚类法对河北省城市土地进行分区整治,并分析了不同区域土地整治的主要类型和方向。城市土地整治分区聚类指标从影响整治潜力的环境生态、土地投入程度、土地利用程度、土地利用结构、基础设施水平等方面筛选确定八项指标进行分析:地均年污水排放量、建成区绿化覆被率、地均市政公用设施建设固定资产投资支出、土地利用率、城市土地整治潜力指数、人均城市用地、城市土地利用结构和布局、人均城市道路面积。

(6)针对不同研究对象的土地整治分区。目前主要的研究对象为农用地、农村建设用地、工矿复垦地等。郭力娜等以天津市为实证研究对象,以天津市农用地分等单元为基本评价单元,分析单元分等因素的不同组合类型及对农用地质量的限制强度,对市域农用地进行整理类型分区研究。周飞等(2012)以广东省为研究区域,通过构建农村居民点优先性评价指标体系,综合采用层次分析法与熵值法确定指标权重,对广东省 20 个地市农村居民点整理优先性进行评价与分区。廖晶晶等(2011)采用层次分析法建立了描述和评价复垦潜力分区的数学模型,该模型能综合考虑到复垦潜力各层次各因素对最后评价结果的影响,能同时定性和定量地对复垦潜力分区进行分析。

(一)土地整治分区原则

土地整治分区决定了土地整治规划工作实施的合理性,在具体分区的过程中应遵循以下原则。

1. 可持续发展原则

根据各评价单元的特点和资源优势,结合不同土地整治功能定位,统筹规划土地整治分区,优化土地空间布局,在兼顾各方效益的基础上,实现区域土地利用的可持续发展。

2. 地域间相似相异原则

土地整治分区应将自然资源条件、整治目标和发展趋势相近的土地单元划为同一整治分区,充分体现区域内整治单元差别最小化;同时,扩大不同整治分区土地单元间的差异性,充分体现不同分区整治单元差别最大化。明确不同整治分区发展特点,确定各分区的土地整治重点和具体实施措施。

3. 综合分析和重点分析相结合原则

土地整治是一项复杂的系统工程,影响土地利用方向的因素是多种多样的,由于各评价单元的差异性,在评价各土地单元特性的过程中不可能将所有因素包括其中。在分析土地单元的特性时,应抓住其本质内容,重点分析影响整治分区的主导因素,在此基础上综合分析各评价单元,提出科学合理的分区措施。

4. 行政界线完整性原则

县域土地整治是以县为单位的整体性规划,但由于各评价单元分属不同的行政区域,故在进行土地整治分区研究时应尊重各行政乡镇和行政村的地域完整性,在维护行政界线完整性的基础上完成分区工作。

(二)土地整治分区方法

目前,国内学者常用的土地整治分区大致分为三类:土地整治潜力分区、土地整治功能分区、土地整治工程类型分区。土地整治潜力分区是目前应用最广泛的分区方式,具体做法是依照评价单元土地整治的数量潜力和质量潜力划分整治区域,按整治潜力大小划分各级整治分区,如划分为一级整治潜力区、二级整治潜力区、三级整治潜力区等。土地整治功能分区是构建多层次分区评价指标,将自然、经济、社会发展相对一致的评价单元划分为一个区域,明确各区域的重点整治方向,整体优化土地整治空间布局,按照评价单元的相对一致性划分评价单元。土地整治工程类型分区是依照整治单元的自然地域特征、整治目标和工程项目内容的相对一致性划定整治分区,分区结构与土地整治功能分区相类似。

具体的土地整治分区方法主要分为定性研究和定量研究两类。定性研究是从宏观方面整体把握土地整治分区方向,主要包括德尔菲法、叠图法;定量研究是在分析理论数据的基础上从微观方向确定土地整治分区类型,主要包括系统聚类方法、GIS空间分析法、规划导向度方法。

1. 德尔菲法

德尔菲法又称为专家调查法，是根据研究区域的地形地貌、土壤水文条件建立评价指标，以图斑为评价单元，采取互不交流的方式收集专家小组成员的意见，经过反复征询使专家意见趋于统一，得出最终结果的方法。德尔菲法的研究结果完全依赖于专家小组的个人知识和经验，主观性很强，分区结果会因专家小组的不同而改变，缺乏一定的科学性，多用于早期的土地整治分区研究。

2. 叠图法

叠图法又称为专题图叠加法，是将研究区域内的土地利用现状区划图、管制图、整治潜力图、功能区划图等整治图件转化成同一比例尺，叠加后统一区域界线，分析得出重叠多的部分和重叠较少或不重叠的部分，根据土地整治分区原则划分整治区域，对重叠较少或不重叠的部分结合当地的实际情况和发展需求进行取舍。叠图法适用于整治图件较全的研究区域，但由于整治区的划分主观性较强，一般与其他分区方法合并使用。

3. 系统聚类方法

系统聚类方法顾名思义就是将系统内相似的对象组成不同大类的过程，这种方法充分体现了同类对象间的相似性和不同类对象的相异性。土地整治分区的系统聚类方法是指将研究区域所在的地理位置、自然经济状况、土地利用现状和社会发展需求等情况细化为指标，运用主成分分析法确定各指标权重，确定分区单元后运用 SPSS、SAS、DPS 等统计分析软件进行聚类分析，以此为依据进行土地分区研究。常用的聚类分析方法有系统聚类法、分解法、加入法、动态聚类法和模糊聚类法。

4. GIS 空间分析法

土地整治分区涉及自然环境、社会经济状况等多种因素，是一个复杂的系统工程，传统的整治分区工作需要专业人员进行，耗费大量的人力物力，GIS 系统把整个土地系统当做一个黑匣子，简化了整治分区的过程。GIS 空间分析方法是利用 Map GIS、ArcGIS 等地理信息系统提取研究区域信息，将区域信息整合分析形成新的基础数据层，在新生成的数据层结合区域特点运用各种算法完成整治分区工作。基于 GIS 的土地整治分区方法不仅操作简便，分区结果较从前的主观分析方法科学性也较强。

5. 规划导向度方法

导向，即使事情朝着某方面发展，规划导向度指的是规划区所处的城市、生态环境、社会经济发展产生的外部溢出效应对规划区发展的导向作用，基于规划导向度的土地整治分区方法将整治规划区放在一个系统的整体中，充分考虑规划区域的外部特征对规划区内的影响，依据规划导向度将整治区域划分为规划导向区和限制发展区，再结合各整治单元的社会经济实力具体提出各分区适用的整治方案和具体措施。

二、规划方法

　　土地整治规划研究方法一般有系统分析法、比较择优法、数理统计法和模型化法等，在编制县级土地整治规划时，应系统、综合、合理应用这些方法，促进土地整治规划目标的实现。

　　土地整治规划是一项系统工程，涉及国民经济各个行业，因此，需采用系统分析法对土地整治规划进行系统研究。

　　在土地整治规划中涉及大量资料与数据，需运用数理统计方法对这些资料与数据进行统计、分析、归纳和整理，从中找出土地利用、土地整治活动与社会经济发展规律及其相互之间的关系，为土地整治规划提供资料与数据支撑，从而辅助规划分析。土地整治规划编制的最终目的是实现区域资源利用充分、生态环境良好、经济效益增长显著，即最优设计。因此，在规划方案拟订时，要全面系统考虑土地整治全面相关因素，运用比较择优法，对各种方法进行对比分析，从中选出最优方案，实现规划目标最大化。

　　模型化方法一般是用数学模型对土地利用及其社会、经济活动构成的土地利用系统进行模仿的方法，它是深入了解土地整治规划系统复杂性的重要手段，能反映、评价土地利用与整治的历史与现状，阐明土地利用和土地整治活动与自然和社会经济驱动力之间的因果关系，而且还能根据一般规律及对自然和社会条件所做的假设做出推断，为规划编制及制定政策提供依据。

三、重点区域与重点项目划定

　　土地整治重点区域的划定是在土地整治适宜性评价的基础上进行的，依据土地整治适宜性评价的结果划定重点区域。土地整治适宜性评价是指在一定自然、社会和经济条件下，对某一区域开展某一类型土地整治活动的适宜性与否，以及难易程度进行分析、评价，它是对所需整治区域自然与社会经济，以及土地利用与生态环境状况进行综合分析后，阐明待整治土地受自然、社会经济条件及基础设施建设的限制程度，以此划分出不同的适宜性级别，并进行评价的过程。土地整治适宜性评价是以分析、评价某区域是否适宜开展某种类型土地整治活动为目的的适宜性评价。它是土地整治规划编制与实施的前提和基础。

　　省级高标准基本农田重点建设区应包括：①集中连片、规模较大的基本农田集中区；②土地整治潜力较大、整治效益明显的区域；③各级基本农田保护示范区。同时为便于开展工作，省级重点建设区一般不打破县级行政界限。在此基础上，笔者采用德尔菲法选择确定评价指标，应用因素成对比较法确定评价指标权重，在进行评价指标量化后计算综合评价得分，最后根据综合评价得分确定省级高标准基本农田建设的重点区域。

（1）评价指标确定方法——德尔菲法。选取省级高标准基本农田建设重点区划定的指标不仅要反映耕地资源禀赋，还应结合高标准基本农田建设的特殊性进行考虑。因此，反映客观并综合多数专家经验与主观判断的德尔菲法，成为一种值得推荐的方法。

（2）评价指标权重确定方法——因素成对比较法。因素成对比较法主要通过因素间成对比较，对比较结果赋值、排序，是系统工程常用的一种权重确定方法。为准确反映各因素的重要性差异，常采用多种赋值方法，如按相对重要性程度在 1 内进行分割的比例赋值。无论采用何种赋值方法，应用都需注意：①所有因素均要进行两两比较；②重要性关系要符合成对比较法的前提（$A>B$，$B>C$，则 $A>C$）。

四、成果管理与应用

土地整治规划设计成果应该严格按照相应的国家标准、行业标准与规划编制规程进行编制。本着对建设单位认真负责的原则，以工作严谨的态度，严格按照《土地开发整理项目规划设计规范》（TD/T 1012—2000）等有关规范、标准及图纸要求组织、编制项目设计报告、规划图册；严格按照《土地开发整理项目规划设计规范》（TD/T 1012—2000）编制预算报告；按照相关标准进行勘测并编制报告。定期或不定期召开例会来研究质量问题、重大质量事故问题处理等。不定期举行质量检查，通过这一措施，督促各部门加强质量管理，提高设计及工程施工质量。确保工程设计质量达到国家现行规范优良标准，并保质保量地完成省、市、县等各级单位的需要。

五、实例

（一）广州市土地利用现状与潜力

1. 土地利用现状

1）土地利用结构

2010 年，广州市土地面积为 7246hm²。其中农用地 5187hm²，建设用地 1649hm²，未利用地 410hm²，分别占土地总面积的 71.58％、22.76％和 5.66％。

2）土地利用特点

（1）建设用地增长过快，侵占大量耕地和生态用地。根据 TM 遥感影像解译结果，自 20 世纪 90 年代以来，广州市土地利用发生了快速的变化。1990～2009 年，广州市建设用地增量超过 10 万 hm²，年均增长量约 5000hm²。建设用地迅速扩张侵占了大量的耕地、园地、林地、坑塘水面、滩涂等农用地和生态用地，导致粮食生产量和生态环境质量下降，直接影响粮食保障和生态安全格局。

（2）农村居民点用地持续增长，城乡建设用地结构不合理。1996～2010 年，广州市农业户籍人口由 250 万人减少到 82 万人，但农村居民点用地仍然呈持续增长态势，由 32 778hm² 增加到 40 554hm²，人均农村居民点用地高达 494m²，远远超过《村镇规划标准》（GB 50188—2006）界定的 150 米²/人的上限。在广州市 2010 年城乡建设用地中，城市、建制镇、村庄、采矿用地所占比重分别为 50.21%、17.08%、30.69%、2.02%。农村居民点所占比例过大是造成广州市建设用地效益偏低的重要原因之一，而且与广州市发展为"国家中心城市和国际化大都市"的城市定位不匹配。

（3）土地节约集约水平不高，低效用地大量增长。2010 年，广州市单位建设用地二、三产业产值为 640 万元/hm²，人均建设用地面积达 130m²，与深圳市 1043 万元/hm² 的土地产出水平和 88m²/人的集约利用水平均相比，仍然存在较大的提升空间。广州整体土地利用效率不高的原因主要是建设用地结构不合理和存在大量批而未用土地。广州市农村居民点用地比重偏大，而大多村级工业用地的投资强度和土地产出水平均较低，乡镇建设用地的低效增长严重拉低广州市整体土地利用效率。另外，广州市存在非农用地长期征而不用、闲置撂荒现象，2010 年变更调查结果显示广州市全市共 1447hm² 批而未用土地。

2. 土地利用潜力

广州市土地整治潜力包括农用地整治潜力、农村建设用地整治潜力、城镇工矿建设用地整治潜力、土地复垦潜力和宜耕后备土地资源开发潜力。

1）农用地整理潜力

农用地整理潜力包括农用地整理补充耕地潜力和耕地质量等级提升潜力。广州市农用地待整治面积为 67 769.09hm²，补充耕地潜力 1506.32hm²。农用地整理潜力区主要集中分布于增城区、番禺区和从化市等部分区（市）内，经整治耕地质量等级平均可提高 1 个等级。

2）"三旧"改造潜力

规划期内，广州市建设用地供需矛盾较大，需通过"三旧"改造释放建设用地供给空间。广州市"三旧"改造潜力为 55 424.50hm²。"三旧"改造潜力主要集中分布在中心城区周边的番禺区、白云区和花都区，增城区分布也较集中。

3）土地复垦潜力

广州市损毁土地主要包括自然灾害损毁土地和生产建设活动损毁土地。其中自然灾害损毁土地主要分布在从化市和增城区地形坡度较大的山地丘陵区，自然灾害损毁土地可复垦规模为 317.49hm²，可补充耕地面积 190.49hm²；因生产建设活动损毁的土地待复垦规模为 3654.06hm²，可复垦补充耕地面积为 1644.33hm²，主要位于花都区炭步镇、增城区新塘镇和从化市鳌头镇。宜耕后备土地资源开发潜力在2010年土地利用变更调查数据基础上,结合广州市耕地后备资源调查评价。广州市宜耕后备土地资源开发规模为232.18hm²,其中可补充耕地潜力为160.86hm²。广州市的宜耕后备土地资源开发潜力主要分布在花都区、从化市和增城区,其他区域的未利用地很少且未集中连片,不适宜再开发为耕地。

(二)战略与目标

1. 土地整治战略

1) 坚持以旱涝保收高标准基本农田建设为中心任务

开展土地整治活动必须坚持以高标准基本农田建设为核心,加强农田基础设施建设;以保持和提高农用地综合生产能力为首要目标,针对土地利用限制性因素,按照"田成方、树成行、路相通、渠相连、旱能灌、涝能排"的标准,以农田整治为重点,强化耕地质量建设,加快改善农村生产生活条件,不断提高旱涝保收高标准基本农田比例。

2) 坚持促进城乡统筹发展和新农村建设

按照建设社会主义新农村的要求,加快改善农村生产生活条件,规范推进农村建设用地整理,整体推进田、水、路、林、村、城(镇)综合整治,积极开展城镇工矿建设用地整理,挖掘存量建设用地潜力,优化城乡用地结构布局,促进城乡一体化发展。

3) 坚持适度高效利用宜耕后备土地资源

进一步提高宜耕后备土地资源利用效率,在严格保护生态环境的前提下适度有序开发宜耕后备土地资源,强化对新开发耕地的利用和各类农田基础设施的管护。

4) 坚持土地整治与生态保护相统一

充分考虑当地自然资源条件,立足当地经济社会发展实际水平和发展要求,顺应农民改善生产生活条件的意愿,维护农民合法权益,因地制宜,突出重点,循序渐进地开展土地整治工作,按照保护优先、兼顾治理的要求,推进土地综合整治,确保土地整治与生态保护的协调统一。

2. 土地整治目标

1) 高标准基本农田建设目标

到2015年,广州市建设高标准基本农田不低于45 180hm²。通过整治,高标准农田建设的质量提高1个等别,每亩耕地粮食产量增加10%～20%。到2020年,全市建设高标准基本农田不低于52 022hm²。

2) 补充耕地目标

到2015年,广州市通过土地整治补充耕地1085hm²,其中农用地整理补充耕地885hm²,土地复垦补充耕地176hm²,宜耕后备土地资源开发补充耕地24hm²。

到 2020 年,全市完成补充耕地面积为 1159hm²。

　　3）建设用地整治目标

　　到 2015 年,全市实施"三旧"改造面积 13 834hm²。到 2020 年,全市完成"三旧"改造面积 22 000hm²。

　　4）土地复垦目标

　　到 2015 年,全市土地复垦规模不少于 1319hm²,补充耕地 176hm²。到 2020 年,全市通过土地复垦补充耕地 207hm²。

　　5）宜耕后备土地资源开发目标

　　到 2015 年,全市开发宜耕后备土地资源 34.31hm²,补充耕地面积 24hm²。到 2020 年,全市通过宜耕后备土地资源开发补充耕地 67hm²。

　　6）建设用地复垦目标

　　到 2015 年,全市建设用地复垦面积 10 744hm²。

　　7）土地生态环境整治目标

　　到 2015 年,广州市森林覆盖率稳步提高,生态环境明显改善,土地生态功能得到恢复和提高。

　　8）土地整治保障体系更趋完善

　　到 2015 年,广州市土地整治工作组织结构更加健全,科技支撑更加有力,公众参与更加充分,监督管理更加有效,土地整治工作基础更加牢固。

　　表 4-1 列出了广州市 2011～2015 年各项土地整治规划控制指标。

表 4-1　广州市 2011～2015 年土地整治规划控制指标　　（单位：hm²）

指标	2015 年	指标属性
高标准基本农田建设规模	45180	约束性
补充耕地面积	1085	约束性
农用地整理补充耕地	885	预期性
土地复垦补充耕地	176	预期性
宜耕后备土地资源开发补充耕地	24	预期性
经整治后耕地等级提高程度	1 等	预期性
高标准基本农田保护示范区片数	34	预期性
"三旧"改造规模	13834	预期性
土地复垦规模	1319	预期性
宜耕后备土地资源开发规模	34.31	预期性
建设用地复垦规模	10744	预期性

（三）整治分区

1. 中部城镇核心提升区

1）分区范围

中部城镇核心提升区包括越秀区、荔湾区、海珠区、天河区、白云区（除江高镇、太和镇、人和镇、钟落潭镇）、黄埔区、萝岗区（除九龙镇）和番禺区，土地总面积约 131 473.06 公顷，占全市总面积的 18.14%。区内地形以平原为主，珠江及其支流在区内纵横交错，兼有台地丘陵分布。本区是传统的城镇中心区，区域内经济发展水平较高，土地利用结构中的建设用地比例高，土地利用投入和产出效率高，且区域内基本呈现出连片发展态势，生态用地呈斑块状存在。

2）整治的方向和重点

区内土地整治以"三旧"改造为主要方向。积极开展"旧城镇、旧厂房、旧村庄"等低效、闲置存量建设用地整治，着力提高土地节约集约利用水平和土地资源利用效率，破解土地资源制约瓶颈。同时，加强基本农田建设，加大现代都市农业、休闲农业建设力度，促进耕地保护与生态建设有机结合，充分发挥基本农田的生产保障、生态服务和景观美化等功能。

2. 北部空港经济带动区

1）分区范围

北部空港经济带动区包含花都区行政区域以及白云区的江高镇、太和镇、人和镇、钟落潭镇，土地总面积约 145 798.64hm²，占全市总面积的 20.12%。本区山地、丘陵、平原兼有，平原地貌占主体地位，耕地较多。

2）整治的方向和重点

加强建设用地内涵挖潜和优化调整，大力推进"城中村"改造和闲置建设用地清理；积极推进土地整理复垦开发并加大中低产田改造力度，积极开展高标准农田建设，提高耕地产出率和生产效益，发展休闲、旅游观光农业；针对农村居民点用地分散的特点，应积极开展农村居民点整理，积极探索和推进城镇建设用地增加与农村建设用地减少相挂钩，促进区域城市化、工业化的健康发展。

3. 南部新城拓展区

1）分区范围

南部新城拓展区包括南沙区行政辖区，土地总面积 69 464.06hm²，占全市总面积的 9.59%。区内地形以平原为主，耕地较多，有低丘、台地分布，为主要林果用地。

2）整治的方向和重点

加强旧城改造和闲置用地清理，盘活存量建设用地，提高土地的节约集约利用水平。适度推进农村建设用地整理，加大基础设施建设力度，改善农村生产生活条件,提高区域整体发展能力。发挥土地资源和农业基础条件优势,大规模整治农用地特别是加强耕地质量建设,建设高标准基本农田,发展以鱼塘为中心的生态农业。适度围填海造地,拓展建设用地空间。

4. 东北部山林生态保护区

1) 分区范围

东北部山林生态保护区包括增城市行政辖区、从化市行政辖区及萝岗区九龙镇,土地总面积约 377 924.56hm²,占全市总面积的 52.15%。本区地势北高南低,从东北到东南大致分为中低山地、丘陵河谷、冲积平原三种地貌类型,各类型面积各约占总面积的三分之一。

2) 整治的方向和重点

加大农用地整理力度,积极建设高标准基本农田,提高农业综合生产能力,发展优质、高产、高效、生态、安全农业。着力加大工矿废弃地复垦利用、农村建设用地整理力度,适度开发宜耕未利用地,尽量维持原有生态环境。大力推进城乡一体化,加强旧村改造,统筹城乡建设用地,规范实施城乡建设用地增减挂钩试点。

(四)任务安排

1. 大力推进农用地整理

1) 大规模建设高标准基本农田

积极稳妥地开展田、水、路、林、村综合整治,改善农村生产生活条件和环境,建设满足机械化耕作要求的高标准田块;改造中低产田,加强耕地整理,有针对性地采取田块平整、渠网配套、路网建设、培肥地力等措施,稳步提高耕地质量,形成优质、抗旱防涝、保护生态、高产稳产、集中连片的高标准基本农田保护示范区。至2015年,广州市高标准基本农田建设规模不低于 45 180hm²,由增城区、从化市、南沙区、花都区、萝岗区、番禺区和白云区共同完成,其中增城区为高标准基本农田重点建设区。全市 34 个镇共划定 107 块高标准基本农田建设片区,面积共76 354hm²,项目区内高标准基本农田面积 45 180hm²。到 2020 年,全市建设高标准基本农田不低于 52 022hm²。

2) 积极推进耕地整理

通过田、水、路、林的合理布设,归并零散耕地,增加有效耕作面积,提高耕地产出效率,并将耕地整理作为补充耕地的重要手段。至 2015 年,广州市在白云区、花都区、增城区和从化市推进 61 044hm² 的耕地整理,预计补充耕地面积 457.5hm²。

3) 有序开展基本农田整备

选择连片分布、位于高标准基本农田建设区附近的耕地斑块开展基本农田重点整备,增大基本农田调控空间,优化基本农田布局。至 2020 年,全市范围内 12 个镇街选取 23 块基本农田整备区,面积共 2754.11hm²,按 70% 比例为预计增加基本农田面积,即规划实际新增基本农田面积 1927.88hm²,占本轮土地利用总体规划下达基本农田指标的 1.70%。其中,规划至 2015 年,安排整治项目区面积 2045.67hm²,分布在白云区、从化市和花都区,预计增加基本农田面积 1431.97hm²。

4) 着力加强耕地质量建设

以耕地整理、高标准基本农田建设和基本农田整备为抓手,通过有针对性的整治措施,着力提升耕地质量。城镇化地区、生态敏感区域耕地和基本农田分别以污染防治和水土流失防治为主,着力提升耕地环境质量;生产条件好、自然承载力高的区域,其耕地和基本农田以土壤环境和耕作条件改善为主,着力提升区内耕地和基本农田自然质量等级。规划至 2015 年,通过改善基本农田灌溉保证度、排水条件、土地的平整度、土壤质地、土层厚度、土壤有机质含量等影响耕地质量因素,改善农业生产条件,提高耕地肥力和灌排能力,确保生产条件好、自然承载力高的区域内经整治后的耕地质量提高 1 等。

2. 积极开展“三旧”改造

坚持节约优先原则,积极盘活存量建设用地,全面推进“旧城镇”、“旧厂房”和“旧村庄”的改造,拓展城镇发展新空间,促进城镇土地节约集约利用,提升土地价值,改善人居环境,促进城镇化健康发展。规划至 2015 年,广州市将对 13 834hm²“三旧”用地进行改造。

1) 有序推进旧城镇改造和历史文化街区保护

鼓励有条件的地区开展旧城镇改造,重点做好基础设施落后、人居环境恶劣、畸零细碎或与城镇功能定位不符区域的更新改造,挖掘用地潜力;探索增减挂钩指标安置与中心城区用地效率的联动机制,加大财政、土地等政策的支持力度,形成城镇更新改造的促进机制。注重对历史文化街区的保护,挖掘传统文化内涵,延续旧城区的历史文脉。避免大规模拆旧建新对旧城风貌造成不利影响,尽可能保持原有的景观特征,保护地方特色建筑和构成历史风貌的文物古迹。

2) 稳步推进城中村改造

严格执行土地利用总体规划,加强新增建设用地征收管理,城市规划区内一律禁止新增农村居民点和零散生产建设用地,遏制“城中村”现象扩大。将“城中村”各项管理纳入城市统一管理体系,推进规划区内土地管理一体化,有计划、有步骤地推进“城中村”综合整治。尊重居民的主体地位,严格按照民主程序确定适合各村的整治模式和实施办法,依法依规确定“城中村”土地权属,协调各方利益,确保群众利益不受损。完善“城中村”综合整治配套政策,加强村容村貌和环境卫生建设,改善城中村的人居环境。

3) 积极开展旧工矿改造

加强工业用地使用监管,严格落实闲置土地处置办法,抑制土地的低效、闲置和不合理利用。制定工业用地集约利用的激励政策,推广应用多层标准厂房,改善工业区配套设施及环境景观,盘活土地资产,提高工业用地经济密度,充分挖掘现有工业用地潜力。制定合理的产业用地政策,积极发挥用地标准和价格手段的调控作用,淘汰效益低、占地多、污染高的落后产能,促进改造区的产业更新升级。探索建立工业园区建设和管理新模式,积极引入社会资金,引导分散企业向工业园区和生产基地集中,促进集中布局、集约用地。

4) 规范实施城乡建设用地增减挂钩

以新农村建设为突破口,引导散居农村人口向社区集中,加快构建以中心社区为基础的农村社会体系架构。大力推进城乡规划一体化,全面提高农村规划建设水平,按照合理布局、集中配套、节约便利的原则,科学规划和统筹建设农村中心社区。以城乡建设用地增减挂钩为平台,合理确定城镇建设用地增加和农村建设用地减少的规模、范围、布局和建设时序,推进城乡建设用地增减挂钩试点工程,促进城乡协调发展。

3. 加快损毁土地复垦

全面理清生产建设活动损毁土地和自然灾害损毁土地的现状,选择水土流失敏感性低、污染较轻、破坏程度不高的待复垦土地开展复垦工作,恢复可耕作能力,增加耕地。至 2015 年,广州市将对 1319hm^2 土地进行复垦,补充耕地 176hm^2。

1) 及时复垦生产建设新损毁土地

按照"谁损毁、谁复垦"的原则,坚持土地复垦和生产建设相结合,利用经济和行政手段,要求责任方编制土地复垦方案,在生产工艺、建设方案中落实土地复垦各项要求。对矿山开采造成的土地损毁,要求在损毁活动稳定或停止后 3 年内完成复垦工作,对公路、铁路等基础设施建设造成的新损毁土地,要求在基础设施项目竣工验收前完成损毁土地复垦工作。加强生产建设用地节约集约利用管理,减少损毁面积,降低损毁程度。

2) 开展自然灾害损毁土地复垦

根据自然灾害损毁土地的情况,有针对性地采取措施,及时复垦灾毁土地,减少因自然灾害损毁而灭失的耕地数量。开展地质灾害易发区调查评价,查清山洪、泥石流、滑坡、崩塌等灾害隐患点的基本情况,结合工程、生物等措施,在确保安全、无继发自然灾害隐患的前提下,合理恢复土地生态和土地利用功能。

4. 适度开发未利用地

1) 科学合理开发宜耕后备土地资源

合理选择土地开发最优区域,充分挖掘后备资源开发潜力,适度开发宜耕后备资源,增加耕地面积,实现耕地占补平衡,增强粮食安全保障能力。至 2015 年,广州市通过宜耕后备土地资源开发补充耕地 24hm^2。

2) 强化补充耕地的质量建设与管理

严格落实耕地占补平衡制度,实行耕地数量质量并重管理,依照耕地分等定级技术规范和标准,严格补充耕地质量验收,做到面积和产能双平衡。对补充耕地质量未达到被占用耕地质量的,按照等级折算增加补充耕地面积。加强补充耕地的后期管护,强化宜耕土层建设,严格客土土源质量标准,采取培肥地力等措施,结合客土回填、表土剥离等活动,改良土壤性状,稳步提升补充耕地地力。加大农田水利、耕作道路、林网等基础设施建设,改善补充耕地生产条件。加强对补充耕地的监管,确保有效利用,防止抛荒。

3) 适时适度开展围填海

统筹考虑海洋资源环境承载能力、现有开发强度和开发潜力,使陆地开发与海洋开发相协调。严格保护海岸线资源和岛屿,保护湿地,修复受损的海岸生态系统。科学合理开发利用沿海滩涂,适时适度推进围填海,拓展用地空间,缓解土地供需矛盾,促进经济发展。

5. 抓好建设用地复垦

1) 着力推进建设用地复垦

严格在土地利用总体规划确定的城乡建设用地范围内实施建设用地复垦。充分利用城镇建设用地增加和农村建设用地减少相挂钩政策,实现农村建设用地规模与城镇建设用地规模的等量置换,拓展建设用地空间、缓解土地资源制约。至2015 年,广州市将对 10 744hm² 建设用地进行复垦。

2) 加强建设用地复垦项目实施和组织管理

建设用地复垦项目必须通过公开、公平、公正的竞争,充分运用市场机制降低造价、防范腐败、加快进度、确保质量。建设用地复垦项目应严格按照批准的规划设计组织实施,如需调整项目区范围和规划设计,必须到批准立项单位办理规划变更手续。同时,各级国土资源部门要高度重视,充分认识进一步抓好建设用地复垦工作的重要性,采取有力措施,加强组织领导,切实加强对建设用地复垦项目的指导和监督检查。

(五) 重点区域与重点项目

1. 土地整治重点区域

广州市土地整治重点区域,主要包括农用地整理重点区、"三旧"改造重点区、土地复垦重点区和宜耕后备土地资源开发重点区,具体情况如下。

1) 农用地整理重点区

以耕地特别是基本农田分布相对集中程度为依据,以建设连片高标准基本农田为目的,以农用地整理补充耕地潜力和耕地质量提高等级为导向,结合自然、社会、经济条件及农用地整理基础条件的相对优越性,在尽量避免打破乡镇行政界限的情况下,确定农用地整理的重点区域。主要包括白云区、从化市、番禺区、花都区、萝岗区、南沙区和增城区 7 个区(市)的 37 个镇(街)(表 4-2),整治规模为

61 044hm²,可补充耕地457.50hm²。

表 4-2　广州市农用地整理重点区域

属性	区(市)	镇(街)
重点整治	白云区	江高镇、钟落潭镇、人和镇
	从化市	良口镇、吕田镇、太平镇、城郊街、江埔街、温泉镇、鳌头镇、街口街
	番禺区	化龙镇、石基镇、石楼镇
	花都区	赤坭镇、炭步镇、花山镇、花东镇、狮岭镇、新华街、梯面镇
	萝岗区	九龙镇
	南沙区	大岗镇、东涌镇、榄核镇、万顷沙镇、横沥镇、珠江街
	增城区	朱村街、新塘镇、石滩镇、中新镇、正果镇、派潭镇、小楼镇、荔城街、增江街

2)"三旧"改造重点区

以各镇(街)列入"三旧"改造范围的城镇建设用地地块为基础,考察各镇(街)城镇建设用地图斑的密度和聚集度,选出密度和聚集度较高的镇(街),并在充分考虑各镇(街)的"三旧"改造潜力、自然地理条件及经济社会发展水平的前提下,结合城市发展战略规划和新一轮城市总体规划确定的"10+1"战略地区、已建或正在建轨道站点的分布情况,确定"三旧"改造重点区域。主要包括白云区、从化市、番禺区、海珠区、花都区、黄埔区、荔湾区、萝岗区、南沙区、天河区、越秀区和增城区等12个区(市)的52个镇(街)(表4-3),整治规模为13 834hm²。

表 4-3　广州市"三旧"改造重点区域

属性	区(市)	镇(街)
重点整治	白云区	同和街、同德街、嘉禾街、均禾街、太和镇、新市街、石井街、金沙街、钟落潭镇
	从化市	城郊街、江埔街
	番禺区	化龙镇、南村镇、大石街、洛浦街、石壁街、石楼镇、钟村街
	海珠区	南石头街、瑞宝街、江海街、琶洲街、南洲街、华洲街
	花都区	新华街、炭步镇、赤坭镇
	黄埔区	南岗街、文冲街、长洲街、鱼珠街
	荔湾区	东沙街、桥中街、海龙街
	萝岗区	东区街、九龙镇、夏港街
	南沙区	东涌镇、大岗镇、万顷沙镇、南沙街、珠江街
	天河区	前进街、新塘街、珠吉街、长兴街、黄村街、龙洞街
	越秀区	流花街、登峰街
	增城区	新塘镇、石滩镇

3)土地复垦重点区

以土地复垦潜力为基础,将矿产资源集中分布,以及自然灾毁和生产建设活动损毁较严重的区域作为土地复垦的重点区域,涉及从化市、番禺区、花都区、萝岗区、南沙区和增城区6个区(市)的17个镇(街)(表4-4),整治规模为1319hm²。

表4-4 广州市土地复垦重点区域

属性	区(市)	镇(街)
重点整治	从化市	鳌头镇、太平镇
	番禺区	石楼镇、石基镇、沙头街、化龙镇
	花都区	炭步镇、花东镇、赤坭镇、花山镇
	萝岗区	萝岗街、东区街
	南沙区	横沥镇、南沙街
	增城区	新塘镇、中新镇、石滩镇

4) 宜耕后备土地资源开发重点区

在综合考虑宜耕后备土地资源开发潜力较大、对生态环境影响较小等因素的基础上,确定宜耕后备土地资源开发重点区域。主要包括从化市和增城区两个区(市)的6个镇(街),整治规模为34.31hm²。

2. 土地整治重点项目

全市土地整治重点项目包括农用地整理重点项目、高标准基本农田建设重点项目、"三旧"改造重点项目、土地复垦重点项目和宜耕后备土地资源开发重点项目,具体情况如下。

1) 农用地整理重点项目

全市共安排农用地整理重点项目4个,建设规模13 150hm²,补充耕地167.50hm²。其中,白云区、从化市、花都区、增城区各1个。

2) 高标准基本农田建设重点项目

全市共安排高标准基本农田建设重点项目7个,建设规模36 963hm²,补充耕地211.32hm²。其中,白云区、番禺区、南沙区、花都区、萝岗区、增城区和从化市各1个。

3) "三旧"改造重点项目

全市共安排"三旧"改造重点项目12个,建设规模13 834hm²。其中,白云区、从化市、番禺区、海珠区、花都区、黄浦区、荔湾区、萝岗区、南沙区、天河区、越秀区和增城区各1个"三旧"改造重点项目。

4) 土地复垦重点项目

全市共安排土地复垦重点项目5个,建设规模1319hm²,补充耕地176hm²。其中,从化市、番禺区和增城区各1个,花都区2个。

5) 宜耕后备土地资源开发重点项目

全市共安排宜耕后备土地资源开发重点项目2个,建设规模22.92hm²,补充耕地 16.5hm²。其中,从化市、增城区各一个。

（六）资金与效益评价

1. 资金需求

规划期内,全市需进行高标准基本农田整治规模达 45 180hm²,约需资金 24.72 亿元。省财政根据建设任务给予国家高标准农田示范县（增城区）补助资金为 1500 元/亩,其余区（县级市）为 1200 元/亩,经测算,"十二五"期间,省下达补助资金总额为 8.9295 亿元。2013～2015 年,广州市财政补助资金按照省补助资金的标准,经测算,三年需安排市财政补助资金约为 6.2 亿元,年均约 2.1 亿元,从耕地开垦费和用于农业土地开发的土地出让收入中统筹解决。省、市两级补助后,不足部分由区（县级市）统筹安排本级财政资金或吸引社会资金参与,完成本区（县级市）高标准基本农田建设任务。

其他类型土地整治项目中,一般农用地整理需资金 8.33 亿元,"三旧"改造需资金 2900.57 亿元,土地复垦需资金 4.31 亿元,宜耕后备土地资源开发需资金 0.04 亿元,各项土地整治工程建设所需资金量极大,资金存在较大缺口,需要积极推进直接利益主体责任机制建设,吸引社会资金进行土地整治。

2. 资金筹措

1）稳定现有资金来源

根据现有法律政策规定,有稳定来源的主要是土地整治专项资金,包括新增建设用地土地有偿使用费、耕地开垦费和用于农业土地开发的土地出让金收入。规划期间,以上各项资金预计可筹措 34.29 亿元,其中,新增建设用地土地有偿使用费专项用于耕地开发和土地整理,预计可筹措 26.79 亿元;耕地开垦费专项用于开垦耕地,按照"占一补一"的要求,对建设占用耕地进行补充,预计可筹措 5.00 亿元;用于农业土地开发的土地出让金收入预计可筹措 2.50 亿元。

2）积极拓宽投资渠道

规划期内依据《土地复垦条例》,由生产建设单位负责复垦,由于历史因素无法确定土地复垦义务人的,由县级以上人民政府负责组织复垦,或者按照"谁投资,谁受益"的原则,吸引社会投资进行复垦;其次通过聚合农业、水利、农发等相关部门资金投入土地整治;"三旧"改造的资金主要来源于城乡建设用地增减挂钩指标收益,才可基本实现资金供需平衡。

3. 预期效益

1）经济效益

规划期内,通过开展土地整治,补充耕地面积 657.5 公顷,按当地农地平均产出水平 0.9 万元/（hm²·a）计算,耕地质量、农业基础设施条件得到明显改善,高产、稳产农田的比重将大幅度增加。农用地整理 61 044hm²,可新增农业净收益

20.59亿元。提高整治区农民收入,带动农村消费,有效拉动内需,整治区农民人均年收入增加1000元左右,项目静态投资回收期约为17年。

2) 社会效益

规划期内,通过土地整治重点项目的实施,实现市域内耕地"占补平衡",稳定农业产能,有利于农业的可持续发展和保障国家粮食安全;通过土地整治和中低产田改造,改善农业生产基础条件,提高劳动生产率,提高农民收入;通过土地适度集中提高规模经营和产业化水平,便于现代农业技术的推广和应用,提高农业科技含量,为发展高效农业提供基础支撑;通过对农村居住环境进行全面整治,加强基础设施和公共服务设施建设,改善农村人居环境,有利于农民安居乐业;"三旧"改造项目的实施,不仅是对城市规划与功能布局的重新修正,而且使得城市竞争力明显提升,原先破旧、环境脏乱、治安不佳等现象将得以进一步改善;土地整治项目的实施,可以增加就业岗位,缓解就业压力和人地矛盾,为有效解决"三农问题"与"城乡二元经济结构问题"创造条件。

3) 生态效益

规划期内,通过开展土地整治,可显著改善农业生态环境质量,提高抵御自然灾害的能力;改良土壤质量,提高土地肥力,增加土地综合生产能力;改善农村生产生活条件与人居环境,促进农民生活方式的转变。在开展土地整治过程中,也要采取有效措施预防因项目实施而造成的"三废"污染、景观破坏和生态扰动等不利的生态影响。总体上看,通过土地整治规划的实施,加强广州市生态文明建设,构建景观优美、人与自然和谐的宜居环境。

(七) 实施保障措施

1. 严格执行土地整治规划

1) 加强规划实施的组织领导

市人民政府建立土地整治工作领导机构,加强对土地整治工作的组织领导,统筹推进土地整治各项工作,保障规划的实施。完善"政府主导、国土搭台、部门联动、公众参与、整体推进"的土地整治工作机制,进一步明确政府、国土资源管理部门及其他相关职能部门在土地整治工作中的职责,落实土地整治共同责任制。

2) 建立健全土地整治规划体系

区(市)级人民政府应依据市级土地整治规划实施本区域土地整治规划,落实上级规划确定的目标任务。土地利用总体规划确定的城市建设用地外的镇(街)、村,可结合实际组织编制镇(街)、村土地整治规划,将土地整治任务落实到项目和地块。土地整治规划应符合土地利用总体规划,并与主体功能区规划、城乡规划、产业规划、生态环境规划等相关规划做好协调衔接。

3) 增强规划权威性

规划一经批准,必须严格执行。土地整治项目的立项审批必须依据土地整治规划,各类土地整治活动必须符合土地整治规划。加强规划监督检查,禁止随意修改规划,切实维护规划的权威性和严肃性。

4)建立规划实施评价制度

建立土地整治规划实施评价制度,确保土地整治规划实施的质量和效果。分析评价土地整治规划年度目标任务完成与落实情况,对影响土地整治规划实施的各种因素进行分析,统筹土地整治规划任务的安排。建立包括土地自然属性、社会经济属性与生态环境属性的综合数据库,为后续的土地整治监测—评价—预警奠定数据基础。加强与土地整治项目设计、施工与农用地分等、产能核算等成果的衔接,为开展评价奠定基础。

2. 加强土地整治基础建设与管理

1)加快土地整治标准体系建设

依据国家相关法律法规和规范标准,加快制定和完善地方土地整治相关技术标准和规范,出台土地整治规划数据库、项目测绘、规划设计、实施管理、工程监理和工程质量验收等相关技术标准和规范。

2)加强土地整治信息化建设

按照"一张图"综合监管平台建设的总体部署,建设土地整治规划数据库,实现规划成果叠加上图、动态更新,促进资源和信息共享。完善土地整治项目报备系统,建立土地整治监测监管系统平台,实现土地整治全面全过程信息化管理,提高监管质量和效率。探索实施"智慧国土"协同创新工程,提高土地整治智能化水平。

3)完善规划实施管理制度

土地整治规划一经批准,必须严格执行,各类土地整治活动必须符合土地整治规划。不得随意修改、调整土地整治规划,切实维护土地整治规划的权威性和严肃性。完善土地整治规划实施相关管理制度,加强土地整治计划管理,严格计划执行情况的评估和考核;加强土地整治资金管理,建立财政专项补助和部门资金相结合的资金投入机制,健全土地整治资金管理制度,确保资金按时到位、合理使用、有效监管;加强土地整治项目实施管理,建立健全土地整治听证、备案及项目后期管护等制度,建立年度稽查、例行检查和重点督察三位一体的监管体系,实现土地整治项目全面、全程监管。

3. 加强规划实施的公众参与机制

1)完善规划工作方式

坚持政府组织、专家领衔、部门合作、公众参与、科学决策的土地整治规划编制方针,建立健全规划编制的专家咨询制度、部门协调机制和公开听证制度,加强规划方案特别是规划目标和重大工程、重点项目的论证与协调,切实提高规划决策水平。

2) 加大土地整治宣传力度

在全市范围内,通过各种方式,加强对土地整治意义、目标任务、建设内容、实施效果和政策法规等的宣传,提高全社会对土地整治的认知水平,增强干部群众参与土地整治的积极性和主动性。

3) 积极推行信息公开制度

建立完善的信息公开制度,通过各种途径,将土地整治规划内容、调整情况、项目实施、竣工验收等信息及时向社会公众公开,广泛征求群众的意见,接受群众的监督,提高规划实施的公开透明程度,保障土地整治工作顺利开展。

4) 切实维护土地权益

规范土地整治中的土地权属调整工作,做好土地确权登记发证,依法保障农民权益。探索土地整治项目区耕地集中流转的有效途径,完善农民利益保障和风险防范机制。

4. 创新土地整治激励机制

1) 建立健全农用地整理经济激励机制

加大对高标准基本农田建设和补充耕地重点地区的政策支持,重点支持国家级、省级基本农田保护示范区和高标准基本农田保护示范区建设。在全市范围内建立和实施基本农田保护经济补偿制度,充分调动地方和农民加强耕地保护和建设的积极性。由财政预算或者土地出让收入中安排基本农田补贴资金,对承担基本农田保护任务的农村集体经济组织等单位给予补贴;加大对基本农田保护和补充耕地重点地区的支持,完善基本农田整治工程后续管护制度。

2) 深化"三旧"改造激励机制

在总结"三旧"改造试点经验的基础上,本着鼓励挖掘存量建设用地潜力、促进土地深度开发、促进经济发展方式转型的要求,进一步探索完善"三旧"改造激励机制,推动和深化以"三旧"改造专项规划实施、土地公开市场建设和土地交易程序规范、土地产权制度、利益共享机制等为主要内容的政策,有效调动各方实施改造的积极性,吸引社会力量支持和参与改造。

3) 建立完善的土地整治资金保障体系

研究探索土地整治市场化资金运作模式,建立多元化的土地整治投融资渠道,在"三旧"改造中,形成以社会资金为主,政府资金为辅的资金保障体系;在高标准基本农田建设中,形成以政府资金为主,社会资金为辅的资金保障体系。制定社会资本投资土地整治项目的优惠政策,建立健全社会资本准入和退出机制,推进土地整治产业化。

4) 探索建立土地整治专项资金的投入使用效益评价机制

研究资金投入使用的效益评价机制,综合评价土地整治的社会效益、环境效益和经济效益,注重土地整治的外部性问题,权衡土地整治的即期效益、中期效益和

远期效益。既保障政府资金的高效使用,也保护好社会投资者的利益与投资热情,
更加兼顾各利益相关者的利益诉求。

第三节　土地整治工程

一、复垦

　　20世纪80年代以来,国务院及国土部、环保部等先后制定了一系列与矿区土
地复垦等有关的法律法规,尤其是《土地复垦规定》(1988年)和《中华人民共和国
环境保护法》(1989年)的颁布,标志着我国矿区土地复垦步入法制轨道,1999年,
随着新的土地管理法和土地开发整理规划标准等法律法规的实施,矿区土地复垦
工作进一步科学化和规范化,特别是《土地复垦条例》(2011年)的出台标志着我国
矿区土地复垦工作真正实现了有法可依。另外,我国矿业、农业、林业、生态学、地
质学等专业的学者从学科的角度开展了针对矿区废弃土地的土地复垦、污染治理、
生态重建、环境保护等的研究和实践。其中白中科和李晋川等研究探讨了黄土高
原生态脆弱区大型露天煤矿损毁土地生态重建的理论、方法和技术,并提出了地貌
重塑、土壤重构与植被重建的技术体系;卞正富(2005)研究探讨了矿区废弃地生态
破坏的类型与特征,以及矿区生态重建的基本原理和方法体系,并构建了矿区生
态重建框架;胡振琪等(2014)提出了矿区损毁土地土壤重构的概念、内涵和一般
工艺方法,并对采煤沉陷地、煤矸石场、排土场等的土壤重构进行了系统研究;张凤
麟和孟磊(2004)总结了矿业城镇(地区)环境污染的主要表现和环境保护面临的
问题。

　　国内在矿区土地复垦与生态重建方面侧重于露天煤矿排土场地表径流观测
研究、排土场渗流场模拟试验、排土场地基承载力、堆置合理参数、高台阶排土场
稳定性,以及排土场滑坡、泥石流的形成机理及防治技术等;井工煤矿沉陷地复
垦工程技术研究,侧重研究"挖深垫浅"、充填复垦、疏排法、生态复垦和工程复垦技
术;矿山废水处理、循环利用的技术研究,采用乔-灌-草混交多种生态结构的污水
慢速渗透土地处理系统,实现污水闭路循环使用;固体废弃物处理及复垦绿化技术
研究,侧重于二次利用,如将煤矸石进行发电,建材、矸石肥料等综合利用;露天矿
排土场植被重建及生产力恢复技术研究,研究适宜当地的乔-灌-草混交品种,合理
的配置模式和栽培技术,以及土壤熟化培肥和土地生产力恢复提高;人为加速土壤
侵蚀控制技术研究侧重于传统方法,而过滤墙和石笼等侵蚀控制构筑物未形成产
业化。

我国在矿区废弃地艺术与景观再造方面也进行过研究,其中张红卫和蔡如(2003)探讨分析了大地艺术家对工矿区损毁土地的创作活动对矿区废弃地进行景观设计的借鉴意义。王向荣等(2003)概括介绍了欧美发达国家和地区的后工业景观、大地艺术和生态景观的设计思想和手法,以及在矿区复垦土地再利用中的应用。矿区工业场地旧建筑改造在资源型城镇(地区)二次利用中也具有明显的借鉴意义。1983年吴良镛提出了城市有机更新理论,促进引领了我国资源型城镇(地区)土地更新利用的发展。20世纪90年代兴起大规模的城市开发热潮,使我国城市更新改造利用面临的问题和挑战逐步凸显。刘伯英(2006)在矿业用地性质转换、用地更新驱动方式、旧工业建筑再利用、生态景观塑造等角度探讨了资源型城镇(地区)工业地段的更新实施。

二、土地开发

土地开发整理,目前通用的定义是指在一定区域内,按照城市规划、土地利用总体规划、土地开发整理确定的目标和用途,通过各级国土部门采取法律、工程技术等手段,对需要进行整理的土地进行调查、改造、综合整治,改善生产、生活条件,提高土地利用率和产出率,改善生态环境的过程。

土地开发整理能在一定程度解决土地利用问题,是人类利用自然和改造自然的有效措施,是社会经济发展到今天的科学决策。俄罗斯、加拿大、德国、法国等是提出土地开发整理较早的国家,调整土地关系,调整土地利用结构,实现土地规划目标,这些国家的土地整理理论体系和法律(法规)建设等方面比较成熟。德国是土地整理比较早的国家之一,土地整理理论与技术较发达,制度建设较完备,极大地促进了农村发展和新农村建设,保护景观,改善农林业生产条件和生态环境。德国的土地整理法规定,土地整理主要包括五种类型,即常规性土地整理、简化性土地整理、项目土地整理、自愿土地交换和加速土地合并。俄罗斯(严金明,王邻孟,吴大琴)严格执行土地开发整理法令,政府作为代表严格组织利用和保护土地,建立改善自然景观的措施体系。日本的土地整理开始较早,主要包括耕地整理和城市规划。

2000年3月,国土资源部颁布了《国家投资土地开发整理项目管理暂行办法》,首次明确了"土地开发整理"的名称,明确了项目的资金来源,土地开发整理项目管理的细节和要求。我国的土地开发整理事业开始走向正轨。2003年,国土资源部发布了《全国土地开发整理规划》,文件指出,土地开发整理主要包含三项内容。

(1)农用地整理和建设用地整理。是指按照土地开发整理规划和土地利用总体规划确定的目标,在需要土地整理的区域内,各级国土部门通过采取法律、行政及工程技术手段,对土地开发整理区进行土地利用状况的调整、改造、综合整治,改善生态环境,改善人们的生产、生活条件。

（2）土地复垦。是指采取一定措施,对因挖损、塌陷、压占等造成破坏而废弃的土地,使其恢复到可利用的程度。包括由自然和人为因素造成损毁、荒费、闲置的农田和其他土地,也包括在生产建设过程中挖损、塌陷、压占等造成破坏的土地。

（3）土地开发。是指对具有利用潜力但未利用过的土地采取工程或其他措施,将其改造为可供利用的土地。

第五章　耕地质量监测

第一节　概　　述

一、耕地质量监测的目的和意义

(一)监测目的

国家高度重视耕地保护问题,目的在于充分利用、保护好有限的耕地资源,以保证国家粮食安全和人民生活水平。耕地质量监测,是耕地保护的基础和重点工作,通过开展耕地质量监测不但可以及时、准确地掌握土地利用格局快速变化对耕地质量的影响,也将为促进基本农田向优质、集中、连片转变,为尽快实现现代农业提供强有力的技术支持。同时,耕地质量监测是国土部门落实耕地数量与质量并重管理的必然要求。最后,通过监测工作,落实耕地资源保护政策,是实现国家粮食安全战略的重要保证。

(二)监测意义

1. 实现数量质量并重管理的必然要求

实施最严格土地管理制度的一个重要方面就是要实现土地资源数量质量并重管理。数量方面,从土地资源详查、变更调查,到完成的二次调查,基本构建了比较完整的技术支撑体系;而在质量方面,通过"十五"、"十一五"期间的工作,第一次全面完成了全国农用地分等和县级定级估价试点工作,建立了一个比较完整的耕地质量等级本底数据,但与实现耕地保护和管理进入数量质量并举的新阶段提出的任务仍有差距,还需要继续努力,做好完善工作,一是需要结合二次土地调查成果进行成果更新,完成数量质量调查一体化;二是需要提高和统一全国成果精度,使成果大比例尺落地,符合土地精细化管制的要求;三是需要加强对重点地区、重大工程的监测监管,形成年度系列可比数据,建立耕地质量等级预警技术和服务体系。

2. 科学监测耕地资源保障能力的需要

2009 年,全国粮食产量达到 5.31 亿 t,而 2000～2008 年,年均粮食总产量只有 4.76 亿 t,距离《国家粮食安全中长期规划纲要(2008—2020 年)》在 2020 年实现全国粮食生产能力不低于 5.5 亿 t 还有相当差距。连续 7 年增产主要是通过良种、化肥、农药和扩大播种面积实现的,农业生产要素的投入已经接近极限,而单位面积耕地的生产能力并没有本质提高。根据最新的全国耕地等级调查与评定成果,全国耕地评定为 15 个等别,以 7～13 等耕地为主,占全国耕地评定面积的78.10％。围绕粮食安全,国家设置了耕地保护红线,启动了增产千亿斤粮食战略行动,各地掀起了"万顷良田"、"高产良田"、"标准良田"、"吨粮田",以及重在增加耕地的土地整治重大工程等多种建设工程,涉及上千亿资金,每年支农资金有 6000亿元。监测现有耕地、新增耕地的等级变化,对于保证耕地资源安全、实现国家粮食安全具有战略意义。

3. 准确掌握土地利用格局快速变化对耕地等级影响的需要

随着我国工业化、城市化进程的加快,未来 30 年将是一个土地利用格局快速变化的时期,如专家预期我国农村人口将减至 4 亿人。根据《全国土地利用总体规划纲要(2006—2020 年)》,到 2020 年,建设占用耕地 4500 万亩,通过土地整治新增耕地 4500 万亩,通过实施重大工程新增耕地 1000 万亩。徐绍史部长在 2010 年国土资源工作的总体思路中指出,要以土地整治和城乡建设用地增减挂钩为平台,促进城乡统筹发展。村庄整理出来的土地,首先要复垦为耕地,其次满足农村配套设施建设,再次留足非农产业用地,最后利用城乡建设用地增减挂钩政策,促进小城镇发展。通过农村土地整治,农民居住向中心村镇集中,耕地向适度规模经营集中,使农村居民点用地转变为耕地成为可能。土地利用格局快速变化可能会进一步导致耕地朝劣质化、细碎化和分散化方向发展;同时也为促进基本农田向优质、集中、连片转变,建立适应现代农业的基本农田整备提供了一个契机。

二、任务目标

(一) 监测任务

1. 建立省级基本农田监测中心

省级基本农田监测中心是先导基地进行耕地、基本农田等级变化的组织实施机构,并且将来要负责做好省内全部国家级基本农田示范县,甚至是所有县耕地和基本农田监测的任务。省级基本农田监测中心设在各省的土地整理中心,需要进行硬件、软件、制度、队伍等多个方面的建设。省土地开发储备局要安排技术骨干,同时建立稳定的专业技术队伍,开展先导基地的野外监测工作。

2. 系统进行基础数据的收集和整理

需要收集农业统计、土壤普查、地质调查、农田水利、气候统计、农业经济统计、自然灾害与灾情分析等基础资料。

3. 建设先导基地监测基础数据库

最新和最翔实的农用地分等成果是支撑先导基地耕地和基本农田等级变化监测的前提和基础。以二次调查取得的各先导基地最新的土地利用现状图为底图,应用各先导基地农用地分等的光温(气候)生产潜力指数、分等因素、利用系数、经济系数等参数,完成先导基地农用地分等成果的更新,并结合年度土地利用变更调查情况,进行年度的更新。

4. 完成监测样区的布设工作

监测样区基地需在国土资源部技术指导组的指导下,设置 40～60 个耕地等级变化监测样区。监测样区规模一般控制在 100～200 亩。为了更好地分析耕地等级变化的原因,监测样区所在地耕地等别需要有代表性,监测样区的布设要兼顾先导基地自然质量分区、利用分区、经济分区。

5. 重点开展年度新增耕地的调查、建库和监测评价工作

依据土地开发复垦项目和其他补充耕地项目资料,确定年度新增耕地图斑,对于新增耕地图斑,依据农用地分等的技术方法进行监测和评价。

6. 重点开展年度占用耕地的调查、建库和监测评价工作

依据年度土地利用变更调查报告,确定年度占用耕地图斑,依据农用地等别和生产能力的关系进行区域年度因为占用耕地损失生产能力的评价,并重点做好占用耕地和损失产能的去向分析工作。

7. 重点开展耕地整理和基本农田建设区域的调查、建库和监测评价工作

确定建设引起的决定等别的土地条件的变化情况,并依据农用地分等的技术方法进行评价。

(二) 监测目标

通过对示范监测基地耕地等级变化特征的现场调查、系统观测和综合研究,以揭示耕地等级变化特征及其主要影响因素;在实际调查观测过程中研发耕地等级、耕地土壤某些常规属性的野外监测技术,为耕地等级变化动态监测提供科学和技术基础。为此拟解决如下关键问题。

1. 综合研究农用地分等及其指标

结合已有的农用地分等研究成果,研发耕地(土壤性状)等别变化快速监测技术,其核心技术包括土壤剖面质量水分含量与体积水分含量的相关性分析、土壤蒙氏颜色与土壤水分含量、有机质含量的相关性、基于土壤剖面中温度与农作物根系分布的相关性、土壤剖面中沙砾含量及其对农作物根系的阻滞作用、基于土壤农业化学分析方法对土壤性状的校正。

2. 耕地等级变化特征

通过现场调查与野外观测模式相结合的方法,综合研究区域的社会经济与耕地等级变化特征,重点分析区域社会经济快速发展、产业转移、土地开发整理、农业种植结构调整、人为熟制变化、土地承包经营权的流转、乡镇企业发展及水土流失等对区域耕地等级变化的影响机理及其调控对策。

3. 为编制全省及全国耕地等级监测实施细则提供参考依据

结合国土资源部永久基本农田建设工作的需要,为全省及全国编制耕地等级监测实施细则提供参考依据。

三、工作流程

耕地质量等级监测技术流程如图 5-1 所示。结合具体的监测任务和监测目标,基本确定耕地质量等级监测的工作分为以下几个步骤。

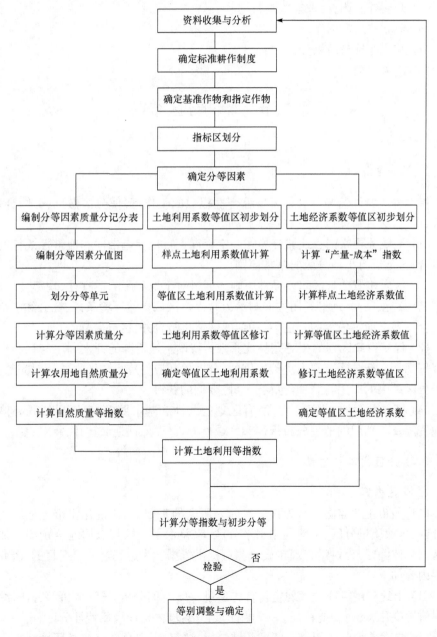

图 5-1 耕地质量等级监测技术流程

（1）编写试点工作实施方案。

（2）收集整理相关资料。

（3）确定监测样点。

（4）建立监测指标体系。

（5）开展外业调查，采集监测数据。

（6）建立监测数据库。

（7）监测评价与结果分析。

（8）成果归档。

第二节　监测分区布点

一、监测分区

（一）分区原则

耕地等级野外监测分区是一项综合性很强的工作，要使分区做到科学、合理、有效、可行，必须遵循以下一些基本原则。

（1）地域分异原则。地域分异在一定程度上表现为地带性和地带性规律的空间组合，这是进行土地分区的基本原则。

（2）区内相似性与区间差异性原则。通过对土地利用的适宜性、现势性（现状利用结构）、预见性（远景利用方向与潜力），以及区域自然环境条件、社会经济特征与综合发展方向等内容的考虑，对相似的区域进行合并，区分差异。

（3）保持行政区划的相对完整性原则。我国土地资源的开发利用与社会经济发展等都是在行政区范围内决策实施的，分区单元应保持行政区划的相对完整性，便于分区结果的应用与管理，也便于分区数据的获得。

（4）区域共轭性原则。这是所有区划的共性和基本要求，分区界线既要体现土地资源及其利用的地理分布规律和区域差异，又要保证地域连片、相对完整。

（二）分区内容与过程

1. 分区内容

以化州市土地监测分区为例。在前人研究的基础上，通过化州市土地利用特征分区、自然质量分区、土地利用水平分区、收益水平分区与农用地等别图叠加的方法划分监测区，为科学合理布设监测点提供依据。为达到这一研究目的，研究的主要内容如下。

（1）土地利用特征分区划定。首先通过 GIS 空间分析、统计分析等方法，综合各村耕地变化特征、功能特征、区位特征，划分县域内土地利用特征分区。

（2）自然质量分区划定。考虑县域气候、地貌、土壤及现有明显环境污染或潜在污染等因素,划分县域内自然质量分区。

(3) 土地利用水平分区划定。以村为单位,依据农用地分等中确定的乡镇指定作物近三年正常年景的平均产量水平划分土地利用水平分区。

(4) 收益水平分区的划定。以村为单位,依据农用地分等中指定作物近三年正常年景投入-产出数据划分区域收益水平分区。

(5) 监测区划定。首先采用空间叠置法,对土地利用特征分区、自然质量分区、土地利用水平分区和收益水平分区进行叠加分析,初步划定耕地等级野外监测综合背景分区。其次将农用地等别图与综合背景分区进行空间叠置分析,初步确定耕地等级野外监测区(简称监测区)。最后根据主导性原则,对初步划分的监测区边界进行适当调整,确保各监测区边界不破村界,从而确定最终的耕地等级野外监测区。

2. 分区过程

分区技术路线如图 5-2 所示。

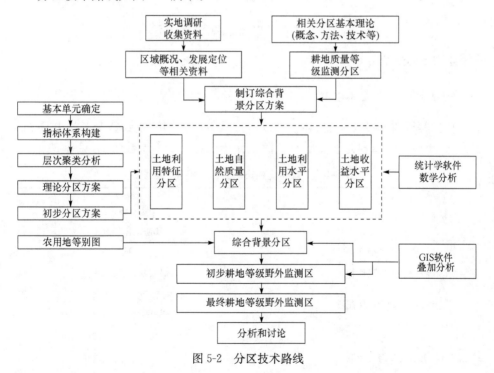

图 5-2 分区技术路线

二、样点布设

(一) 样点布设原则

(1) 代表性原则。监测样点应能代表土地开发整理复垦项目区或监测区的综合自然地理特征和农业生产状况。

（2）点面结合原则。国土部门土地开发整理复垦项目，以及农、林、水等相关部门的农田水利、道路、林网等基础设施建设项目均应布控监测点，并布设适量样点对现有耕地质量的变化进行监测。

（3）等别控制原则。以监测区为基础，不同等别的耕地均应布设样点进行监测。

（二）样点布设技术要求

（1）县域内年度监测样点不少于 40 个，其中每个自然等别、土地开发整理复垦及其他耕地质量建设项目区均应布设样点，实现项目区全面监控。

（2）以第二次土地调查形成的最新土地利用现状图为基础，将监测样点与耕地图斑相对应，实现空间数据和属性数据统一管理。

（3）监测样点对应耕地面积要集中连片，图斑面积不少于 100 亩。

第三节　监测指标体系

一、监测指标选取

（一）监测相关基本参数

依据等级监测技术手册，各省都以试点县等级监测基本参数为基准开展相关工作，这里以广东省耕地质量等级监测工作中的相关基本参数为例，见表 5-1。

表 5-1　广东省化州市农用地分等基本参数

所在指标区		华南区 华南低平原区 粤西南丘陵地区
基准作物		晚稻
指定作物		晚稻、秋甘薯、春花生
标准耕作制度		一年两熟春花生-秋甘薯或 两年五熟薯-稻-稻
指定作物光温生产潜力指数	晚稻	1820
	秋甘薯	3238
	春花生	663
指定作物最高产量 /（kg/hm²）	晚稻	7950
	秋甘薯	7200（标准粮）
	春花生	4050（标准粮）

续表

所在指标区		华南区 华南低平原区 粤西南丘陵地区
指定作物产量比系数	晚稻	1.000
	秋甘薯	0.594
	春花生	1.938
产量-成本指数最大值/(kg/元)	晚稻	1.309
	秋甘薯	2.087
	春花生	0.871

（二）监测自然因素相关指数体系及权重

依据等级监测技术手册,各省都以试点县等级监测基本参数为基准开展相关工作,这里以广东省耕地质量等级监测工作为例,自然因素相关指标体系及权重见表 5-2 和表 5-3。

表 5-2　广东省农用地分等因素自然质量记分规则

分等 因素	因素 级别	因素分级标准			作用分值		
		水稻	花生	甘薯	水稻	花生	甘薯
地形坡度 /(°)	1级	<2	<2	<2	100	100	100
	2级	2~5	2~5	2~5	90	90	90
	3级	5~8	5~8	5~8	80	80	80
	4级	8~15	8~15	8~15	60	60	60
	5级	15~25	15~25	15~25	30	30	30
	6级	≥25	≥25	≥25	0	0	0
田面坡度 /(°)	1级	<2	<2	<2	100	100	100
	2级	2~5	2~5	2~5	90	90	90
	3级	5~8	5~8	5~8	70	70	70
	4级	8~15	8~15	8~15	50	50	50
	5级	≥15	≥15	≥15	20	20	20
地下水位 /cm	1级	≥60	≥60	≥60	100	100	100
	2级	30~60	30~60	30~60	80	80	80
	3级	<30	<30	<30	60	60	60

续表

分等因素	因素级别	因素分级标准			作用分值		
		水稻	花生	甘薯	水稻	花生	甘薯
土层厚度/cm	1级	≥100	≥100	≥100	100	100	100
	2级	60~100	60~100	60~100	90	90	90
	3级	30~60	30~60	30~60	60	60	60
	4级	<30	<30	<30	30	30	30
表土质地	1级	轻壤、中壤、重壤	砂壤、轻壤	轻壤、中壤、重壤	100	100	100
	2级	沙壤土	中壤	沙壤土	80	90	90
	3级	黏土	重壤	黏土	70	70	80
	4级	砂土	砂土、砾质土、黏土	砂土	50	60	60
	5级	砾质土	—	砾质土	30	—	40
剖面构型	1级	通体壤、壤砂壤	通体壤、壤砂壤	通体壤、壤砂壤	100	100	100
	2级	壤黏壤	壤黏壤	壤黏壤	90	90	90
	3级	砂黏黏、壤黏黏	砂黏黏、壤黏黏	砂黏黏、壤黏黏	80	80	80
	4级	黏砂黏、通体黏	黏砂黏、通体黏	黏砂黏、通体黏	70	70	70
	5级	砂黏砂、壤砂砂	砂黏砂、壤砂砂	砂黏砂、壤砂砂	60	60	60
	6级	黏砂砂	黏砂砂	黏砂砂	50	50	50
	7级	通体砾	通体砾	通体砾	40	40	40
有机质含量	1级	≥30	≥20	≥30	100	100	100
	2级	20~30	10~20	20~30	90	80	90
	3级	10~20	6~10	10~20	80	60	80
	4级	6~10	<6	6~10	60	50	60
	5级	<6	—	<6	50	—	50
土壤 pH	1级	6.0~7.9	6.0~7.9	6.0~7.9	100	100	100
	2级	5.5~6.0	5.5~6.0	5.5~6.0	90	90	90
	3级	5.0~5.5,7.9~8.5	5.0~5.5,7.9~8.5	5.0~5.5	60	80	70
	4级	4.5~5.0	4.5~5.0,8.5~9.0	4.5~5.0	50	60	50
	5级	<4.5,>8.5	<4.5,≥9.0	<4.5,>7.9	30	30	30
灌溉保证率	1级	充分满足	充分满足	充分满足	100	100	100
	2级	基本满足	基本满足	基本满足	90	90	90
	3级	一般满足	一般满足	一般满足	80	80	80
	4级	无灌溉条件	无灌溉条件	无灌溉条件	60	70	60
排水条件	1级	健全	健全	健全	100	100	100
	2级	基本健全	基本健全	基本健全	90	90	90
	3级	一般	一般	一般	80	80	80
	4级	无排水体系	无排水体系	无排水体系	60	50	60

表 5-3　广东省农用地分等评价因素因子及权重(以化州市为例)

因素	因子	权重
土壤基本性状	土层厚度	0.17
	质地	0.12
	剖面结构	0.10
	有机质	0.07
	pH	0.09
地形地貌水文地质	地形	0.09
	田面坡度	0.08
	地下水位	0.03
土壤管理	灌溉	0.15
	排水	0.10

（三）土地利用系数和土地经济系数的相关指标建立

土地利用系数和土地经济系数的相关指标主要包括:监测样点指定作物单产、区域内指定作物最高单产、监测样点指定作物产量-成本指数等相关指标。另外,土地开发整理项目也会对耕地的土地利用系数和土地经济系数产生影响,在土地开发整理项目区还应监测以下指标,见表 5-4。

表 5-4　土地整理项目区土地利用水平评价因素分级描述

评价指数	特征描述方法	指标特征分级标准
水源类型	反映耕地的生产成本及土地整理项目的工程投入	地表水(河流、水库)
		地下水
		天然降水
灌溉方式	可描述的灌溉条件,反映资金投资及灌溉的效果	管灌
		渠灌
		天然无灌溉
排水方式	反映生产成本的高低及排水条件的优劣	自排
		人工排水
道路通达性	描述耕地所处位置的交通便利程度:一个地方的道路密度越大,生产就越方便;反之越不方便。反映土地整理项目的工程投入	良好,有完善的道路系统,生产便捷;
		一般,有道路,但还未形成一个健全的体系;
		较差
田块平整度	可描述的田块平整情况,平整度高的田块利于农作物的灌溉和机械操作	田块平整规则,便于机械耕作;
		田块比较平整规则,不影响机械耕作;
		田块平整不太规则,对机械耕作影响不大;
		田块既不平整也不规则,机械难以耕作
林网密度	可量测的农田防护林建设情况,其值越大,防护效果越好	>15 株/亩
		8~15 株/亩
		0~8 株/亩
		0 株/亩

二、监测周期

根据对耕地质量等级变化监测范围和程度不同,监测周期分为以下三大类。

(1)定期监测。对区域范围内引起耕地质量等级变化的各类指标进行全面监测评价,3 年监测一次。

(2)实时监测。对"增、减、建"过程中因各类工程措施引起的耕地质量等级变化的各类指标进行监测评价,1 年监测一次。

(3)即时监测。对因不可预期的自然、人为破坏等因素引起的耕地质量等级发生突变的各类指标进行监测评价。仅在对耕地等级监测数据库进行变更时测定一次。

具体监测指标周期参考表 5-5。

表 5-5　相关监测指标及其监测周期

指标类型	监测指标	监测方法	监测周期
水文	水源类型(地表水、地下水)、水量、水质等	实地调查、化验分析	
土壤	表层土壤有机质含量、土壤 pH、表层土壤质地、有效土层厚度、地表岩石露头度、土壤盐碱状况、土壤侵蚀状况、障碍层次、土体构型等	遥感、实地调查、化验分析	3 年
地貌	坡度、坡向、坡型、地形部位	实地调查、地形图	
农田基本建设	灌溉条件(水源保证率、灌溉保证率)、排水条件、道路通达性、田块平整度、田块集中连片程度、林网密度等	遥感、土地利用调查	
物质投入	种子、化肥、农家肥、农药、地膜、水电、农机具等投入	实地调研	
活劳动投入	各生产环节的劳动力投入和必要的农田维护劳动力投入	实地调研	
技术投入	作物品种	实地调研	1 年
产出	单产、样方产量、市场价格、副产品产量、副产品价格、省级二级区内最高标准粮单产	实地调研、农调队数据	
利用方式	种植制度	实地调研	
农户土地利用意愿	最优管理利用条件下的产投比	实地调研	
耕地数量变化	开发、整理、复垦、非农占用、灾毁、调整、退出	遥感、土地利用调查	

第四节　监测方法与手段

一、资料收集

（一）资料清单

资料收集清单见表 5-6。

表 5-6　资料收集清单

资料来源	资料类型	资料介质
国土局	农用地征地标准、调查样本及分布情况说明	纸质文本
	土地定级估价专题报告	纸质文本
	土地定级估价技术分析报告	纸质文本
	土地定级估价工作报告	纸质文本
	农用地定级估价工作成果	纸质文本
	土地开发补充耕地审核登记表	纸质表格
	关于土地开发整理补充耕地项目验收确认的函	纸质文本
	土地开发补充耕地申报验收项目情况表	纸质表格
	基准地价评估	电子光盘
	土地开发整理项目图层	电子光盘
	二调数据	电子光盘
	土地开发补充耕地各批次项目竣工图	电子光盘
	土地开发整理项目	电子光盘
	土地整理项目规划图	电子光盘
农业局	测土配方施肥补贴项目耕地地力评价成果报告	纸质文本
	各镇早稻、晚稻、冬番薯、花生产量统计表	纸质表格
林业局	林业统计半年报	纸质文本
	林地分布现状图	纸质图件
	各类土地面积统计表	纸质表格
水利局	水土流失现状图	纸质文本
	水利规划基本情况简要说明	纸质文本
	三防工作总结	纸质文本
	水利志	纸质文本
气象局	近年气温状况	纸质文本
	气象灾害表	纸质表格

资料来源	资料类型	资料介质
交通局	公路线路名称及里程	纸质文本
	公路局管养线路图	纸质图件
	公路线路基本情况明细表	纸质表格
	交通公路网规划图	纸质图件
工商局	市场基本情况调查表	纸质表格
统计局	统计年鉴	纸质文本
	农林牧渔生产中消耗及生产性固定资产折旧对比分析表	纸质表格
物价局	种植业成本收益表、费用和用工表、化肥投入明细表	纸质表格
民政局、社保中心	城镇居民缴纳保险费率情况表	纸质表格
	关于调整城乡最低生活保障标准和补助水平的批复	纸质文本
农户调查	农户对耕地的利用方式的变化、耕地的投入情况、耕地的产出情况	纸质表格

（二）补充调查

1. 基本信息调查

基本信息调查包括地理位置，交通便利程度，农村人口、劳动力的数量及分布状况，与城镇村的相对位置状况等信息。主要调查方式有资料研究（研究区土地志、第二次土地利用现状调查成果、统计年鉴等）和实地走访（农村基层组织，如乡镇国土所、村委会和农民个人）。

2. 土壤条件补充调查

根据实际情况，结合规程推荐的农用地分等指标体系，确定各自调查或测定的土壤指标，通过野外剖面挖掘观察和室内样品化验两种办法，来确定所有影响耕地等级的土壤因素信息。

3. 地形条件补充调查

地形条件补充调查包括海拔高度、地貌类型、相对起伏、坡度、坡形、坡向。观测土地要素随海拔高度梯度变化规律性，观测地貌形态空间异质性，由整体到局部，由远及近，由面到点，由大到小。

4. 管理水平调查

1）土地投入水平调查

（1）种植投入。单位面积播种量、施肥量、用水量、用电量。

（2）维护费用。农业机械、农田道路、灌排设施的维护费用。

（3）生产环境。农资价格水平、劳动力投入水平、机械总动力、畜力地均占有量。

2）土地产出水平调查

该调查包括地均总产值、地均净产值、播面单产、单位农业用地总产值、单位耕地面积产量（产值）。

3）土地利用程度调查

该调查包括土地利用率、土地垦殖率、复种指数、粮食作物耕地面积、粮经比、农业用地率等。

二、监测数据获取方法和手段

（一）土壤剖面数据获取方法

1. 土壤剖面的挖掘

土壤剖面的规格，对一般的耕地土壤要求，宽 1m、长 1.5m，深 1.2m（如果采取整段标本时，要求土坑大一些）。对盐渍土要求挖到地下水层。挖掘土壤剖面时，应注意以下几点：观察面应向阳，以便观察；底土和表土层应分开堆放，以便填坑时恢复原状；观察面上方不应堆土或任意走动踩踏，以免破坏表层结构，影响剖面形态的描述及取样；剖面挖好后要进行修正，一边修成光面，以便观察颜色、新生体等，一边修成粗糙毛面，以便观察结构。

2. 剖面照片和景观照片

1）剖面照片拍摄要求

（1）剖面整体上一定要修理平整，用平头铲修平。

（2）标尺统一放置在剖面左边，一定要放垂直。

（3）上端露出部分空间，使剖面不至于顶格整个画面，可以放置田间号。

（4）底部要到基岩或者至少 1.2m。

（5）剖面挑出部分毛面，但只占剖面整体宽度的 1/3 左右，要避免明显刀痕。

（6）照相时镜头要基本垂直于剖面中心，避免各部分比例失真。

2）景观照片拍摄要求

（1）照片均应包括一定范围，而不是局部。

（2）能够显示出样地所处的地形条件或地貌特征。

（3）能够显示出样地及其周边的土地利用情况及作物长势情况。

3. 土壤样本采集

剖面土样采集注意事项如下。

（1）土样宜采自新挖的剖面，尽量不采道路或沟渠切面等自然剖面。

（2）为防止上层土壤物质下落而污染下部土壤，需自下而上采集土样。

（3）土样用布袋或密封塑料袋盛装，每层的采样量为 1～1.5kg。

（4）在一个土层内，尽可能与上、下土层保持适当的距离（建议≥2cm），在整个土层内均匀采集。

（5）表层土样的采集深度应≤20cm。

（6）采集微量元素、金属污染物或有机污染物的样品，要注意采样工具的选择，防止样品受到污染。

（7）每个样品的布袋或塑料袋内外都应设置标签，用铅笔或防水记号笔写上剖面号、土壤类型、采样土层和采样深度、日期、地点和采样者姓名等内容。

（8）为了研究剖面性质的面上变异，有必要辅以钻孔调查和取样，在保持与剖面点一定距离的一致性区域采集 10 个随机土样，混匀后采用四分法形成 1 千克的土样。

4. 化验分析

室内分析项目有如下三类。

（1）采用土壤养分、水分综合速测仪测定土壤养分、水分、盐分、有机质、pH 等。

（2）容重：环刀法。

（3）颗粒组成：激光粒度仪。

（二）基于移动终端的监测数据获取手段

常规的监测点采样过程中，采样人员多是使用传统的纸笔记录采样的工作信息和监测点的环境信息，使用不同的信息采集设备来检测监测点的现场信息。这种传统的人工记录方式往往会带来很多问题，如纸质记录容易在采样过程中受到现场环境的污染和工作人员的损坏，纸质记录也有在移送过程中丢失的可能；人工记录工作量大、效率低下，纸质记录的填写、提取、整理和保存耗时耗力；数据上传不及时，移送速度较慢，而且更易出现耕地样品与工作记录错位的情况。在智能设备，特别是智能手机蓬勃发展的今天，使用移动终端实时在线记录替代传统的纸笔记录将会成为耕地质量监测手段发展的一个重要方向。

移动终端也称为移动通信终端，是指可以在移动中使用的计算机设备，广义地包括手机、笔记本电脑、平板电脑、POS 机，甚至包括车载电脑。但大部分情况下是指具有多种应用功能的智能手机及平板电脑。随着网络技术的发展，现代的移动终端已经拥有极为强大的处理能力，是一个完整的超小型计算机系统，可以完成复杂的处理任务。

从智能终端的功能结构来看，主要包含监测点信息查询、采样工作记录、数据远程传输、便携式传感器通信这四大功能。

（1）监测点信息查询。智能终端通过连接远程数据库，提取地图数据库中智能设备所在区域的地图数据，查询信息数据库中智能终端所在点周边相关的业务数据和地理数据，确定智能终端所在点与目标监测点的相对位置，辅助采样人员到达预定监测点。

（2）采样工作记录。智能终端为采样人员提供模板化的采样记录页面。采样人员只需进行少量操作就可以完成采样信息的录入。智能终端可以通过调用自身的 GPS、摄像、运动传感器等模块，以及连接全站仪、智能气象站、便携式多参数传感器等设备，自动快速记录监测点的 GPS 坐标、周边环境图像、大气参数等多种信息。记录的信息将实时与远程服务器进行同步，实现采样工作的在线记录。

（3）数据远程传输。智能终端能与远程服务器实现 4G 移动通信或 WiFi 网络通信连接，并且能够进行多类型复杂数据的高速传输。智能终端需要从远程服务器内提取地图数据和信息数据，并且将工作记录数据、GPS 数据、图像数据、传感器数据等所有采集到的监测点数据实时上传至远程服务器。

（4）便携式传感器通信。智能终端能通过蓝牙通信、串口通信等方式与带有 RTK 的 GPS 接收机、智能气象站、便携式传感器等多种设备进行通信并提取这些设备采集到的信息。智能终端通过与这些设备进行连接通信直接提取采样数据，工作人员不需要读取这些设备的读数然后手动输入智能终端中。

（三）基于无人机的监测数据获取手段

无人机低空遥感作为一个新兴的遥感技术发展方向，不仅在无人机硬件及飞行控制技术、航线规划技术、图像拼接和分析技术方面有较多的基础研究，而且在国土资源领域已经有一定的应用研究。因此无人机遥感也是耕地质量监测的新型监测手段之一。

无人机遥感是一个综合的、系统的技术领域，它涉及航空、微电子、自动化控制、计算机通信、导航定位等多个领域。无人机低空遥感系统以无人机为飞行平台，搭载高档民用相机，基于地面控制系统实施航迹规划和监控，借助飞行控制系统实现高分辨率遥感影像的自动拍摄，从而快速获取目标区域基础地理信息数据。无人机遥感利用航摄照相机对地面按规定的航高和设计方向呈直线摄取像片，结合地面控制点测量和像片调绘，通过航空摄影测量方法进行影像匹配和影像处理、分析等手段生成数字正射影像图和数字高程模型，同时，可加工生成数字线划图。

无人机遥感正逐渐成为原有的卫星遥感的补充。与卫星遥感相比，无人机遥感对环境的适应性更强，受天气影响更小，可以在云下进行飞行拍摄；不受访问周期限制，可以获取监测区域内高时间分辨率的遥感数据；空间分辨率高，在 400 米低空拍摄时分辨率可以达到厘米级；拍摄成本低，最低几万元即可搭建一套无人机低空航拍平台。在国土资源的业务应用中，无人机遥感已经成为热门的应用研究方向之一。例如，在土地整治项目核查验收、土地整理施工监控、农村土地承包登记、农村土地确权、土地复垦、地籍调查、土地集约利用监测评价、土地利用快速详查等方面都有相关的应用研究。

无人机遥感由硬件平台和软件系统组成。其中硬件平台由飞行平台、图像传感器、地面飞行控制系统组成;而软件除了飞行控制所需的软件之外,就是遥感数据处理分析软件。

飞行平台分为三种类型,即固定翼无人机、多旋翼无人机和无人直升机。固定翼无人机载重量大,飞行距离远,巡航时间长;无人直升机可以垂直起降,滞空时间较长,并且可以悬停拍摄;多旋翼无人机体积相对较小,飞行稳定性较高,成本相对较低。

图像传感器主要分为可见光相机和多光谱传感器,主要的应用研究多为常规的可见光相机。现有的单反相机在图像质量、防抖动技术和分辨率方面都已较为成熟,因此可见光相机多是使用高分辨率的单反相机,在一些不需要高分辨率的研究中也可以使用运动相机。

地面飞行控制系统由通信收发器和主控制器组成,主要任务是与飞行平台进行通信,实时监控飞行平台的飞行状况和采集到的图像数据,并且向飞行平台发出控制命令。

遥感数据分析软件需要对飞行平台采集到的数据进行分析。图像分析包括对图像进行拼接、几何校正并融合,以及生成正射影像并对正射影像图进行矢量化处理。

(四)基于无线传感器的监测数据获取手段

常规的耕地质量监测需要工作人员到现场采样并带回实验室,如果需要采集监测点连续的变化数据,就需要派遣工作人员长期驻守在监测点进行采样分析。如果使用无线传感器网络就可以实现对监测点的自动信息采集。工作人员只需进行一次现场部署,就可远程监控无线传感器网络的运行情况并查询无线传感器网络传输的监测点数据。

无线传感器网络是一种新兴的重要技术,通常由大量具有特定功能的传感器节点组成全分布系统。因其部署简单、布置密集、低成本和无须现场维护等优点为环境科学研究的数据获取提供了方便,被广泛应用于气象、地理、自然和人为灾害监测,以及大面积的地表监测中。在农业方面,无线传感器网络技术已经成为设施农业、精细农业、智能农业的热门研究方向之一。

无线传感器网络主要由采集节点、路由节点、汇聚节点和数据接收程序组成。在无线传感器网络的三种节点中,采集节点连接一种或多种传感器,用于采集耕地质量相关的土壤、水体、大气等环境数据,并将数据发送进无线传感器网络中。汇聚节点负责接收来自整个无线传感器网络的数据,统一汇总后与远程服务器进行连接通信,将数据上传至远程服务器中。路由节点则是负责搭建采集节点与汇聚节点中间的通信桥梁,实现数据在无线传感器网络内的高效传输。

在部署无线传感器网络之前,工作人员需要根据监测区域地理信息数据和布点算法,确定无线传感器网络中各个节点的部署位置,不仅使采集节点的部署更加合理,而且也能通过调整优化路由节点的位置降低无线传感器网络整体能量消耗。完成部署后,无线传感器网络的节点会根据通信协议自动组网并进行高效低能耗通信,根据通信协议的路由规则,无线传感器网络能自动添加新加入的节点,更合理地分配每次数据传输的路径,并且有效避免出现能量黑洞。

三、监测数据库建设

(一) 基础数据处理

数据处理主要包括资料预处理、格式转换、投影转换、数据质量初检等流程。

1) 资料预处理

对于数字化资料、现有数据或数据库,按照耕地质量等级监测数据库建设需要对现有数据库的数据项进行选择,对数据项名称、类型、字长等定义进行调整,对数据记录格式进行转换等。属性数据要进行相应的预处理,主要包括数据项名称和度量单位的统一、统计单元与图件匹配、公共项设计等。面积单位采用平方米,保留两位小数,长度单位采用米,保留一位小数,现状地类码字段长度为三位,规划地类代码改成四位。

2) 格式转换

根据数据库建设的要求,最后提交的成果中矢量数据为 ArcGIS 格式。数据格式转换工作流程如图 5-3 所示。

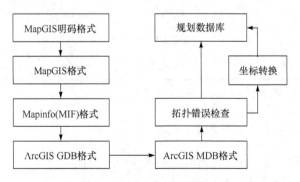

图 5-3　数据格式转换流程

3) 投影转换

对需要投影转换的图形数据做投影转换处理。

4）数据质量初检

对数据处理前后做拓扑、属性是否正确的检查。

（二）空间要素分层与属性表结构

空间要素分层与属性表结构见表 5-7。

表 5-7　空间要素分层与属性表结构

空间要素	层名称	层代码	层内容	要素特征	属性表名	约束条件
基础地理要素	行政区	A11	县、乡、村级行政区	Polygon	XZQH	M
	行政区界线	A12	各级行政界线	Line	XZQJX	M
	行政区注记	A13	行政区注记	Annotation	ZJFH	O
土地利用要素	地类图斑	B11	地类图斑	Polygon	DLTB	M
	线状地物	B12	线状地物	Line	XZDW	M
	零星地物	B13	零星地物	Point	LXDW	O
监测分区要素	耕地质量监测分区	B21	耕地质量监测分区图斑	Polygon	GDZLJCFQ	M
	耕地质量监测分区注记	B22	耕地质量监测分区注记	Annotation	ZJFH	O
耕地要素	原有耕地	C11	原有耕地	Polygon	YYGD	M
	新增耕地	C12	新增耕地	Polygon	XZGD	M
	减少耕地	C13	减少耕地	Polygon	JSGD	M
监测点要素	固定监测点	C21	固定监测点	Point	GDJCD	M
	动态监测点	C22	动态监测点	Point	DTJCD	M

注：约束条件取值：M（必选）、O（可选）、C（条件可选）。

（三）非空间要素分类与属性表结构

非空间要素分类与属性表结构见表 5-8～表 5-18。

（1）行政区属性结构（表 5-8）。

表 5-8　行政区属性结构（XZQ）

序号	字段名称	字段代码	字段类型	字段长度	小数位数	值域	约束条件	备注
1	标识码	BSM	Int	10	—	＞0	M	—
2	要素代码	YSDM	Char	10	—	—	M	—
3	行政区划代码	XZQHDM	Char	12	—	见 GB/T 2260	M	见本表注
4	行政区划名称	XZQHMC	Char	100	—	见 GB/T 2260	M	—
5	常住人口	CZRK	Int	10	—	＞0	O	单位：人
6	总面积	ZMJ	Float	15	2	＞0	M	单位：m²
7	镇区名称	ZMC	Char	100	—	—	M	—
8	镇区代码	ZDM	Char	9	—	—	M	—

注：行政区划代码在现有行政区划代码的基础上扩展到行政村级，即县级以上行政区划代码＋镇级代码＋村级代码，县级以上行政区划代码采用 GB/T 2260 中的 6 位数字码，镇级码为 3 位数字码，村级为 3 位数字码。以下行政区代码同。

（2）行政区界线属性结构（表 5-9）。

表 5-9　行政区界线属性结构（XZQJX）

序号	字段名称	字段代码	字段类型	字段长度	小数位数	值域	约束条件
1	标识码	BSM	Int	10	—	＞0	M
2	要素代码	YSDM	Char	10	—	—	O
3	界线类型	JXLX	Char	6	—	—	O
4	界线说明	JXSM	Char	100	—	非空	O

（3）地类图斑属性结构（表 5-10）。

表 5-10　地类图斑属性结构（DLTB）

序号	字段名称	字段代码	字段类型	字段长度	小数位数	值域	约束条件	备注
1	标识码	BSM	Int	10	—	＞0	M	—
2	要素代码	YSDM	Char	10	—	—	M	—
3	图斑号	TBH	Char	8	—	非空	M	—
4	行政区划代码	XZQHDM	Char	12	—	见 GB/T 2260	M	—
5	行政区划名称	XZQHMC	Char	100	—	见 GB/T 2260	M	—

续表

序号	字段名称	字段代码	字段类型	字段长度	小数位数	值域	约束条件	备注
6	地类编码	DLBM	Char	4	—	见 TD/T 1016—2007	M	—
7	地类名称	DLMC	Char	60	—	见 TD/T 1016—2007	M	—
8	图斑面积	TBMJ	Float	15	2	>0	M	单位:m²
9	扣除地类编码	KCDLBM	Char	4	—	见 TD/T 1016—2007	M	—
10	扣除地类面积	KCDLMJ	Float	15	2	≥0	M	单位:m²
11	线状地物面积	XZDWMJ	Float	15	2	≥0	M	单位:m²
12	零星地物面积	LXDWMJ	Float	15	2	—	0	单位:m²
13	图斑地类面积	TBDLMJ	Float	15	2	>0	M	单位:m²

(4) 线状地物属性结构(表 5-11)。

表 5-11　线状地物属性结构(XZDW)

序号	字段名称	字段代码	字段类型	字段长度	小数位数	值域	约束条件	备注
1	标识码	BSM	Int	10	—	>0	M	—
2	要素代码	YSDM	Char	10	—	—	M	—
3	地物编号	DWBH	Char	6	—	非空	M	—
4	地类编码	DLBM	Char	4	—	见 TD/T 1016—2007	M	—
5	长度	CD	Float	15	1	>0	O	单位:m
6	线状地物面积	XZDWMJ	Float	15	2	>0	O	单位:m²
7	线状地物名称	XZDWMC	Char	30	—	非空	O	—
8	扣除图斑编号1	KCTBBH1	Char	8	—	非空	O	—
9	扣除图斑编号2	KCTBBH2	Char	8	—	非空	O	—
10	扣除比例	KCBL	Float	5	1	{0.5,1}	O	—
11	行政区划代码1	XZQHDM1	Char	12	—	—	M	—
12	行政区划代码2	XZQHDM2	Char	12	—	—	M	—

（5）零星地物属性结构（表 5-12）。

表 5-12　零星地物属性结构（LXDW）

序号	字段名称	字段代码	字段类型	字段长度	小数位数	值域	约束条件	备注
1	标识码	BSM	Int	10	—	>0	M	—
2	要素代码	YSDM	Char	10	—	—	M	—
3	地物编号	DWBH	Char	6	—	非空	M	—
4	行政区划代码	XZQHDM	Char	12	—	见 GB/T 2260	M	—
5	行政区划名称	XZQHMC	Char	100	—	见 GB/T 2260	M	—
6	地类编码	DLBM	Char	4	—	见 TD/T 1016—2007	M	—
7	面积	MJ	Float	15	2	>0	M	单位：m²

（6）监测分区属性数据结构（表 5-13）。

表 5-13　耕地质量监测分区属性数据结构

序号	字段名称	字段代码	字段类型	字段长度	小数位数	值域	约束条件
1	行政区划名称	XZQHMC	Char	100	—	非空	M
2	监测区	JCQ	Char	20	—	非空	M

（7）原有耕地属性数据结构（表 5-14）。

表 5-14　原有耕地属性数据结构

序号	字段名称	字段代码	字段类型	字段长度	小数位数	值域	约束条件
1	地类代码	DLDM	字符串	4	—	非空	M
2	省份	SF	字符串	12	—	非空	M
3	市	S	字符串	32	—	非空	M
4	县	X	字符串	32	—	非空	M
5	乡镇	XZ	字符串	32	—	非空	M
6	行政村	XZC	字符串	32	—	非空	M
7	原有效土层厚度	YYXTCHD	字符串	20	—	非空	M
8	新有效土层厚度	XYXTCHD	字符串	20	—	非空	M
9	原表层土壤质地	YBTZD	字符串	20	—	非空	M
10	新表层土壤质地	XBTZD	字符串	20	—	非空	M
11	原剖面构型	YPMGX	字符串	20	—	非空	M
12	新剖面构型	XPMGX	字符串	20	—	非空	M

续表

序号	字段名称	字段代码	字段类型	字段长度	小数位数	值域	约束条件
13	原盐渍化程度	YYZHCD	字符串	20	—	非空	M
14	新盐渍化程度	XYZHCD	字符串	20	—	非空	M
15	原土壤有机质含量	YYJZHL	浮点型	20	2	非空	M
16	新土壤有机质含量	XYJZHL	浮点型	20	2	非空	M
17	原土壤酸碱度	YPHZ	浮点型	20	2	非空	M
18	新土壤酸碱度	XPHZ	浮点型	20	2	非空	M
19	原障碍层距地表深度	YZACSD	字符串	20	—	非空	M
20	新障碍层距地表深度	XZACSD	字符串	20	—	非空	M
21	原排水条件	YPSTJ	字符串	20	—	非空	M
22	新排水条件	XPSTJ	字符串	20	—	非空	M
23	原地形坡度	YDXPD	字符串	20	—	非空	M
24	新地形坡度	XDXPD	字符串	20	—	非空	M
25	原灌溉保证率	YGGBZL	字符串	20	—	非空	M
26	新灌溉保证率	XGGBZL	字符串	20	—	非空	M
27	原地表岩石露头度	YYSLTD	字符串	20	—	非空	M
28	新地表岩石露头度	XYSLTD	字符串	20	—	非空	M
29	原地下水埋深	YDXSW	字符串	20	—	非空	M
30	新地下水埋深	XDXSW	字符串	20	—	非空	M
31	原田面坡度	YTMPD	字符串	20	—	非空	M
32	新田面坡度	XTMPD	字符串	20	—	非空	M
33	原综合自然质量分	YZHZLF	浮点型	8	2	非空	M
34	新综合自然质量分	XZHZLF	浮点型	8	2	非空	M
35	原自然等指数	YZRDZS	长整型	8	—	非空	M
36	新自然等指数	XZRDZS	长整型	8	—	非空	M
37	原自然质量等别	YZRDB	短整型	4	—	非空	M
38	新自然质量等别	XZRDB	短整型	4	—	非空	M
39	原利用等指数	YLYDZS	长整型	8	—	非空	M
40	新利用等指数	XLYDZS	长整型	8	—	非空	M

续表

序号	字段名称	字段代码	字段类型	字段长度	小数位数	值域	约束条件
41	原利用等别	YLYD	短整型	4	—	非空	M
42	新利用等别	XLYD	短整型	4	—	非空	M
43	原等别指数	YDBZ	长整型	8	—	非空	M
44	新等别指数	XDBZ	长整型	8	—	非空	M
45	原等别	YDB	短整型	4	—	非空	M
46	新等别	XDB	短整型	4	—	非空	M
47	原国家自然等指数	YGJZRDZS	长整型	8	—	非空	M
48	新国家自然等指数	XGJZRDZS	长整型	8	—	非空	M
49	原国家自然质量等别	YGJZRDB	短整型	4	—	非空	M
50	新国家自然质量等别	XGJZRDB	短整型	4	—	非空	M
51	原国家利用等指数	YGJLYDZS	长整型	8	—	非空	M
52	新国家利用等指数	XGJLYDZS	长整型	8	—	非空	M
53	原国家利用等别	YGJLYDB	短整型	4	—	非空	M
54	新国家利用等别	XGJLYDB	短整型	4	—	非空	M
55	原国家等别指数	YGJDBZS	长整型	8	—	非空	M
56	新国家等别指数	XGJDBZS	长整型	8	—	非空	M
57	原国家等别	YGJDB	短整型	4	—	非空	M
58	新国家等别	XGJDB	短整型	4	—	非空	M
59	原可实现单产	YKSXDC	浮点型	16	2	非空	M
60	新可实现单产	XKSXDC	浮点型	16	2	非空	M
61	质量变化情况	ZLBHQK	字符串	12	—	非空	M
62	可实现单产变化情况	KSXDCBHQK	字符串	12	—	非空	M
63	可实现单产变化幅度	KSXDCBHFD	浮点型	16	2	非空	M
64	图斑地类面积	TBDLMJ	浮点型	16	2	非空	M
65	可实现产量变化	KSXCLBH	浮点型	16	2	非空	M

（8）新增耕地属性数据结构（表 5-15）。

表 5-15　新增耕地属性数据结构

序号	字段名称	字段代码	字段类型	字段长度	小数位数	值域	约束条件
1	单元编号	DYBH	字符串	16	—	非空	M
2	镇名称	ZMC	字符串	11	—	非空	M
3	镇代码	ZDM	字符串	20	—	非空	M
4	村名称	CMC	字符串	20	—	非空	M
5	村代码	CDM	字符串	20	—	非空	M
6	建设年份	JSNF	字符串	4	—	非空	M
7	建设批次	JSBC	字符串	12	—	非空	M
8	项目类型	XMLX	字符串	12	—	非空	M
9	项目位置	XMWZ	字符串	50	—	非空	M
10	项目名称	XMMC	字符串	50	—	非空	M
11	建设规模	JSGM	浮点型	16	2	非空	M
12	新增耕地面积	XZGDMJ	浮点型	16	2	非空	M
13	地类名称	DLMC	字符串	20	—	非空	O
14	地类代码	CLDM	字符串	4	—	非空	M
15	验收文号	YSWH	字符串	50	—	非空	M
16	用地类型	YDLX	字符串	12	—	非空	M
17	年亩产	NMC	短整型	4	—	非空	M
18	现状作物	XZZW	字符串	20	—	非空	M
19	亚类名称	YLMC	字符串	20	—	非空	M
20	土属名称	TSMC	字符串	20	—	非空	M
21	土种名称	TZMC	字符串	20	—	非空	M
22	指标区名称	ZBQMC	字符串	20	—	非空	M
23	地势分区	DSFQ	字符串	16	—	非空	M
24	地形坡度	DXPD	字符串	20	—	非空	M
25	田面坡度	TMPD	字符串	20	—	非空	M
26	地下水位	DXSW	字符串	20	—	非空	M
27	土层厚度	TCHD	字符串	20	—	非空	M
28	表层质地	BCZD	字符串	20	—	非空	M
29	剖面构型	PMGX	字符串	20	—	非空	M
30	有机质含量	YJZHL	浮点型	16	2	非空	M

续表

序号	字段名称	字段代码	字段类型	字段长度	小数位数	值域	约束条件
31	酸碱度	PHZ	浮点型	16	2	非空	M
32	灌溉保证率	GGBZL	字符串	20	—	非空	M
33	排水条件	PSTJ	字符串	20	—	非空	M
34	障碍层次	ZACSD	字符串	20	—	非空	M
35	自然等指数	ZRDZS	长整型	8	—	非空	M
36	利用系数	LYXS	浮点型	6	4	非空	M
37	经济系数	JJXS	浮点型	6	4	非空	M
38	利用等指数	LYDZS	长整型	8	—	非空	M
39	经济等指数	JJDZS	长整型	8	—	非空	M
40	自然质量等	ZRD	短整型	4	—	非空	M
41	利用等别	LYD	短整型	4	—	非空	M
42	经济等别	JJD	短整型	4	—	非空	M
43	GJ 自然等指数	GJZRDZS	长整型	8	—	非空	M
44	GJ 利用等指数	GJLYDZS	长整型	8	—	非空	M
45	GJ 经济等指数	GJJJDZS	长整型	8	—	非空	M
46	GJ 自然等指数	GJZRDZS	短整型	4	—	非空	M
47	GJ 利用等指数	GJLYDZS	短整型	4	—	非空	M
48	GJ 经济等指数	GJJJDZS	短整型	4	—	非空	M
49	可实现单产	KSXDC	浮点型	16	2	非空	M
50	可实现产量	KSXCL	浮点型	16	2	非空	M

（9）减少耕地属性数据结构（表 5-16）。

表 5-16　减少耕地属性数据结构

序号	字段名称	字段代码	字段类型	字段长度	小数位数	值域	约束条件
1	面积基准年	SF	字符串	8	—	非空	M
2	市	S	字符串	32	—	非空	M
3	县	X	字符串	32	—	非空	M
4	乡镇	XZ	字符串	32	—	非空	M
5	行政村	XZC	字符串	32	—	非空	M
6	县级单元编号	XJDYBH	字符串	16	—	非空	M

序号	字段名称	字段代码	字段类型	字段长度	小数位数	值域	约束条件
7	国家级标准耕作制度	GJGZZD	字符串	32	—	非空	M
8	熟制	SZ	字符串	8	—	非空	M
9	一级区名称	YJQMC	字符串	64	—	非空	M
10	二级区名称	EJQMC	字符串	64	—	非空	M
11	三级区名称	SJQMC	字符串	64	—	非空	M
12	地类代码	DLDM	字符串	4	—	非空	M
13	平差面积	ZRDMJ	浮点型	16	2	非空	M
14	分等单元所属土种	SSTZ	字符串	20	—	非空	M
15	有效土层厚度	YXTCHD	字符串	20	—	非空	M
16	表层土壤质地	BTZD	字符串	20	—	非空	M
17	剖面构型	PMGX	字符串	20	—	非空	M
18	盐渍化程度	YZHCD	字符串	20	—	非空	M
19	土壤有机质含量	YJZHL	浮点型	20	2	非空	M
20	土壤酸碱度	PHZ	浮点型	20	2	非空	M
21	障碍层距地表深度	ZACSD	字符串	20	—	非空	M
22	排水条件	PSTJ	字符串	20	—	非空	M
23	地形坡度	DXPD	字符串	20	—	非空	M
24	灌溉保证率	GGBZL	字符串	20	—	非空	M
25	地表岩石露头度	YSLTD	字符串	20	—	非空	M
26	地下水埋深	DXSW	字符串	20	—	非空	M
27	田面坡度	TMPD	字符串	20	—	非空	M
28	综合自然质量分	ZHZLF	浮点型	8	2	非空	M
29	自然等指数	ZRDZS	长整型	8	—	非空	M
30	自然质量等别	ZRDB	短整型	4	—	非空	M
31	土地利用系数	TDLYXS	浮点型	8	4	非空	M
32	利用等指数	LYDZS	长整型	8	—	非空	M
33	利用等别	LYD	短整型	4	—	非空	M
34	土地经济系数	TDJJXS	浮点型	8	4	非空	M
35	等别指数	DBZ	长整型	8	—	非空	M
36	等别	DB	短整型	4	—	非空	M

序号	字段名称	字段代码	字段类型	字段长度	小数位数	值域	约束条件
37	国家级自然等指数	GJZRDZS	长整型	8	—	非空	M
38	国家级自然质量等别	GJZRDB	短整型	4	—	非空	M
39	国家级利用等指数	GJLYDZS	长整型	8	—	非空	M
40	国家级利用等别	GJLYDB	短整型	4	—	非空	M
41	国家级等别指数	GJDBZS	长整型	8	—	非空	M
42	国家级等别	GJDB	短整型	4	—	非空	M
43	可实现单产	CSXDC	浮点型	16	2	非空	M
44	可实现产量	KSXCL	浮点型	16	2	非空	M
45	减少年份	JSNF	字符串	4	—	非空	M

（10）固定监测点属性数据结构（表 5-17）。

表 5-17　固定监测点属性数据结构

序号	字段名称	字段代码	字段类型	字段长度	小数位数	值域	约束条件
1	县单元编号	DYBH	字符串	16	—	非空	M
2	监测样点编号	JCYDBH	字符串	10	—	非空	M
3	所在县	SZX	字符串	20	—	非空	M
4	所在镇	SZZ	字符串	20	—	非空	M
5	所在村	SZC	字符串	20	—	非空	M
6	所在行政区代码	SZXZQDM	字符串	12	—	非空	M
7	X 坐标值	XZBZ	字符串	16	3	非空	M
8	Y 坐标值	YZBZ	字符串	16	3	非空	M
9	样点面积	YDMJ	浮点型	16	2	非空	M
10	监测年	JCN	短整型	4	—	非空	M
11	代表类型	DBLX	字符串	16	—	非空	M
12	代表面积	DBMJ	浮点型	16	2	非空	M
13	标准耕作制度	BZGZZD	字符串	50	—	非空	M
14	熟制	SZ	字符串	8	—	非空	M

续表

序号	字段名称	字段代码	字段类型	字段长度	小数位数	值域	约束条件
15	一级区名称	YJQMC	字符串	64	—	非空	M
16	二级区名称	EJQMC	字符串	64	—	非空	M
17	三级区名称	SJQMC	字符串	64	—	非空	O
18	地类编码	DLBM	字符串	4	—	非空	M
19	规划用途	GHYT	字符串	10	—	非空	M
20	年平均气温	NPJQW	浮点型	5	2	非空	M
21	积温	JW	长整型	4	—	非空	M
22	年均降水量	NPJJSL	长整型	4	—	非空	M
23	无霜期	WSQ	长整型	3	—	非空	M
24	土壤有机质含量	TRYJZHL	浮点型	5	2	非空	M
25	表层土壤质地	PCTRZD	字符串	6	—	非空	M
26	剖面构型	PMGX	字符串	20	—	非空	M
27	有效土层厚度	YXTCHD	长整型	3	—	非空	M
28	土壤污染状况	TRWRZK	字符串	10	—	非空	M
29	污染类型	WRLX	字符串	16	—	非空	M
30	污染程度	WRCD	字符串	16	—	非空	M
31	海拔高度	HBGD	字符串	4	—	非空	M
32	地形坡度	DXPD	浮点型	4	1	非空	M
33	潜水埋深	QSMS	长整型	3	—	非空	M
34	灌溉保证率	GGBZL	字符串	10	—	非空	M
35	灌溉水水质	GGSZ	字符串	2	—	非空	M
36	排水条件	PSTJ	字符串	20	—	非空	M
37	盐渍化程度	YZHCD	字符串	4	—	非空	M
38	土壤酸碱度	TRSJD	浮点型	4	1	非空	M
39	障碍层距地表深度	ZACJDBSD	浮点型	4	2	非空	M
40	地表岩石露头度	DBYSLTD	浮点型	5	1	非空	M
41	灌溉水源	GGSY	字符串	20	—	非空	M
42	田面坡度	TMPD	浮点型	4	—	非空	M
43	指定作物1名称	ZDZW1MC	字符串	8	—	非空	M

续表

序号	字段名称	字段代码	字段类型	字段长度	小数位数	值域	约束条件
44	指定作物1光温生产潜力指数	ZDZW1GW	长整型	6	—	非空	O
45	指定作物1气候生产潜力指数	ZDZW1QH	长整型	6	—	非空	O
46	指定作物1产量比系数	ZDZW1B	浮点型	8	4	非空	M
47	指定作物1产量	ZDZW1CL	长整型	6	—	非空	M
48	指定作物1BZL	ZW1BZL	长整型	6	—	非空	M
49	作物2名称	ZW2MC	字符串	10	—	非空	O
50	作物2潜力指数	ZW2ZS	长整型	4	—	非空	O
51	作物2产量比系数	ZW2B	浮点型	8	4	非空	O
52	作物2产量	ZW2CL	长整型	6	—	非空	O
53	作物2BZL	ZW2BZL	长整型	6	—	非空	O
54	作物3名称	ZW3MC	字符串	10	—	非空	O
55	作物3潜力指数	ZW3ZS	长整型	4	—	非空	O
56	作物3产量比系数	ZW3B	浮点型	8	4	非空	O
57	作物3产量	ZW3CL	长整型	6	—	非空	O
58	作物3BZL	ZW3BZL	长整型	6	—	非空	O
59	合计BZL	HJBZL	长整型	6	—	非空	M
60	指定作物1自然质量分	ZDZW1F	浮点型	4	2	非空	M
61	指定作物2自然质量分	ZDZW2F	浮点型	4	2	非空	O
62	指定作物3自然质量分	ZDZW3F	浮点型	4	2	非空	O
63	综合自然质量分	ZHZLF	浮点型	8	2	非空	M
64	自然等指数	ZRDZS	长整型	8	—	非空	M
65	自然质量等别	ZRD	短整型	3	—	非空	M
66	土地利用系数	TDLYXS	浮点型	6	4	非空	M
67	土地利用等指数	LYDZS	长整型	6	—	非空	M
68	利用等别	LYD	短整型	3	—	非空	M

续表

序号	字段名称	字段代码	字段类型	字段长度	小数位数	值域	约束条件
69	土地经济系数	TDJJXS	浮点型	6	4	非空	M
70	经济等指数	JJDZS	长整型	6	—	非空	M
71	经济等	JJD	短整型	3	—	非空	M
72	剖面照片编号	PMZP	字符串	14	—	非空	M
73	景观照片编号	JGZP	字符串	14	—	非空	M

（11）动态监测点属性数据结构（表 5-18）。

表 5-18　动态监测点属性数据结构

序号	字段名称	字段代码	字段类型	字段长度	小数位数	值域	约束条件
1	监测样点编号	JCYDBH	字符串	10	—	非空	M
2	耕地突变	GDTBLX	字符串	11	—	非空	M
3	所属项目名称	XMMC	字符串	20	—	非空	M
4	所在县	SZXIAN	字符串	20	—	非空	M
5	所在镇	SZXIANG	字符串	20	—	非空	M
6	坐在村	SZC	字符串	20	—	非空	M
7	X 坐标值	XZBZ	字符串	16	3	非空	M
8	Y 坐标值	YZBZ	字符串	16	3	非空	M
9	标准耕作制度	GJGZZD	字符串	50	—	非空	M
10	熟制	SZ	字符串	8	—	非空	M
11	一级区名称	YJQMC	字符串	64	—	非空	M
12	二级区名称	EJQMC	字符串	64	—	非空	M
13	三级区名称	SJQMC	字符串	64	—	非空	O
14	实施前地类编码	SSQDLDM	字符串	4	—	非空	M
15	实施前耕地面积	SSQGDMJ	浮点型	16	2	非空	M
16	实施前自然等	SSQZRD	短整型	4	—	非空	M
17	实施前利用等	SSQLYD	短整型	4	—	非空	M
18	实施前经济等	SSQJJD	短整型	4	—	非空	M
19	实施前标准量产量	SSQBZL	长整型	6	—	非空	M
20	实施前景观照片	SSQJG	字符串	14	—	非空	M

续表

序号	字段名称	字段代码	字段类型	字段长度	小数位数	值域	约束条件
21	验收年	YSN	短整型	4	—	非空	M
22	验收后地类编码	YSHDLDM	字符串	4	—	非空	M
23	验收后耕地面积	YSHGDMJ	浮点型	16	2	非空	M
24	验收后自然等	YSHZRD	短整型	4	—	非空	M
25	验收后利用等	YSHLYD	短整型	4	—	非空	M
26	验收后经济等	YSHJJD	短整型	4	—	非空	M
27	验收后标准量产量	YSHBZL	长整型	6	—	非空	M
28	验收后景观照片	YSHJG	字符串	14	—	非空	M

第五节　监测数据分析

一、监测数据计算

（一）年度监测点土地利用系数和土地经济系数测算

1. 计算土地利用系数

1）计算综合土地利用系数的一般方法

（1）依据标准耕作制度和产量比系数，计算样点的标准粮实际产量。

（2）根据指定作物的最高单产，依据标准耕作制度和产量比系数，计算最大标准粮单产。

（3）计算样点的综合土地利用系数。

2）土地整理项目区耕地土地利用系数的计算方法

耕地等指数测算方法见表 5-19。

2. 计算土地经济系数

（1）确定标准耕作制度和产量比系数，计算样点的标准粮实际产量 $Y = \sum(Y_j \times \beta_j)$ 和标准粮实际成本 $C = \sum C_j$，再计算出样点的综合产量-成本指数 $a = Y/C$。

（2）确定各省内分区的最大产量成本指数 A。

（3）计算样点的综合土地经济系数。见表 5.19。

（二）年度监测点等指数测算

耕地质量等指数由自然质量分、光温（气候）生产潜力指数和产量比组成。

1. 自然质量分的计算

采用几何平均法或加权平均法，计算各分等单元指定作物耕地自然质量分。

（1）几何平均法的计算公式见表 5-19。

（2）加权平均法的计算公式见表 5-19。

2. 计算分等单元自然质量等指数

（1）查作物光温（气候）生产潜力指数 a_{tj}。在耕地有灌溉条件时查找光温生产潜力指数，在无灌溉条件时查找气候生产潜力指数。

（2）确定产量比系数。

（3）计算分等单元自然质量等指数。

（4）第 j 种指定作物的自然质量等指数见表 5-19。

（5）耕地自然质量等指数见表 5-19。

表 5-19　耕地自然质量等指数测算方法

自然质量等指数		计算公式	备注
自然质量分的计算	几何平均法	$$C_{Lij} = \frac{\left(\prod_{k=1}^{m} f_{ijk}\right)^{\frac{1}{m}}}{100}$$	C_{Lij} 为监测单元指定作物的耕地自然质量分； i 为监测单元编号； j 为指定作物编号； k 为分等因素编号； m 为分等因素的数目； f_{ijk} 为第 i 个监测单元内第 j 种指定作物第 k 个分等因素的指标分值，取值为 $0\sim100$
	加权平均法	$$C_{Lij} = \frac{\sum_{k=1}^{m} W_k f_{ijk}}{100}$$	W_k 为第 k 个分等因素的权重
监测单元自然质量等指数计算	产量比系数	某区内指定作物产量比系数 $= \dfrac{\text{基准作物单产}}{\text{指定作物单产}}$	基准作物和指定作物的单产是指区内最大单产
	指定作物自然质量等指数	$R_{ij} = a_{tj} C_{Lij} \beta_j$	R_{ij} 为第 i 个监测单元第 j 种指定作物的自然质量等指数 a_{tj} 为第 j 种作物的光温（气候）生产潜力指数； C_{Lij} 为第 i 个监测单元内第 j 种指定作物的耕地自然质量分； β_j 为第 j 种作物的产量比系数
	耕地自然质量等指数	$R_i = \sum R_{ij}$（一年一熟、两熟、三熟时） $R_i = \dfrac{\sum R_{ij}}{2}$（两年三熟时）	R_i 为第 i 个监测单元的耕地自然质量等指数

续表

自然质量等指数		计算公式	备注
计算土地利用系数	计算综合土地利用系数	依据标准耕作制度和产量比系数,计算样点的标准粮实际产量:$Y=\sum Y_j\beta_j$	Y 为样点的标准粮实际产量; Y_j 为第 j 种指定作物的实际产量; β_j 为第 j 种指定作物的产量比系数
	土地经济系数	根据指定作物的最高单产,依据标准耕作制度和产量比系数,计算最大标准粮单产:$Y_{max}=\sum Y_{j,max}\beta_j$	Y_{max} 为最大标准粮单产; $Y_{j,max}$ 为第 j 种指定作物的最大单产; β_j 为第 j 种指定作物的产量比系数
		计算样点的综合土地利用系数:$K_L=\dfrac{Y}{Y_{max}}$	K_L 为样点的综合土地利用系数; Y 为样点的标准粮实际产量; Y_{max} 为最大标准粮单产
		样点的综合土地经济系数:$K_C=\dfrac{a}{A}$	K_C 为样点综合土地经济系数; a 为样点综合产量-成本指数; A 为各省内分区的综合最大产量-成本指数
计算利用等指数和经济等指数	监测样点土地利用等指数	$Y_i=R_iK_L$	Y_i 为第 i 个监测单元的耕地利用等指数; R_i 为第 i 个监测单元的耕地自然质量等指数; K_L 为监测单元所在等值区的综合土地利用系数
	经济等指数	$G_i=Y_iK_C$	G_i 为第 i 个监测单元的耕地经济等指数; Y_i 为第 i 个监测单元的耕地利用等指数; K_C 为监测单元所在等值区的综合土地经济系数

（三）年度监测点耕地质量等级划分

省级等别按表 5-20 进行划分。

表 5-20　省级等别划分

自然等别	自然等指数范围	利用等别	利用等指数范围	经济等别	经济等指数范围
1	5600~6000	1	2800~3000	1	2800~3000
2	5200~5600	2	2600~2800	2	2600~2800
3	4800~5200	3	2400~2600	3	2400~2600
4	4400~4800	4	2200~2400	4	2200~2400
5	4000~4400	5	2000~2200	5	2000~2200
6	3600~4000	6	1800~2000	6	1800~2000
7	3200~3600	7	1600~1800	7	1600~1800
8	2800~3200	8	1400~1600	8	1400~1600
9	2400~2800	9	1200~1400	9	1200~1400
10	2000~2400	10	1000~1200	10	1000~1200
11	1600~2000	11	800~1000	11	800~1000
12	1200~1600	12	600~800	12	600~800
13	800~1200	13	400~600	13	400~600
14	400~800	14	200~400	14	200~400
15	0~400	15	0~200	15	0~200

国家等别划分见表 5-21。

表 5-21　国家等别划分

省份	等别转换方法
广东省	国家级自然等指数＝广东省省级自然等指数×0.7268＋1236.84 国家级利用等指数＝广东省省级利用等指数×0.4438＋882.58 国家级经济等指数＝广东省省级经济等指数×0.4796＋1146.72

二、监测结果分析

(一) 突变耕地分析

　　新增耕地主要是利用缓坡园地、山坡地开垦而成的旱坡耕地,对新增耕地等别与原有耕地等别进行比较,采用与新增耕地地形条件类似的原有旱坡耕地比较合适。根据农用地分等成果,通过比较可以看出,新增耕地三个等别均高于原有旱坡耕地的等别。通过对两者评价因素、利用状况和投入产出进行比较分析可知,新增耕地是通过园地山坡地整理开发而成,地块经过较好的平整,坡度较平缓,配备了较为齐全的排灌设施,从自然条件来看,新增耕地的地形、田面坡度、灌溉和排水条件总体上均好于原有旱坡耕地,唯一不足的是新增耕地是新开垦耕地,土壤熟化程度低,土壤有机质含量相对较低。新增耕地土地平整,田间道路、排灌设施完备,面积较大且连片,耕作便利,交通方便,利于规模化经营,这充分吸引了当地农民对新开发耕地投入经营的积极性,耕地利用程度高,投入管理水平较高,作物类型主要为经济类作物,作物产量和经济效益均较高,因此新增耕地的利用等和经济等比原有旱坡耕地高。

(二)渐变耕地分析

根据监测点的数据,前后对比渐变耕地监测点的耕地质量等指数。从对比分析的结果来看,平均等指数稍微有下降,自然等指数降低最多,其次是利用等指数,经济等指数降低程度一般,降低幅度均远远没有达到一个等别的区间幅度。

根据监测点单产的变化幅度,以及代表图斑的面积,计算产能变化的幅度,将产能变化幅度按镇汇总统计结果。

第六节　成果管理与应用

一、监测成果及管理

(一)文字成果

《工作报告》主要内容包括:前言、区域概况、基础资料搜集、耕地质量等级监测工作目的与任务、工作组织与进度、资料搜集与整理、耕地质量等级监测结果与分析、监测结果评价、提出区域的耕地质量等级监测建议等。

《技术报告》主要内容包括:前言、农用地分等结果概述、耕地质量等级监测目的与意义、基础资料搜集、监测指标体系建立、监测样点布设、外业调查与数据获取、耕地质量等级监测结果与分析、监测结果评价,分析耕地质量等级变化过程、规律、驱动因素,提出区域的耕地质量等级监测建议等。

(二)图件成果

1. 内容要求

(1)样点布设相关图件,主要包括耕地质量等级监测分区及样点分布图。

(2)耕地变化监测评价图,主要包括自然等别变化图、利用等别变化图、经济等别变化图、耕地质量空间布局变化图、耕地产能变化图等。

2. 图件比例尺要求

图件比例尺原则上不小于最新的土地利用现状图,可根据管理工作需要确定更大比例尺(或者同原分等比例尺相同)。

3. 上图要素与图面整饰

上图要素包括县级、乡级、村级行政界线,分区界线,样点位置。

整饰要素包括图名、图廓、指北针、图例、比例尺、附图、图表及其他说明文字。专题图图面配置应在确保信息完整性基础上具有均衡感和美感。

图名应简练、明确并具有概括性,内容应包括制图区域和专题图主题,如××县耕地质量等级野外监测分区及样点分布图;图名可以在内图廓外正中,横排。根据主区形状,图名位置也可以在图廓内主区外正上方横排,或者主区外右上角或左上角位置横排或竖排,但不应遮盖图面内的制图内容。

图廓应涵盖专题图所在辖区。图廓分为内图廓和外图廓。内图廓是地图的实际范围线,绘为细直线;外图廓为装饰范围线。内、外图廓之间可以绘制中图廓,中图廓一般在外图廓内1毫米左右。内图廓与外图廓之间,或者内图廓与中图廓之间应标注坐标网格注记。

指北针的标绘应符合国家有关规定。指北针的位置应位于图幅图区上方左侧或上方右侧。指北针不应遮盖图面内的制图内容。

各专题图均应标绘图例,图例的设计应具有明确性、完备性和一致性。

比例尺标绘位置应在指北针下方或图例下方,可采用数字式、文字式或图解式比例尺。为避免图纸复制过程中图纸缩放对地图判读产生影响,必须绘制图解式比例尺。农用地定级专题图缩小或放大后,标注的比例尺应做相应调整。

附图是起说明与补充作用的插图。根据地图主区的布局和需要说明与补充的内容,可以插入位置图、重点区域说明图、行政区划略图、嵌入图或其他辅助要素专题图。附图的比例尺可根据附图涵盖区域范围和附图大小而确定。附图的位置应在内图廓以内,专题辖区边界以外,并保持整个地图布局的平衡感。

图表是对主图的补充说明。图表可以是量图工具,如坡度尺、坐标尺、图解化比例尺等,也可以反映制图区域内专题内容的统计图表,如各监测样点代表监测区域的面积等。

其他说明文字应包括成图日期、坐标系、高程系、编绘和出版单位正式名称,以及其他需要说明的信息。成图日期是指专题图完成的日期。复制的专题图,应注明原图完成的日期。修改的专题图,成为新的成果图的,应注明修改完成的日期。

(三)数据库成果

数据库内容包括直接与空间数据挂钩的图形和属性数据。在表 5-22～表 5-27中,C 表示字符型字段,N 表示数值型字段,冒号后面的数字表示字段长度和小数点后的保留位数。例如,C:6 表示长度为 6 的字符型字段,N:10/2 表示长度为 10 的数值型字段,其中小数点后保留两位。

表 5-22 耕地质量等级监测分区图属性

监测分区名称	面积/公顷	自然质量	利用水平	收益水平	耕地利用方式变化特征
C:20	N:15/2				

表 5-23 耕地质量等级监测样点分布图属性

样点编号	样点所在的监测分区	地类代码	X Y	乡(镇)名	村名	原分等因素的属性及分值			监测指标的属性及分值		
						分等因素1属性	分等因素1分值	……	监测指标1属性	监测指标1分值	……
C:14	C:20	C:3		C:20	C:20						

表 5-24 自然等别变化图属性

样点编号	地类代码	样点代表的面积/公顷	原分等自然等指数	原分等自然等别	监测指标测算的自然等指数	监测指标测算的自然等别
C:14	C:3	N:15/2	N:5/0	N:2/0	N:5/0	N:2/0

表 5-25 利用等别变化图属性

样点编号	地类代码	样点代表的面积/公顷	原分等利用等指数	原分等利用等别	监测指标测算的利用等指数	监测指标测算的利用等别
C:14	C:3	N:15/2	N:5/0	N:2/0	N:5/0	N:2/0

表 5-26 经济等别变化图属性

样点编号	地类代码	样点代表的面积/公顷	原分等经济等指数	原分等经济等别	监测指标测算的经济等指数	监测指标测算的经济等别
C:14	C:3	N:15/2	N:5/0	N:2/0	N:5/0	N:2/0

表 5-27 耕地产能变化图属性

样点编号	地类代码	样点代表的面积/公顷	原分等测算的理论产能	原分等测算的可实现产能	原分等测算的实际产能	监测指标测算的理论产能	监测指标测算的可实现产能	监测指标测算的实际产能
C:14	C:3	N:15/2	N:20/0	N:20/0	N:20/0	N:20/0	N:20/0	N:20/0

（四）数据表格成果

数据表格采用 Excel 格式。表格中涉及样点编号的，应该与电子地图属性表中的样点编号一致。样点编号统一采用以下规则编号：省级行政代码（2 位）＋地级市行政代码（2 位）＋县级行政代码（2 位）＋样点流水编号（3 位）。行政代码按当年最新《中华人民共和国行政区划代码》执行，同时提供当地县级以下行政代码库。编号不足 2 位（或 3 位）的前面补 0。

数据表格成果包括如下内容。

（1）××县农用地分等基本参数表。

（2）××县分等因素-自然质量分记分规则表。

（3）××县耕地质量等级野外监测分区统计表。

（4）××县耕地质量等级监测指标及权重表。

（5）××县耕地质量等级监测样点属性综合表。

（6）××县占、毁、调、退的耕地等别情况统计表。

（7）××县补充耕地因素指标记录与评分表。

（8）××县补充耕地分等因素调查表。

（五）图片成果

耕地质量等级监测样点需拍摄景观照片和剖面照片。图片命名规则为：样点编号＋剖面＋序列号（1 位）. BMP、样点编号＋景观＋序列号（1 位）. BMP。监测样点图片可以单独装订成册，也可以作为文字报告的附录。所有图片必须提供BMP 格式电子文件。

（六）监测样品采集和保存

监测样品的采集要求具体如下。

（1）采样点数量。要保证足够的采样点，使之能代表样点的土壤特性。应考虑地形基本一致，近期施肥耕作措施、植物生长表现基本相同，一般 5～20 个点为宜，其分布应尽量照顾到土壤的全面情况，不可太集中，应避开路边、地角和堆积过肥料的地方。

（2）采样部位和深度。根据耕层厚度，确定采样深度，一般取样深度为 0～20厘米。

（3）采样季节和时间。统一在秋收后冬播施肥前采集。

（4）采样方法。在确定的采样点上，先用小土铲去掉表层 3mm 左右的土壤，然后倾斜向下切取一片片的土壤，每个采样点的取土深度及采样量应均匀一致，土样上层与下层的比例要相同。采样器应垂直于地面入土，深度相同。采样使用不锈钢、木、竹或塑料器具。样品处理、储存等过程不要接触金属器具和橡胶制品，以防污染。将各采样点土样集中在一起混合均匀，每个样品一般取 1kg 左右。

（5）样品编号和档案记录。做好采样记录，包括土样编号、采样地点及经纬度、土壤名称、采样深度、前茬作物及产量、采样日期、采样人等。

监测样品的保存要求为：野外取回的土样，除测定需用新鲜土样外，一般分析项目都用风干土样。方法是将从野外采回的土样倒在塑料薄膜或瓷盘上风干。除去残根等杂物，将土块压碎铺成薄层，经常翻动，在阴凉处使其慢慢风干，切忌阳光直接暴晒，以及酸、碱、蒸气及尘埃等污染。根据分析项目不同对土样颗粒细度的不同要求，将风干土样磨碎或过筛，然后保存于洁净的玻璃或聚乙烯容器中。

二、成果应用

(一)土地利用总体规划修编

在基本农田布局安排时，应以耕地质量等级调查与评定成果为基础，将高等别、集中连片的耕地优先划为基本农田，低等别耕地逐步调出基本农田，并确保调整后的基本农田等别有所提高。在建设用地布局安排时，对于建设项目选址确需占用耕地的，尽量占用等级较低的耕地，以减少高等级耕地的流失。应形成占用不同等级耕地的备选方案，如果必须占用高等级耕地的，需经论证。

(二)基本农田保护和建设

(1)基本农田集中区划定。应用耕地质量等级监测成果，将基本农田分布集中度相对较高、高等别基本农田所占比例相对较大的区域，划定为基本农田集中区，实施重点保护与建设。

(2)基本农田整备区划定。依据耕地质量等级监测成果，将整理潜力较大的区域优先划定为基本农田整备区，通过加大资金投入，引导零星基本农田集中布局，形成集中连片、高标准粮棉油生产基地。

(3)基本农田划定与落实。耕地质量等级可作为基本农田划定的重要依据，划定的基本农田实行永久保护。根据基本农田等别信息，确定基本农田地块的质量等级结果，落实基本农田保护责任，建立基本农田保护数据库。

(4)耕地保护补偿机制建立。为充分调动农民保护耕地尤其是基本农田的积极性与主动性，探索建立耕地保护基金，落实对农户保护耕地的直接补贴，补贴标准应按照耕地质量等别来确定。

(三)耕地保护责任目标考核

《省级政府耕地保护责任目标考核办法》在考核耕地保有量的基础上，增加了基本农田保护面积、补充耕地的面积与质量两个考核标准，并要求将分等数据作为考核补充耕地质量的重要参考依据。目前，耕地保护责任目标考核分农业和国土两个部门对耕地质量保护与建设情况进行考核，耕地质量等级监测成果是国土部门耕地质量考核的标准。在实际考核工作中，应进一步强化对补充耕地质量的考核,制定考核责任人关于等级提高或下降的奖惩措施,最终保障补充耕地产能不断提高。

（四）土地综合整治

（1）土地整治规划编制。土地整治规划应在以增加有效耕地面积为主要目标的基础上,更注重耕地产能的提高。利用耕地质量等级监测成果,结合资源潜力状况,可以合理确定土地整治的重点区域、土地整治提升等级,明确各区域土地整治方向。

（2）土地整治项目管理。项目管理应朝着按等设计、按等实施、按等考核的方向努力。利用耕地质量等级监测成果,对土地整治重点区域实施前后耕地的质量等级、产能状况进行调查与评价,确保土地整治实施的效果。

（3）土地整治权属调整。权属调整应以土地质量等级为主要依据,通过建立统一标准,实现土地权属的公平调整,从而更好地发挥土地整治的效益。

（4）土地整治项目监管。利用耕地质量等级监测成果,实时了解土地整治项目实施前后耕地等级及产能变化情况,有利于对补充耕地项目验收后的质量情况进行实时监管。

第七节　实例（以化州市为例）

一、依据原则

依据原则如下。

（1）《土地利用现况分类》（GB/T 21010—2007）。

（2）《农用地质量分等规程》（GB/T 28407—2012）。

（3）《中华人民共和国土地管理法》。

（4）《中国耕地质量等级调查与评定》。

（5）《中华人民共和国行政区划代码》（GB/T 2260—2007）。

（6）《广东省农用地分等定级与估价工作方案》。

（7）《广东省农用地分等定级与估价技术方案》。

（8）《广东省耕地质量等级成果补充完善试点技术方案》。

（9）《国土资源部办公厅关于部署开展 2011 年全国耕地质量等级成果补充完善与年度变更试点工作的通知》。

二、资料收集

收集整理示范基地耕地等级监测基础数据,包括农用地分等、土地利用现状、土地质量地球化学评估、产能核算、标准样地、基本农田划定等基础数据。

三、技术路线

耕地质量等级变化的技术路线如图 5-4 所示。

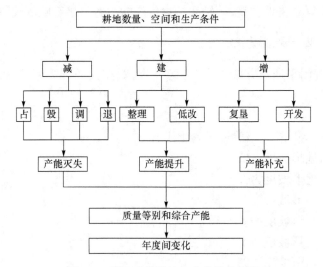

图 5-4　耕地质量等级变化的技术路线

四、过程步骤

(一) 监测区划定

在尽量保证行政界线完整的前提下,将县域内质量等别、利用水平、经济水平相对一致的耕地划分为同一耕地质量监测区。特殊条件下耕地质量监测区可进行归并。

(二) 监测点布设

在耕地质量监测区,选择具有代表性的样点,作为耕地质量动态监测点。每个耕地质量监测区应设置 1～3 个监测点。

(三) 监测点外业调查

采用外业剖面调查与农户调研相结合的方式,进行土壤剖面的挖掘,拍摄剖面照片和景观照片,进行土壤样本的采集与化验分析;调查农户对耕地利用方式的变化,以及对耕地的投入、产出等情况。

（四）监测点相关指标理化分析

继承农用地分等工作原则，重点参考因素法分等中指标的选取。同时按照区域性和主导性相结合的原则。选择能体现地域差异和地域特点的主要指标，如有机质含量、pH 等对耕地质量、等别和粮食生产能力有直接影响的关键指标。

（五）指标因素分值量化

根据《分等因素属性分级说明》里的要求，对相关的因素量化为对应的分值。量化规则如下。

1. 地形

在地形图上量取，分级界限下含上不含。

（1）1 级，地形坡度<2°。

（2）2 级，地形坡度为 2°～5°。

（3）3 级，地形坡度为 5°～8°。

（4）4 级，地形坡度为 8°～15°。

（5）5 级，地形坡度为 15°～25°。

（6）6 级，地形坡度≥25°。

2. 田面坡度

水田、水浇地、望天田、菜地均作为平地处理，只对旱地进行田面坡度分级。

（1）1 级，田面坡度<2°。

（2）2 级，田面坡度为 2°～5°。

（3）3 级，田面坡度为 5°～8°。

（4）4 级，田面坡度为 8°～15°。

（5）5 级，田面坡度≥15°。

3. 地下水位

（1）1 级，地下水位距地表距离≥60cm。

（2）2 级，地下水位距地表距离为 30～60cm。

（3）3 级，地下水位距地表距离<30cm。

4. 有效土层厚度

有效土层厚度是指土壤层和松散的母质层之和，共分为 5 个等级。有效土层厚度分级界限下含上不含。

（1）1 级，有效土层厚度≥150cm。

（2）2 级，有效土层厚度为 100～150cm。

（3）3 级，有效土层厚度为 60～100cm。

（4）4 级，有效土层厚度为 30～60cm。

（5）5 级，有效土层厚度＜30cm。

5. 表层土壤质地

采用苏联的卡庆斯基制。

（1）1 级，轻壤、中壤、重壤。

（2）2 级，沙壤土。

（3）3 级，黏土。

（4）4 级，砂土（包括松砂土和紧砂土）。

（5）5 级，砾质土，按体积计直径 1～3mm 的砾石等粗碎屑含量大于 10％。

6. 质地剖面构型

剖面构型是指土壤剖面中不同质地的土层的排列次序。

（1）均质质地剖面构型，即从土表到 100cm 深度土壤质地基本均一，或其他质地土层的连续厚度＜15cm，或这些土层的累加厚度＜40cm；分为通体壤、通体沙、通体黏、通体砾 4 种类型。

（2）夹层质地剖面构型，即在土表 20～70cm 深度内，夹有厚度 15～30cm 的与上下层土壤质地明显不同的质地土层，续分为砂/黏/砂、黏/砂/黏、壤/黏/壤、壤/砂/壤 4 种类型。

（3）体（垫）层质地剖面构型，即从土表 20cm 以下出现厚度＞40cm 的不同质地的土层，续分为砂/黏/黏、黏/砂/砂、壤/黏/黏、壤/砂/砂 4 种类型。

7. 土壤有机质

土壤有机质含量分为 6 个级别，分级界限下含上不含。

（1）1 级，土壤有机质含量≥4.0％。

（2）2 级，土壤有机质含量为 4.0％～3.0％。

（3）3 级，土壤有机质含量为 3.0％～2.0％。

（4）4 级，土壤有机质含量为 2.0％～1.0％。

（5）5 级，土壤有机质含量为 1.0％～0.6％。

（6）6 级，土壤有机质含量＜0.6％。

8. pH

土壤 pH 按照其对作物生长的影响程度分为 5 个等级，分级界限下含上不含。

（1）1 级，土壤 pH 为 6.0～7.9。

（2）2 级，土壤 pH 为 5.5～6.0,7.9～8.5。

（3）3 级，土壤 pH 为 5.0～5.5。

（4）4 级，土壤 pH 为 4.5～5.0。

（5）5 级，土壤 pH＜4.5。

9. 灌溉保证率

灌溉保证率分为 4 个级别。

（1）1级，充分满足，包括水田、菜地和可随时灌溉的水浇地。

（2）2级，基本满足，有良好的灌溉系统，在关键需水生长季节有灌溉保证的水浇地。

（3）3级，一般满足，有灌溉系统，但在大旱年不能保证灌溉的水浇地。

（4）4级，无灌溉条件，包括旱地与望天田。

10. 排水条件

排水条件是指受地形和排水体系共同影响的雨后地表积水情况，分为4个级别，分级界限下含上不含。

（1）1级，有健全的干、支、斗、农排水沟道（包括抽排），无洪涝灾害。

（2）2级，排水体系（包括抽排）基本健全，丰水年暴雨后有短期洪涝发生（田面积水1～2天）。

（3）3级，排水体系（包括抽排）一般，丰水年大雨后有洪涝发生（田面积水2～3天）。

（4）4级，无排水体系（包括抽排），一般年份在大雨后发生洪涝（田面积水≥3天）。

11. 限制性因子

根据广东省土壤类型及其分布情况，受障碍层次、地表岩石露头状况、土壤盐渍化程度影响的土壤类型数量极少，分布零星。受岩石露头影响的耕型石灰土、耕型紫色土，受障碍层影响的石灰田（有石灰板结层的）、白鳝泥田（白浆土层）等，受盐渍化程度影响的酸性硫酸盐盐土、咸田、咸酸田。考虑到其数量及分布情况，没有将这三个因素作为分等因素指标，只作为限制性因素考虑。

12. 障碍层次

土壤障碍层指在耕层以下出现白浆层、石灰姜石层、黏土磐和铁磐等阻碍耕系伸展或影响水分渗透的层次。根据其距地表的距离分为轻、重两种影响程度。

（1）轻：30～60cm。

（2）重：<30cm。

修正系数范围为0.4～0.8。

13. 地表岩石露头状况

地表岩石露头是指基岩出露地面，干扰耕作。根据对耕作的干扰程度可分为轻、中、重三种影响程度。

（1）轻，岩石露头之间的间距为35～100m，已影响耕作。

（2）中，岩石露头之间的间距为10～35m，进行机械化耕作。

（3）重，岩石露头之间的间距为3.5～10m，进行非机械化耕作。

修正系数范围为0.4～0.8。

14. 土壤盐渍化程度

广东省盐化土壤为滨海盐土、酸性硫酸盐盐土、盐渍型和咸酸型水稻土。土壤盐渍化程度一般根据土壤中易溶盐盐分含量及其与作物生长的关系，划分为不同的盐化度。

盐化度分为轻度、中度、重度三种程度。

修正系数范围为 0.4～0.8。

五、成果与分析

（一）2009～2011 年新增耕地面积与质量等别情况

2009～2011 年，化州市通过土地开发整理补充耕地项目，新增耕地面积合计 1135.38hm²。新增耕地主要分布在缓坡台地或低丘山坡上，地势较为平坦，耕地田面平整，交通方便，田间道路和排灌设施齐全，耕作便利。新增耕地集中成片，利用方式主要是承包经营，耕地利用程度高，主要种植经济作物，投入产出高，经济效益好。新增耕地自然质量等别、利用等别和经济等别的加权分别达到 14.7 等、10.4 等和 5.7 等，均高于原有旱坡耕地的等别：自然质量高 0.9 个等别，利用高 1.2 个等别，经济高 1.2 个等别。新增耕地经营管理水平高，投入较大，农作物产量高，因此新增耕地实际产能也达到较高水平。

（二）2003～2011 年耕地总面积、质量等别及产能变化情况

据调查统计，2003～2011 年，化州市建设占用耕地 385.66hm²，灾毁损失 26.74hm²，合计减少耕地约 412.4hm²；2003～2011 年，开发增加耕地 1476.25hm²，复垦增加耕地 6.01hm²，合计增加耕地 1482.26hm²。2003～2011 年，化州市耕地面积共增加了 1069.86hm²。化州市耕地产能变化如图 5-5 所示。

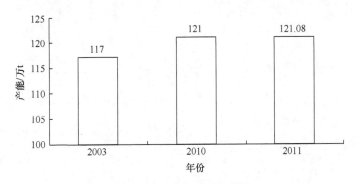

图 5-5　2003～2011 年化州市耕地产能变化

（三）2003～2011 年耕地产能变化原因分析

2003～2011 年，化州市在保证经济社会发展用地需要的同时，通过土地整治净增加了 1482.26hm² 耕地。新增耕地主要分布在缓坡台地及低丘山坡上，地势较为平坦，田面平整，交通方便，排灌设施齐全，耕作便利，主要采用集中承包经营，以种植经济作物为主，投入产出较高。这一部分的产能为净增加产能。

由于区域气候、地貌在一定时期内具有较强的稳定性，所以短期内影响耕地质量等级的因素主要包括地形坡度、田面坡度、地下水位、土层厚度、表层土壤质地、剖面构型、有机质、pH、灌溉条件和排水条件等。近年来，化州市通过大力实施土地整治项目，改善了耕地的排灌与交通等基础设施条件，局部土壤的理化性质也得到一定改良，推动了经营利用水平和经济收益水平的提升，使化州市部分耕地质量等级提升。

通过监测发现，仍有相当一部分耕地的质量出现下降趋势，造成产能减少。因此，各相关部门应适当加强对耕地质量的监管，注意改土培肥，提升耕地质量。

第六章　耕地质量信息管理

第一节　耕地质量信息分类

一、概述

信息是对客观事物运动状态和变化的描述,是指音讯、消息、通信系统传输和处理的对象。人通过获得、识别自然界和社会的不同信息来区分不同事物,得以认识和改造世界。首先,信息分类要为科学研究界定比较清晰、明确的相关信息对象。其次,信息分类要为实现的信息管理活动明确比较明晰的信息管理对象,满足人们对不同类型信息的利用需要。

耕地质量信息是耕地质量数据所蕴含和表达的含义,是与耕地质量组成要素的数量、性质和分布特征有关的数字、文字和图像的总称。耕地质量信息从不同的侧面对耕地质量进行描述和说明(图 6-1)。从研究内容的角度,耕地质量信息可分为自然质量、产量、投入-产出等类型;从数据载体的角度,耕地质量信息又可分为文字、图件、表格、空间数据库等类型。

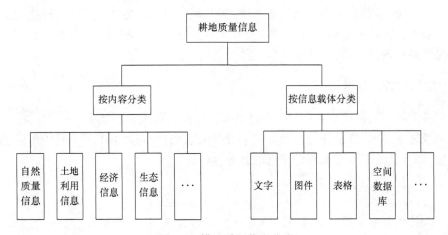

图 6-1　耕地质量信息分类

二、按内容分类

（一）自然质量信息

自然质量信息用于描述耕地的光温潜力、地形与土壤等属性,包括气候要素、地形地貌要素、土壤要素、生物要素与水文要素。气候要素信息是指地球表面以上10 000～12 000 米高空以下对流层的下部,即与地球表面产生直接水、热交换的大气层的各种统计状态信息,在耕地质量评价中以光温潜力系数、气候潜力系数进行描述。地形地貌要素从海拔信息、地形坡度信息、田间坡度信息等方面描述耕地质量。土壤要素主要是从土壤的质地、结构等物理特征信息,以及 pH、有机质含量等化学特征信息综合来对耕地质量进行评价。生物要素主要包括植被和土壤生物信息。水文要素则描述耕地分布区域的地表水信息及地下水埋深信息。在耕地质量评价过程中,为了反映综合的自然质量,还通过指定作物自然质量分、自然质量等指数、自然质量等信息定量地反映评价单元的综合自然质量。

(二)土地利用信息

土地利用信息反映了耕地的利用程度。土地利用系数是通过样点中的指定作物单产与省内分区的最高单产相比获得,并根据耕作制度与产量比系数转化为综合土地利用系数。在耕地质量的评价中,则可以结合自然质量等指数与土地利用系数,算出利用等指数及利用等级,该信息能综合反映耕地的土地利用程度。

(三)经济信息

如果单纯从其自然组成要素来看,耕地是一种自然物质,但是耕地是人类生存的重要资源,其部分又是人类过去和现在的劳动产物,社会经济条件对耕地的影响十分强烈。在耕地质量评价中,以产量-成本描述土地经济系数,反映耕地的产能情况及经济效益。

三、按信息载体分类

由于耕地质量信息在内容上的多样性,其表达形式也不能千篇一律。在信息化环境之下,耕地质量评价成果从文字、图件、表格、空间数据库等不同的角度进行描述,综合反映不同区域耕地质量的差异性特征。

(一)文字报告

以县级耕地质量等别更新评价的分析报告为例,耕地质量评价的分析报告一般包括以下内容。

(1)县域自然、社会和经济概况,土地利用状况。

(2)工作开展情况。介绍耕地质量等别年度更新评价工作的目的、任务、工作依据、工作组织、进度安排、经费预算等情况。

(3)技术依据。

(4)技术思路与技术路线。

（5）上一年度耕地质量等别情况简述。

（6）确认更新评价范围和评价单元。

（7）年度更新评价外业补充调查与数据整理。

（8）本次评价参数、系数与方法。介绍评价区域的标准耕作制度、分等指标体系及限制性因子、光温/气候生产潜力指数、指定作物产量比系数、指定作物-分等因素指标值-农用地质量分、利用系数和经济系数等。对于采用多个不同参数的县（市、区）需分镇或细化到村进行说明。

（9）年度更新评价数据库建设。

（10）新增耕地质量等别评价分析。本年度本地区新增耕地范围、类型、面积、图斑个数、驱动力、质量等别、空间分布及项目来源、经费投入等，并附相应的图、表加以说明。

（11）质量建设耕地质量等别评价分析。本年度本地区质量建设耕地范围、面积、图斑个数、质量建设前后耕地类型、建设后质量等别提升状况（可从等指数和等别两个方面描述）、驱动力、空间分布及项目来源、经费投入等，并附相应的图、表加以说明。对于项目建设区域可以用等指数折算成保留一位小数的等别来表示。

（12）减少耕地质量等别统计分析。本年度本地区减少耕地范围、类型、面积、图斑个数、减少流向、驱动力、质量等别状况和空间分布状况等，并附相应的图、表加以说明。

（13）与上一年度耕地质量等别对比分析。

（14）本年度本地区耕地质量等别范围、面积、地类、空间、产能等总体分布情况。与上一年度相比耕地质量等别的变化、空间分布情况，并附相应的图、表加以说明。

（15）经验和建议。总结年度更新评价工作中好的做法，提出合理建议，形成耕地质量等别年度更新评价制度；同时，结合年度更新评价成果分析，对耕地保护、耕地占补平衡、土地利用等工作提出政策建议。

（16）需要说明的其他问题。主要用于说明在以往耕地质量等别评价成果中，出现的错误或者对当前参数使用的一些建议等问题。

（二）图件

耕地质量评价成果的图件包括更新评价分等单元、评价参数及评价等别图，一般采用 jpg 等通用格式，比例尺一般为 1∶10 000。图件成果内容如下。

（1）××县××××年度耕地质量等别年度更新评价分等单元图。

（2）××县××××年度土地利用系数等值区图。

（3）××县××××年度土地经济系数等值区图。

（4）××县××××年度耕地质量等别年度更新评价省自然质量等别图。

(5) ××县××××年度耕地质量等别年度更新评价省利用等别图。

(6) ××县××××年度耕地质量等别年度更新评价省经济等别图。

(7) ××县××××年度耕地质量等别年度更新评价国家自然质量等别图。

(8) ××县××××年度耕地质量等别年度更新评价国家利用等别图。

(9) ××县××××年度耕地质量等别年度更新评价国家经济等别图。

(10) ××县××××年度耕地质量等别年度更新图。

图件需要包括图名、图廓、比例尺、坐标系统、方位坐标、编图单位、编图时间、指北针、行政界线、重要的线状地物或明显地物点、行政注记及重要地物注记、邻区名称和界线等制图要素。

(三) 表格

数据表采用 Excel 格式,其内容主要包括如下几个方面。

(1) 表1减少耕地等别面积分类型统计表。

(2) 表2新增耕地等别面积分类型统计表。

(3) 表3质量建设耕地等别面积分类型统计表。

(4) 表4新增耕地与质量建设耕地项目清单。

(5) 表5耕地质量等别面积分乡镇统计表。

(6) 表6耕地质量等别面积分地类统计表。

(7) 表7耕地质量等别年度更新评价分等单元原始属性数据表。

(8) 表8耕地质量等别年度更新评价数据表。

(9) 表9耕地质量等别分等单元综合数据表。

(10) 表10新增与质量等别变化单元指定作物分等计算结果表。

(11) 表11新增与质量等别变化单元多作物综合计算结果表。

(12) 表12耕地质量等别评定结果(耕地)。

(13) 表13耕地质量等别评定结果(可调整耕地)。

(14) 表14耕地质量等别面积分乡镇统计表(可调整耕地)。

(15) 表15减少耕地流向表。

(16) 表16新增耕地来源面积汇总表。

(四) 空间数据库

以耕地质量等别年度更新评价为例,空间数据库包括耕地质量等别数据库、耕地质量等别年度更新数据包。其中,对于空间要素属性结构及分等参数表、属性值代码表都有详细的规定。数据库格式为 Microsoft Access 2007 版的 Geodatabase。元数据采用 xml 格式。

（五）外业照片

外业照片成果主要为外业调查单元的景观照片、标准剖面照片及采样过程照片（过程照片可建文件夹），jpg 格式。

命名规则通常包括以下三个方面。

（1）评价单元景观照片命名规则为：单元编号＋20××年度＋JGZP。

（2）评价单元标准剖面照片命名规则为：单元编号＋20××年＋BZPMZP。

（3）评价单元采样过程照片命名规则为：单元编号＋20××年度＋GCZP。

第二节　数据信息特点

耕地质量数据是耕地分布的空间位置与属性信息的综合，属于典型的地理信息数据。由于耕地数据与质量受到区域环境与社会经济因素的综合影响，其数据特点主要体现为（图 6-2）：大数据特征、数据分布不均匀、多重属性结构、多尺度特征、数据来源多样化、地图表现形象化等特征。

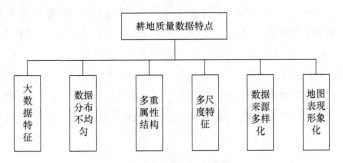

图 6-2　耕地质量数据特点

（一）大数据特征

所谓大数据（big data）是指无法在可承受的时间范围内用常规软件工具进行捕捉、管理和处理的数据集合，是需要新处理模式才能具有更强的决策力、洞察发现力和流程优化能力的海量、高增长率和多样化的信息资产。通常用四个 V（volume，variety，value，velocity）来概括大数据的特征。耕地质量评价数据完全满足大数据的特征，下面分别进行说明。

（1）数据体积量大（volume）。由于耕地质量数据常常以县区为单位，空间数据记录了评价单元的分布位置，属性数据则需要详细记录耕地的海拔、坡度、土壤质地、有机质、酸碱度等自然、经济与环境信息。而且随着时间的推移，年度更新与监测评价的成果数据不断积累。以省级管理单位为例，数据量将接近 PB 量级，提出了更高的数据处理要求。

（2）数据类型繁多（variety）。耕地质量评价成果包括文字报告、图件、统计表、空间数据库、外业照片等类型。同时包括结构化数据和非结构化数据。这些多类型的数据对管理系统的处理能力提出了新的挑战。

（3）价值密度低（value）。价值密度的高低与数据总量的大小成反比。如从大量的耕地质量年度更新数据中挖掘出耕地质量的变化规律与特征，只需用到其中小部分的数据，因为大部分数据根本没有发生变化。那么，如何通过强大的机器算法迅速地完成数据的价值"提纯"成为亟待解决的难题。

（4）处理速度快（velocity）。海量的耕地质量数据在进行数据检查、分析与应用的过程中对处理速度的要求更高。处理数据的效率就是管理系统的生命。因此，如何面对海量的耕地质量数据，从性能角度对管理系统进行优化与提升，显得尤其重要。

（二）数据分布不均匀

在自然环境与人类作用的影响下，耕地的质量分布具有显著的地域差异性，气候条件是决定耕地质量的支配性因素。从全国耕地质量等级调查与评价划定的12个一级区来看，总体最优的前三位是长江中下游区、华南区、江南区，平均质量依次为6.37等、7.07等和8.18等；总体最差的后三位是黄土高原区、青藏高原区和内蒙古高原及长江沿线区，平均等别依次为11.84等、12.17等和13.39等。

因此，在进行耕地质量数据管理时应充分考虑其空间分布不均匀的特征，采用数据驱动的方式，自适应地进行数据存取策略的优化，以更好地提高数据管理的效率。

（三）多重属性结构

多重属性结构是指同一现象具有多方面的属性特征（表6-1）。对于耕地质量这一研究对象，研究人员可以从自然属性、土地利用属性、经济属性、环境属性等不同角度对耕地质量进行评价与判断。例如，对于同一个评价单元，从土壤类型的角度来看，它属于红壤；从土地利用类型来看，它又属于水田。

表6-1　耕地质量的多重属性结构

名称	代码	数据类型	长度	精确度	说明
ID	ID	int			不为空，唯一
二级区	EJQ	varchar			
地形坡度	DXPD	varchar			
田面坡度	TMPD	decimal			

续表

名称	代码	数据类型	长度	精确度	说明
地下水位	DXSW	decimal			
有效土层厚度	YXTCHD	decimal			
表土质地	BTZD	decimal			
剖面构型	PMGX	decimal			
有机质含量	YJZHL	decimal			
土壤酸碱度	pH	decimal			
灌溉保证率	GGBZL	decimal			
排水条件	PSTJ	decimal			

在耕地质量评价的过程中，对于不同的管理部门或施工单位，往往在设计耕地质量评价成果数据库的属性结构上具有差异性，即表达同一属性的字段在命名、类型、取值范围等方面具有差异性。因此，在信息管理与融合的过程中引入本体的思想，从语义层面对耕地质量评价成果的属性结构进行分析，构建不同标准之间的转换模型与机制具有重要意义。

（四）多尺度特征

多尺度特征是指对于同一地物或现象，面向不同的应用目标，在地图空间上具有不同的表达特征。在大比例尺地图中，耕地外围轮廓的细部特征明显；而在小比例尺地图中，耕地的外部轮廓较简单，而且面积小于阈值的地块还需要进行合并、删除或者夸张处理。

在耕地质量评价成果中，县级提交的成果空间比例尺为 1∶10 000；省级的成果需要对 1∶10 000 的县级成果进行汇集缩编，形成 1∶50 万的耕地质量等别数据库；全国的耕地质量等级成果的比例尺则是 1∶450 万。

（五）数据来源多样化

在进行耕地质量评价时，所使用的原始资料类型包括纸质地图、实地调查数据、遥感影像数据及 GIS 数据。具体为国土部门的第二次土地调查的土地利用现状数据库、土地利用变更调查数据库、农用地分等定级成果、农用地产能核算成果、《××县（市、区）土地利用总体规划（2006～2020 年）》、《××县（市、区）土地开发整理规划（2001～2010 年）》，测绘部门的遥感影像图及 DEM 数据。

实施单位按照一定的评价方法与流程进行耕地质量的年度更新评价或者监测评价，并把最终的评价成果以指定的格式进行整理保存。在此过程中，为提高工作效率，还需应用一系列专门的耕地质量评价及成果检查工具进行数据的生产与管理。

（六）地图表现形象化

地理信息数据通过图形的形状、方向、颜色、纹理的差异性直观地反映地理特征。在 ArcGIS 等 GIS 平台的支持下，研究人员可以对耕地质量数据进行制图输出，形成耕地质量等别年度更新评价分等单元图、土地利用系数等值区图（图 6-3）、土地经济系数等值区图、年度更新评价自然质量等别图、利用等别图、经济等别图等一系列图件。主要利用符号颜色与纹理的差异性，形象、直观地反映耕地质量的空间分布特征与地域差异性，为耕地管理部门应用及宏观决策提供辅助与支持。

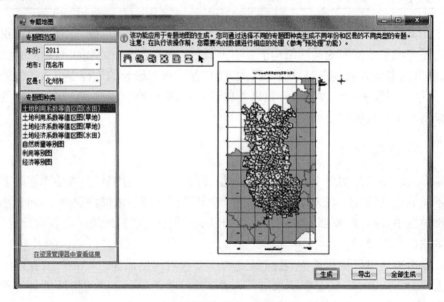

图 6-3　耕地质量评价成果的地图表达

第三节　耕地质量基础数据管理

一、耕地质量基础数据建库

目前，在耕地质量数据库建设中，可以遵循的国家强制标准有限，特别是科学数值数据库中，大量采用的是准标准，即一些具有权威性、指导性的实际规则和准则。这些规则和准则往往是目前在试点开展或者建库较早并在本行业较具有权威的部门在其所建数据库中采用的，符合当前管理需要和实际，成为建库单位建库规范，有的逐渐成为某些方面大家公认的数据库设计标准。

目前主要参考标准规范如下。

(1)《广东省县级耕地质量等级成果补充完善与年度变更项目成果要求》(2012 年 7 月)。

(2)《农用地质量分等规程》(GB/T 28407—2012)。

说明:成果内容标准规范参考上述文件(1);分等标准(评价计算公式)参考上述文件(2);本标准在上述标准规范的基础上,对成果提交内容和格式做了补充说明。

耕地质量空间数据库分为参数数据库和耕地分等空间数据库两大部分,各数据库表之间相互关联(图 6-4)。

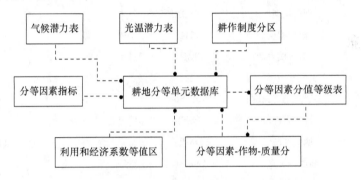

图 6-4 耕地质量空间数据库架构

1. 分等单元数据库

分等单元数据库参数及其数据标准见表 6-2。

表 6-2 分等单元数据库参数及数据标准

序号	字段名称	字段代码	字段类型	字段长度	小数位数	说明
1	省份	SF	字符串	32		
2	市	S	字符串	32		
3	县	X	字符串	32		
4	乡镇	XZ	字符串	32		
5	行政村	XZC	字符串	32		
6	县级单元编号	XJDYBH	字符串	32		16 位
7	国家级标准耕作制度	GJGZZD	字符串	32		
8	熟制	SZ	字符串	8		
9	一级区名称	YJQMC	字符串	64		填国家一级区名称
10	二级区名称	EJQMC	字符串	64		填国家二级区名称

续表

序号	字段名称	字段代码	字段类型	字段长度	小数位数	说明
11	三级区名称	SJQMC	字符串	64		填省级二级区名称
12	地类代码	DLDM	字符串	4		
13	面积	ZRDMJ	浮点型	16	2	平差后图斑面积
14	分等单元所属土种	SSTZ	字符串	20		
15	有效土层厚度	YXTCHD	字符串	20		
16	表层土壤质地	BTZD	字符串	20		
17	剖面构型	PMGX	字符串	20		
18	盐渍化程度	YZHCD	字符串	20		
19	土壤有机质含量	YJZHL	浮点型	20	2	
20	土壤酸碱度	PHZ	浮点型	20	2	
21	障碍层距地表深度	ZACSD	字符串	20		
22	排水条件	PSTJ	字符串	20		
23	地形坡度	DXPD	字符串	20		
24	灌溉保证率	GGBZL	字符串	20		
25	地表岩石露头度	YSLTD	字符串	20		
26	地下水埋深	DXSW	字符串	20		
27	田面坡度	TMPD	字符串	20		
28	基准作物名称	JZZWMC	字符串	8		
29	基准作物光温生产潜力指数	JZGWZS	短整型	4		
30	基准作物气候生产潜力指数	JZQHZS	短整型	4		
31	基准作物自然质量分	JZZWF	浮点型	4	2	
32	指定作物 1 名称	ZDZW1MC	字符串	8		
33	指定作物 1 光温生产潜力指数	ZDZW1GW	短整型	4		
34	指定作物 1 气候生产潜力指数	ZDZW1QH	短整型	4		
35	指定作物 1 自然质量分	ZDZW1F	浮点型	4	2	
36	指定作物 1 产量比系数	ZDZW1B	浮点型	8	4	
37	指定作物 2 名称	ZDZW2MC	字符串	8		
38	指定作物 2 光温生产潜力指数	ZDZW2GW	短整型	4		
39	指定作物 2 气候生产潜力指数	ZDZW2QH	短整型	4		
40	指定作物 2 自然质量分	ZDZW2F	浮点型	4	2	
41	指定作物 2 产量比系数	ZDZW2B	浮点型	8	4	

续表

序号	字段名称	字段代码	字段类型	字段长度	小数位数	说明
42	指定作物 3 名称	ZDZW3MC	字符串	8		
43	……					
44	指定作物 4 名称	ZDZW4MC	字符串	8		
45	……					
46	指定作物 5 名称	ZDZW5MC	字符串	8		
47	综合自然质量分	ZHZLF	浮点型	8	2	
48	自然等指数	ZRDZS	长整型	8		
49	自然质量等别	ZRDB	短整型	4		
50	土地利用系数	TDLYXS	浮点型	8	4	
51	利用等指数	LYDZS	长整型	8		
52	利用等别	LYD	短整型	4		
53	土地经济系数	TDJJXS	浮点型	8	4	
54	等别指数	DBZ	长整型	8		
55	等别	DB	短整型	4		
56	国家级自然等指数	GJZRDZS	长整型	8		
57	国家级自然质量等别	GJZRDB	短整型	4		
58	国家级利用等指数	GJLYDZS	长整型	8		
59	国家级利用等别	GJLYDB	短整型	4		
60	国家级等别指数	GJDBZS	长整型	8		
61	国家级等别	GJDB	短整型	4		
62	基准作物地形分值	JZDXFZ	浮点型	8	2	
63	基准作物田面坡度分值	JZTMPDFZ	浮点型	8	2	
64	基准作物地下水位分值	JZDXSWFZ	浮点型	8	2	
65	基准作物有效土层厚度分值	JZYXTCHDFZ	浮点型	8	2	
66	基准作物表土质地分值	JZBTZDFZ	浮点型	8	2	
67	基准作物剖面构型分值	JZPMGXFZ	浮点型	8	2	
68	基准作物有机质含量分值	JZYJZHLFZ	浮点型	8	2	
69	基准作物酸碱度分值	JZPHFZ	浮点型	8	2	
70	基准作物灌溉保证率分值	JZGGBZLFZ	浮点型	8	2	
71	基准作物排水条件分值	JZPSTJFZ	浮点型	8	2	
72	基准作物盐渍化程度分值	JZYZHCDFZ	浮点型	8	2	

序号	字段名称	字段代码	字段类型	字段长度	小数位数	说明
73	基准作物障碍层深度分值	JZZACSDFZ	浮点型	8	2	
74	基准作物岩石露头度分值	JZYSLTDFZ	浮点型	8	2	
75	基准作物自然等指数	JZZRDZS	长整型	8		
76	基准作物土地利用系数	JZTDLYXS	浮点型	8	4	
77	基准作物利用等指数	JZLYDZS	长整型	8		
78	基准作物土地经济系数	JZTDJJXS	浮点型	8	4	
79	基准作物等别指数	JZDBZ	长整型	8		
80	指定作物1地形分值	ZD1DXFZ	浮点型	8	2	
81	指定作物1田面坡度分值	ZD1TMPDFZ	浮点型	8	2	
82	指定作物1地下水位分值	ZD1DXSWFZ	浮点型	8	2	
83	指定作物1有效土层厚度分值	ZD1YXTCHDFZ	浮点型	8	2	
84	指定作物1表土质地分值	ZD1BTZDFZ	浮点型	8	2	
85	指定作物1剖面构型分值	ZD1PMGXFZ	浮点型	8	2	
86	指定作物1有机质含量分值	ZD1YJZHLFZ	浮点型	8	2	
87	指定作物1酸碱度分值	ZD1PHFZ	浮点型	8	2	
88	指定作物1灌溉保证率分值	ZD1GGBZLFZ	浮点型	8	2	
89	指定作物1排水条件分值	ZD1PSTJFZ	浮点型	8	2	
90	指定作物1盐渍化程度分值	ZD1YZHCDFZ	浮点型	8	2	
91	指定作物1障碍层深度分值	ZD1ZACSDFZ	浮点型	8	2	
92	指定作物1岩石露头度分值	ZD1YSLTDFZ	浮点型	8	2	
93	指定作物1自然等指数	ZD1ZRDZS	长整型	8		
94	指定作物1土地利用系数	ZD1TDLYXS	浮点型	8	4	
95	指定作物1利用等指数	ZD1LYDZS	长整型	8		
96	指定作物1土地经济系数	ZD1TDJJXS	浮点型	8	4	
97	指定作物1等别指数	ZD1DBZ	长整型	8		
98	指定作物2地形分值	ZD2DXFZ	浮点型	8	2	

注:基准作物和指定作物按县标准耕作制度填写;限制性因素及其分值根据县实际情况填写,如果没有限制情况则空。

2. 监测指标数据库

监测指标见表6-3。

表 6-3 分等因素分值等级及数据标准

序号	字段名称	字段代码	字段类型	字段长度	小数位数	说明
1	自编号	ID	Int			自动增长
2	因素名称	leixing	字符串	16		
3	因素详情	detail		32		
4	单位	unit	字符串	6		
5	范围起始值	minValue	字符串	16		
6	范围终止值	maxValue	字符串	16		
7	类型值	typeValue	字符串	12		
8	等别值	levelValue	短整型	2		

3. 评价指标数据库

评价指标数据库包括耕作制度分区、光温潜力、气候潜力、利用和经济系数等值区分等因素-作物-质量分等内容（表6-4～表6-9）。

表 6-4 耕作制度属性及数据标准

序号	字段名称	字段代码	字段类型	字段长度	小数位数	说明
1	自编号	ID	Int			自动增长
2	区县名称	QXName	字符串	32		
3	地市名称	SSCITYNAME	字符串	32		
4	耕作制度1	gengzuozhidu1	字符串	16		
5	耕作制度2	gengzuozhidu2	字符串	16		

表 6-5 耕作制度分区属性及数据标准

序号	字段名称	字段代码	字段类型	字段长度	小数位数	说明
1	自编号	ID	Int			自动增长
2	区县名称	QXName	字符串	32		
3	地市名称	SSCITYNAME	字符串	32		
4	国家一级区	CountryFirstRegion	字符串	16		
5	国家二级区	CountrySecondRegion	字符串	16		
6	省二级区	ProvinceSecondRegion	字符串	16		

表 6-6　光温潜力、气候潜力属性及数据标准

序号	字段名称	字段代码	字段类型	字段长度	小数位数	说明
1	自编号	ID	Int			自动增长
	站名	zhanming	字符串	32		
2	区县名称	QXName	字符串	32		
3	地市名称	SSCITYNAME	字符串	32		
4	早稻	zaodao	长整型	4		
5	晚稻	wandao	长整型	4		
6	中稻	zhongdao	长整型	4		
7	秋甘薯	qiuganshu	长整型	4		
8	冬甘薯	dongganshu	长整型	4		
9	春花生	chunhuasheng	长整型	4		
10	秋花生	qiuhuasheng	长整型	4		

表 6-7　分等因素属性及数据标准

序号	字段名称	字段代码	字段类型	字段长度	小数位数	说明
1	自编号	ID				自动增长
2	二级区	erjiqu	字符串			
3	地形	dixing	字符串	32		
4	田面坡度	tianmianpodu	字符串	32		
5	地下水位	dixiashuiwei	字符串	16		
6	土层厚度	tucenghoudu	字符串	16		
7	表土质地	zhidi	字符串	16		
8	剖面构型	poumiangouxing				
9	有机质含量	youjizhi				
10	pH	pH				
11	灌溉保证率	guangai				
12	排水条件	paishui				

表 6-8　利用系数等值区、经济系数等值区属性及数据标准

序号	字段名称	字段代码	字段类型	字段长度	小数位数	说明
1	自编号	ID				自动增长
2	二级区域	area	字符串			
3	市名	shiming	字符串	32		

续表

序号	字段名称	字段代码	字段类型	字段长度	小数位数	说明
4	县名	xianming	字符串	32		
5	国家一级区	xingzhengxiaqu	字符串	16		
6	水田利用等值区	shuitianliyongdengzhiqu	字符串	16		
7	水田利用系数	shuitianliyongxishu	字符串	16		
8	旱地利用等值区	Handiliyongdengzhiqu				
9	旱地利用系数	handiliyongxishu				
10	水田经济等值区	shuitianjingjidengzhiqu				
11	水田经济系数	shuitianjingjixishu				
12	旱地经济等值区	handijingjidengzhiqu				
13	旱地经济系数	handijingjixishu				

表 6-9　分等因素-作物-质量分属性及数据标准

序号	字段名称	字段代码	字段类型	字段长度	小数位数	说明
1	自编号	ID	整型			自动增长
2	地形坡度级别	DXPD_JB	整型			
3	地形坡度分值	DXPD_FZ	整型			
4	田面坡度级别	TMPD_JB	整型			
5	田面坡度分值	TMPD_FZ	整型			
6	地下水位级别	DXSW_JB	整型			
7	地下水位分值	DXSW_FZ	整型			
8	土层厚度级别	TCHD_JB	整型			
9	土层厚度分值	TCHD_FZ	整型			
10	表土质地级别	BTZD_JB	整型			
11	表土质地分值	BTZD_FZ	整型			
12	江南区剖面构型级别	PMGX_JB_JN	整型			
13	江南区剖面构型分值	PMGX_FZ_JN	整型			
14	华南区剖面构型级别	PMGX_JB_HN	整型			
15	华南区剖面构分值	PMGX_FZ_HN	整型			
16	有机质含量级别	YJZHL_JB	整型			
17	有机质含量分值	YJZHL_FZ	整型			
18	pH 级别	PHZ_JB	整型			
19	pH 分值	PHZ_FZ	整型			

续表

序号	字段名称	字段代码	字段类型	字段长度	小数位数	说明
20	灌溉保证率级别	GGBZL_JB	整型			
21	灌溉保证率分值	GGBZL_FZ	整型			
22	排水条件级别	PSTJ_JB	整型			
23	排水条件分值	PSTJ_FZ	整型			

二、耕地质量基础数据

(一)空间基础数据管理

图 6-5 是基础空间数据管理的一个例子,包括以下内容。

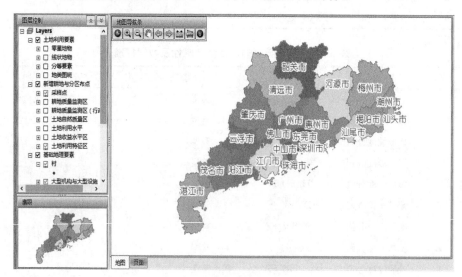

图 6-5　基础空间数据管理

(1)图形浏览。打开、关闭、定位图层,地图框选缩放、固定缩放、视图进退、拖动,比例尺设定,书签快速定位。

(2)图形查询。地图调阅、浏览(放大、缩小、漫游)、量算(面积、长度等)、空间查询(包括属性和图形)、缓冲区分析、叠加分析等。

(3)数据输入输出。与项目相关的图形、表格数据、文本数据的输入与更新等;图表、文档(包括查询结果)的输出,各种流行图形格式(包括矢量和栅格)的输出等。

(4)图形编辑。简单图形、草图的绘制、修改与删除,图形属性的编辑等。

(5)统计分析。按区域、年度、质量级别和等次等专题统计分析。

（6）数据转换。支持坐标文件的导出与读取功能；支持 CAD 数据的读取、导入、导出功能。

（7）元数据管理功能。

（二）非空间基础数据管理

1. 监测评价指标管理

针对不同数据库表数据的增、删、改、查。

2. 采样点监测区管理

（1）基本采样点的位置查询、属性查询功能。

（2）按照实际要求对采样点进行删减、对采样点位置进行移动等功能。

（3）基本监测区位置查询、属性查询功能。

（4）按照实际要求对监测区进行删减、对监测区范围进行扩充或分割等功能。

（5）监测采样点，得到采样点的 10 个监测指标和 3 个限制性因子。

（6）采样点监测指标的逐条录入和批量导入功能。

3. 耕地质量等级评价

耕地分等单元质量快速评价。

4. 年度变化评价

内容包括耕地数量变化评价（区域耕地数量变化评价、区域耕地斑块数量变化幅度评价）、空间格局变化评价、分等单元等级变化评价等功能。

5. 成果编制与管理

内容包括空间成果数据库编制与管理、专题图自动编制与管理、统计分析报表编制与管理、文字报告成果编制与管理。

第四节　耕地质量成果数据管理

耕地质量成果数据是耕地质量实施管理的基础，必须进行有效的管理和维护，以保证规划成果内容的完整性和正确性。对耕地质量成果数据进行高效的管理，使之能为耕地质量管理工作提供高效、高水平的支撑和技术手段。

一、耕地质量成果数据库管理

（1）耕地质量成果数据入库（补充完善）。将耕地质量数据库的数据内容导入数据库，对每个图层设置显示顺序，对每类要素按标准配置显示符号。

（2）耕地质量成果数据展示。调阅耕地质量数据各图层，检查其叠盖、显示情况，查询要素属性信息，并具备汇总统计功能，能分年度、季度或任意时间段统计汇总耕地质量成果信息。

（3）耕地质量成果数据变更（年度变更）。发生变更时，将已批准的耕地质量变更数据导入，代替更新前的耕地质量数据，以保证数据的现势性。应在耕地质量数据更新包进行检查、人工检查、审核等程序后，对数据库进行更新。同时自动创建规划更新日志，记录规划更新的类型、时间、涉及面积、更新规划级别、操作人员、审核人员、更新包路径等信息。

（4）耕地质量成果检查上报。从文件完整性、数据质量、因素分值等三个方面对耕地质量成果进行检查，按照部—省—市区县三级逐级上报成果数据。

二、耕地质量年度变更查询和统计

按耕地质量变更项目名称、类型、地域、调整时间等查询规划调整项目；按时间段、行政区域和调整类型等统计项目用地面积信息。支持对规划调整范围图形的查询、定位、统计等功能，支持对历史耕地质量成果信息的查询。

三、耕地质量成果材料管理

对耕地质量成果提供空间数据、表格、报告、图件的全方位管理，以电子格式的图档资料导入成果库，统一管理文、表、图等各类项目资料，实现对包括文档、附表和更新包等在内的各类规划更新材料的存储、管理与使用，建立规划更新备忘日志与各材料之间的关系，方便调阅各类图件、表格数据和空间图层等信息。在耕地质量数据更新完成后，能锁定更新包及相关材料，防止删除和编辑。

四、历史数据回溯

浏览某一时点耕地质量数据库的状态，实现耕地质量数据库更新操作回退功能，存储每次更新前涉及区域的历史数据，浏览历史图斑和指标数据。

五、数据更新

耕地的数量与质量在自然和人类活动的共同作用下会不断地发生变化。因此，在耕地质量管理过程中，对由自然灾害、建设项目占用、土地整治项目等因素作用下产生突变的区域通过年度更新评价的方法进行数据的管理与更新。而对于渐变区域则通过监测评价的方法采集周期性的耕地质量评价成果。

耕地质量评价成果数据的更新机制可以划分为批量更新与增量更新。批量更新即对于整个管理区域以一定周期（一般 1 年）为单位进行数据的整体替换，把旧的数据放置于历史库中。管理系统直接访问最新的数据。而增量更新则是利用包括新增、减少、质量变化等要素的增量数据包对旧数据进行局部的增量更新。历史数据库只保存发生变化的要素（如删除的要素、属性发生变化的要素）。

六、制图输出

用户对数据库内的数据进行提取后,可以按图幅、任意辖区范围提出空间数据,制作各种简单制图和标准分幅。

通过添加项目用地红线、标题、图例、指北针和比例尺等要素信息,实现页面大小、方向、比例尺的手工与自动智能选择,支持输出不同分辨率的栅格文件,结合地方的实际要求,自动添加经纬度坐标、方格网等功能,输出符合补充耕地、土地开发整理复垦等业务要求格式的图件。

第五节　耕地质量项目信息管理

一、耕地储备指标管理

耕地储备指标包括耕地储备指标登记(备案)、耕地储备指标预核减和核减、耕地储备指标增补、台账管理、年度剩余计划结算。

(1) 耕地储备指标登记(备案)。根据耕地储备指标和耕地质量等次情况,将本地各行政区域耕地储备指标新增、分配、流转、交易等信息登记(备案)。

(2) 耕地储备指标预核减和核减。建设项目占耕地指标时应从耕地储备指标库中预核减占用耕地面积和耕地质量,通过耕地数量和质量的占补平衡审核后,形成现时剩余指标,供查询和制表输出。耕地指标流出、交易等情况的,通过(上级部门)登记备案后,直接从耕地储备指标库中核减。

(3) 耕地储备指标增补。通过土地开发整理复垦、耕地指标流入、交易或其他耕地开发重大项目工程等情况增加耕地指标的,经耕地位置、面积和质量审核、认定和备案后,在耕地储备指标中新增。

(4) 台账管理。自动生成各行政区域内年度指标使用台账,供查询和制表输出。

(5) 年度剩余计划结算。统计、核算本行政区域内新增、已使用、指标流向、剩余指标量等信息。

二、建设用地(占补耕地)项目

建设用地项目包括项目登记,初步审查,计划预核销,辅助制作建设项目用地占用耕地补充耕地审核认定相关呈报书和呈报图件,项目台账管理,项目查询、统计,项目材料管理,计划核销。

(1) 项目登记。将建设项目的相关信息进行登记;根据项目界址点坐标在耕地质量专题图层上自动生成项目红线图形。

(2) 初步审查。辅助完成基本审查工作。①是否占用耕地审查:项目红线是否压占耕地。②位置冲突审查:项目范围是否与其他项目相冲突。③占用耕地位置、面积和质量审查:将项目红线与耕地质量成果图层叠加,对项目占用耕地面积、质量等次分区、位置情况进行空间分析,审查项目占用耕地情况。④耕地储备指标审查:分析项目占耕地情况,检查剩余耕地储备指标情况。

（3）计划预核销。项目初审通过后在耕地储备指标库中进行预核销。

（4）辅助制作建设项目用地占用耕地补充耕地审核认定相关呈报书和呈报图件。根据项目的登记信息和分析结果辅助填写补充耕地方案;在耕地质量成果专题图层中绘制项目红线图,按要求进行整饰注记,添加图框、图例、比例尺等信息。支持 Word、jpg 格式输出。

（5）项目台账管理。自动生成项目台账,供查询和制表输出。

（6）项目查询、统计。按项目名称、类型、办理时间等查询报批项目;按时间段、行政区域和项目类型等统计项目用地面积信息。支持对项目图形的查询、定位、统计等管理。

（7）项目材料管理。将建设项目申报产生电子格式的图档资料(如建设用地项目呈报说明书、农转用方案、补充耕地方案、扫描图件等)导入项目信息库,统一管理文、表、图等各类项目资料。

（8）计划核销。如果此次申报的项目未获通过,则取消此次预核销;否则应在耕地储备指标库中进行正式核销。

三、土地开发整理复垦项目

土地开发整理复垦项目包括项目登记,项目验收,计划预增补,辅助制作项目相关呈报书和呈报图件、上报备案,耕地指标增补,项目台账管理,项目查询、统计。

（1）项目登记。将建设项目的相关信息进行登记;根据项目界址点坐标在耕地质量专题图层上自动生成项目红线图形。

（2）项目验收。根据验收情况,审核认定项目新增耕地位置、面积和耕地质量等次等信息。

（3）计划预增补。项目验收通过后在耕地储备指标库中进行预新增。

（4）辅助制作项目相关呈报书和呈报图件、上报备案。根据项目的登记信息和分析结果辅助填写相关验收、申报材料,上报备案;在耕地质量成果专题图层中绘制项目红线图,按要求进行整饰注记,添加图框、图例、比例尺等信息。支持Word、jpg 格式输出。

（5）耕地指标增补。如果此次申报的项目上报备案获通过,在耕地储备指标库中进行正式增补。

（6）项目台账管理。自动生成项目台账,供查询和制表输出。

（7）项目查询、统计。按项目名称、类型、办理时间等查询土地开发整理复垦项目;按时间段、行政区域和项目类型等统计项目用地面积信息。支持对项目图形的查询、定位、统计等功能。

(8) 项目材料管理。将建设项目申报产生电子格式的图档资料(如建设用地项目呈报说明书、农转用方案、补充耕地方案、扫描图件等)导入项目信息库,统一管理文、表、图等各类项目资料。

四、日常业务管理功能

1. 耕地质量审核认定

受理或录入土地征收项目、高标准基本农田项目、耕地登记造册、其他对耕地利用或产生影响的项目等业务管理信息(包括矢量红线),通过调用耕地质量成果数据进行辅助审批,完成项目中耕地质量审核认定工作,最后形成核准、认定、评定、验收报告等结果性批复或备案材料。

2. 图形辅助审核

导入项目红线范围,分析项目用地范围内土地利用规划、现状、耕地质量分等、基本农田等情况,统计项目用地范围内耕地面积和质量等次,输出项目用地局部耕地质量成果图件,并按符合项目用地范围内各类占用耕地信息统计表,输出耕地质量审核认定结果。

3. 定制工作流和工作表单功能

灵活搭建业务模型,实现业务流程环节、审批表单定制、岗位角色分配、辅助图形配置、数据互交匹配、权限控制、统计分析定义等管理需要。

4. 更新成果数据功能

业务或项目批复实施完成后,形成耕地质量变更依据和成果,更新耕地质量项目管理数据,提供同步更新和年度更新两种可选择模式。

5. 报表统计

按照实际需要定制查询属性、统计字段和报表样式等功能。

6. 资料管理功能

主要内容包括业务或项目信息、图形、材料、批复(备案)等资料的管理。

第六节　数据质量控制

一、概述

耕地质量评价成果数据的质量对于耕地信息的统计与汇总,以及基本农田划定、占补平衡分析、土地利用规划等应用产生重要影响。耕地质量评价成果数据格式的规范性、结构的完整性、逻辑的一致性显得尤其重要。因此,需要从数据生产的全过程中进行数据质量控制。具体包括数据生产单位的自查、省级汇总检查及国土资源部门的检查。只有严格符合要求的数据才可以进行入库与应用。

从数据质量控制的角度来说,需要分别进行单一数据检查及多数据复合检查(图 6-6)。其中针对单一数据的检查包括拓扑检查、字段结构检查、唯一性 | 非空性检查、参数检查、因素逻辑检查、计算结果检查。多数据的复合检查则包括库包一致性检查、面积汇总检查、年度对比检查等。通过一系列的检查工具,保证数据的完整性与准确性。

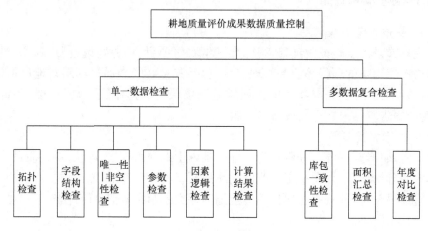

图 6-6　耕地质量评价成果数据质量控制

二、单一数据检查

单一数据检查的对象主要局限为指定年份的耕地质量评价成果空间数据库,从空间特征与属性特征两个角度进行检查,并充分考虑了耕地质量评价的计算过程。具体说明如下。

(一)拓扑检查

拓扑检查是对耕地质量评价单元空间关系的判断,保证评价单元空间关系的准确。在实际工作中,主要检查年度更新数据库、年度更新数据包图形是否存在拓扑错误,图形与图形之间是否存在重叠关系。由于人工检查的工作量太大,往往需要借助软件来辅助,若图形拓扑有错误,结果显示在图形检查——拓扑检查选项卡中,错误的图斑以红色的边框显示,同时检查结果也将保存在检查结果文件夹中。

(二)字段结构检查

耕地质量评价成果的属性结构必须符合特定的成果数据建库规范。字段检查内容是检查年度更新数据库、年度更新数据包各字段是否存在,以及是否符合建库标准(包括字段长度和字段精度)。

（三）唯一性 | 非空性检查

在耕地质量评价成果空间数据库中，对字段的取值有明确的要求。例如，单元编号等字段必须是唯一的，不能存在重复值。而对于土地类型等字段必须不能取空值。唯一性 | 非空性检查内容是检查年度更新数据库或年度更新数据包单元是否符合编写规则且是否唯一、不为空。

（四）参数检查

在耕地质量评价与等别划分的过程中，需要按照地理位置或者编码调用光温潜力指数等各类参数。如果参数调用不准确，就会直接影响到计算的最终结果。因此，参数检查是检查各种作物光温潜力指数、气候潜力指数、产量比系数、土地利用系数、土地经济系数是否正确，以及检查国家耕作制度代码、土地利用系数、土地经济系数是否符合要求。

（五）因素逻辑检查

地形坡度、田面坡度、土壤有机质、pH 等作为评价耕地自然质量的因素，各因素之间必然存在一定的逻辑关系。如果待检查的数据不符合该逻辑关系，则可以认为数据的输入有误，需要进行修改、完善。因素之间常见的逻辑关系有三种。

（1）地形坡度不能小于田面坡度。

（2）水田田面坡度不为 1 级。

（3）水田灌溉保证率必须在 3 级或以上，一般不为 1 级；旱地灌溉保证率必须在 3 级或以下。

（六）计算结果检查

耕地质量评价的关键步骤是参照数据字典，计算各因素的自然质量分，并按照模型计算评价单元的自然质量等指数、利用等指数及经济等指数，实现等别的划分。

因素分值的检查是根据数据字典表的表结构，分别对年度更新数据库中各作物地形坡度分值、田面坡度分值、地下水位分值、有效土层厚度分值、表土质地分值、剖面构型分值、有机质含量分值、土壤酸碱度分值、灌溉保证率分值、排水条件分值进行检查（图 6-7）。

通过重复计算，判断年度更新数据库各结果的填写，是否与正确结果相一致。测评结果检查内容是检查各作物或综合自然质量分、省自然等指数、省自然等、省利用等指数、省利用等、省经济等指数、省经济等，以及国家自然等指数、国家自然等、国家利用等指数、国家利用等、国家经济等指数、国家经济等是否填写正确。

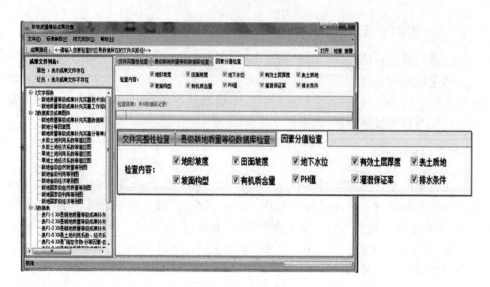

图 6-7 耕地质量评价成果数据计算结果检查

三、多数据复合检查

多数据复合检查是指对耕地质量评价成果数据库、年度的更新包及统计表格进行复合检查，从而保证多份成果数据之间逻辑的一致性。

（一）库包一致性检查

年度更新数据包与年度更新数据库填写内容需保持一致。库包一致性检查的内容是检查数据包和数据库中的单元编号是否一致并检查数据包中记录的字段属性与数据库中的记录字段属性是否一致。

（二）面积汇总检查

检查各县市各地类图斑平差面积汇总是否与省厅备案面积保持一致。

（三）年度对比检查

为了防止年度更新数据库中没有变化的图斑数据被调整，导致出现与上一年数据不一致的情况，需要进行年度对比检查。年度对比检查内容包括以下三个方面。

（1）检查年度更新数据库没有发生变化的图斑的原单元编号是否与上一年综合库县级单元编号保持一致。

（2）检查年度更新数据库中没有发生变化的图斑在上一年综合库中是否存

在,若没有存在需要核实或附相关说明。

(3) 检查年度更新数据库没有发生变化的图斑的十因子、限制性因子是否与上一年综合库相一致,以及对比自然等指数和自然等、利用等指数和利用等、经济等指数和经济等是否和上一年保持一致。

第七节 耕地质量信息运行维护管理

一、数据备份与恢复

实现数据库全库备份、定时自动备份、分区备份等不同形式的备份功能,支持将数据库备份到移动存储介质之中,提供数据恢复功能,能将数据库还原到指定时间点,指定状态的数据库。

二、用户管理

对信息管理用户的数据操作权限、口令密码等进行调整和修改;其中由管理员来分配权限,需要权限管理(权限创建、删除、修改等)。数据由 ArcSDE 来管理时,权限的管理和数据库的权限管理相一致。

提供完善的安全管理机制,对数据访问实现日志记录,以及用户、角色与权限设置(如空间区域权限、数据种类权限、图层权限、功能权限)、修改等,从而保证数据的可控性与安全性。

三、信息共享

与智能移动终端、其他相关系统(土地整治动态监管监测系统、高标农田、土地复垦、耕地整理、农田综合开发、农田水利建设等)的接口,完成与横向和纵向系统的数据交换与共享。

第八节 耕地质量信息管理系统

在信息获取和收集方面,通过构建基于无线传感器网络的耕地质量变化实时监测系统解决目前耕地质量数据获取实时性不强、数据分析技术滞后、数据管理与决策支持技术和机制不健全等问题。

在信息管理和共享方面,通过构建耕地质量评价指标体系和海量分布式多源异构数据集成、共享、发布平台,解决耕地质量影响因素复杂、数据来源与形式各异、信息孤岛遍布的问题;通过创新耕地质量信息管理与共享服务技术,为耕地质量动态监测监管与信息服务提供技术支撑。

在信息应用方面,通过建设耕地质量信息管理系统,充分利用 3S 技术和多种领先的信息技术综合应用,建立了耕地质量的动态监测和质量评价,实现了对耕地资源的集中、集约、高效管理,大幅度提升了耕地数量、质量并重管理的能力。

一、系统建设原则

(一) 可扩展性原则

(1) 功能可扩展。能够增加新的功能,功能的扩展不应对现有平台造成大规模的修改。

(2) 容量可扩展。能够根据业务需求扩展容量。容量的扩展不应对现有的系统架构、业务的开展和运营产生影响。

(3) 业务可扩展。能够根据用户需求增加新的功能应用。

(二) 先进性原则

系统建设要采用成熟的 UML、XML、VS. NET 等技术,选用具有先进性的技术、方法、软件、硬件和网络平台,确保系统的先进性,使系统成熟而且可靠,能够适应未来技术发展和需求的变化,保证系统具有较强的生命力,符合未来发展的趋势,使系统能够可持续发展。

(三) 安全性原则

系统在建设和运行阶段利用已建立的安全平台,根据业务的特性,在保证数据不被篡改的前提下,达到均衡安全的要求和更好的服务要求。在系统设计时,充分考虑权限划分、数据加密、数据备份、系统监控,保证系统运行的安全性和可靠性。

(四) 高可靠性原则

系统设计中对运行中的异常情况有充分的预计并准备应对措施;对于无法预计的原因导致的系统故障,也应该提供各种处理恢复机制使系统在尽可能短的时间内恢复运行,保证数据的可靠性和完整性。

二、系统建设需求

(1) 耕地质量监测评价成果更新(补充完善和年度变更)。对因土地整治、土地利用现状变化及其他土地利用行为等带来的耕地质量等级变更情况,及时开展评价,实现动态更新。

(2) 部、省、市县三级耕地质量监测评价成果汇总。定期(一般按年度)汇总耕地质量等级变更信息,其成果经检查后,上报部或省系统备案,实现动态监管。

(3) 建设用地占用耕地实施补充耕地。对建设用地(预审、报批)占用耕地和补充耕地质量进行审核认定,不仅达到数量占补平衡,也保证耕地质量占补平衡。

（4）土地开发整理复垦。对于开发整理复垦项目，增加耕地的质量等级审核认定，形成验收报告。

（5）耕地储备指标管理。对耕地储备指标的核准、流转、交易进行耕地质量等级审核认定。

（6）土地征收。在土地征收过程中涉及耕地征收的，根据耕地质量等级划定耕地补偿标准。

（7）高标准基本农田项目。通过耕地质量监测评价成果，进行耕地、基本农田和高标准基本农田评定。

（8）耕地登记造册。对耕地质量等级进行登记。

（9）其他耕地利用。对耕地数量和质量造成影响的业务，如农业、林业、水利等相关业务。

（10）日常工作（OA）管理。作业队伍管理、评审专家库、政策法规库、信息发布等日常信息管理需求。

三、系统建设内容

根据本章第一节～第四节耕地质量信息管理内容和过程，结合实际工作需求，耕地质量信息管理系统建设内容包括耕地质量业务管理系统、耕地质量成果管理系统、数据管理中心和数据库等（图 6-8）。

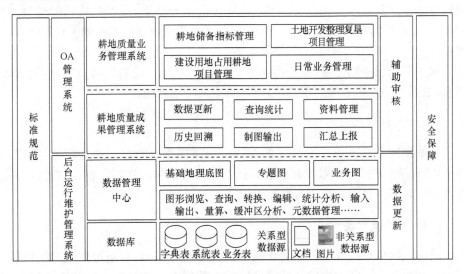

图 6-8　耕地质量信息管理系统建设内容

四、系统建设关键技术

(一)关联型多级网上办理工作环境

1. 实现耕地质量工作的全过程电子化业务管理

全过程电子化业务管理首先体现在:省—市—县(区)各级所有的用户,都能够通过这个平台,实现日常的全业务的耕地质量信息管理工作;其次是电子化的业务信息报送,保证数据来源的规范性;最后是实现多部门的并联办理,提高业务管理工作的效率。

2. 省市县多级协同工作

通过数据交换系统,实现省、市、县(区)各级业务应用系统之间的数据汇总、共享和检查。

(二)XML 数据交换标准

可扩展标记语言(extensible markup language,XML)是由 W3C 组织于 1998 年 2 月制定的一种通用语言规范。XML 作为一种可扩展性标记语言,其自描述性使其非常适用于不同数据格式和异构数据源之间的数据转换。XML 最大的优点是它对数据描述和数据传送的能力,因此具备很强的开放性。为了使基于 XML 的业务数据转换成为可能,就必须实现数据库的 XML 数据存取,并且将 XML 数据同应用程序集成。利用 XML 作为异构数据访问技术,前提是数据库必须支持 XML,Oracle 10g 和 SQL Server 2000 等主流的商业数据库都提供了良好的 XML 支持。

服务器与服务器之间,服务器与客户端之间进行大量的数据交换,应用 XML 技术,根据具体应用业务的信息流,可以自定义不同系统。

(三)3S 技术的应用

系统使用了 GIS、RS 和 GPS 的 3S 技术,实现基础数据的叠加浏览、定位、对比分析等应用,结合 RS 技术将遥感影像数据和其他基础数据同步叠加显示,并能够对不同时期的影像数据进行对比分析。

(四)系统接口建设

数据交换接口的建设目标是在网络互联互通的基础上,通过系统之间预留接口,统一数据规范,实现耕地质量管理信息与其他相关系统信息的共享、交换和同步更新。耕地质量信息管理系统目前的主要接口包括与土地整治动态监测监管系统、国土资源“一张图”管理系统和用地审批系统等进行数据交换和同步更新,以满足业务数据共享、上报和辅助审批的需要。

第七章 耕地管理

第一节 国外及部分地区耕地政策的概述

一、美国的耕地保护政策

工业化、城市化及自然灾害曾经使美国的农地面积大量减少,给美国带来了一系列经济、社会和生态问题。面对这些问题,美国采取多样化的手段保护农地,并调动全社会力量来参与保护农地,在保护农地的同时,积极采取措施鼓励和扶持农业发展,增加农民收入,使农地所有者、农民成为农地保护的主要得益者,并注重保护农地的生态效益、社会效益与经济效益的统一。

美国对土地保护的重视源于1934年发生的黑风暴,粗放垦种使土地资源被严重破坏,肥沃的表土变成沙漠。1935年,美国国会通过"土壤保护法";1936年通过"土壤保护和国内配额法";1956年政府提出"土壤储备计划",包括耕地和土壤保护储备计划,目的是通过短期和长期休耕计划减少对土壤、水、森林及野生生物的破坏,政府对农场主的损失给予补贴。此外,美国设立土地银行,发放长期低息贷款,帮助农民改良土地,对耕地保护起到了决定性作用。

1968年,美国各州建立土地发展权转让制度,受限制开发区的供给方将土地发展权转让给可开发区的需求方,需求方购入土地发展权后与自己原有土地发展权合并进行土地开发。1974年建立土地发展权征购制度,土地发展权转移和征购的目的在于保护优质耕地。美国政府利用公共资金,按照市场价格向土地所有者征购土地发展权,土地所有者保留耕地,但不能改变土地用途。

1981年,美国国会通过"农地保护政策法",限制将农地转为非农用地;1985年在"食物安全法"中提出实施土壤保护,使受侵蚀的土地退出耕种,改良土壤;1996年通过"联邦农业发展与改革法",提出备用地保护计划,农场主根据市场情况,将符合耕作条件的土地作为保护地,可获得备用地保护补贴;2000年提出"农业风险保护法",限制农田的非农化利用。为强调保护耕地,美国出台"2002年农场安全与农村投资法案",提出保护安全计划、土壤保护储备计划、耕作土地计划、农地保护计划、小流域复原计划和其他保护计划。

美国的农地保护政策是一个完整的政策体系,1976年正式提出基本农田的概念,并对其内涵进行严格界定,为了保护土壤制定了土壤保持法。国会还相继通过了一系列法令,内容涉及建立土壤保护区、农田保护、土地管理政策、土地利用、小流域规划和管理、洪水防治、控制采伐和自由放牧等各个方面,把土地管理和水土保持逐步纳入法制轨道,全面保护耕地的数量和质量。农地保护规划不仅应用于土地利用控制,而且还与其他政策共同对农业用地向建设用地的转移进行管理。为了鼓励保护耕地,美国制定了一系列农地保护政策,如税收优惠政策,对农地保留农业用途的实行退税、减税等优惠,鼓励和保护土地私有者进行农业生产的积极性。设定可转让土地发展权,保障土地所有者的经济利益,并使农地永远失去用作城市建设的发展权,从而永久保留农地用作农业用途;吸引社会公众保护农地,不仅政府官员、农地所有者、农民、专家及志愿者都参与农地保护,大量的第三部门(非营利性私人组织)也成为保护农地的重要力量。规划控制农地不准用于非农业用途,给予农业区域内的农业生产各种政策优惠,保护农民发展农业的积极性,从而达到保护农地的目的。

实施"耕地储备计划"、"土壤保持计划"、"用地与养地结合计划"等,以达到持续利用土地资源的目的,合理使用适用的栽培技术和耕作制度,如"免耕法"、"少耕法"等,提高农地的质量。

二、英国的耕地保护政策

英国是一个岛国,国土面积狭小,仅有 24.42 万 km²,耕地面积所占比重在西欧各国中也是最小的,人均耕地仅有 0.1hm²。英国 78% 的人口为城市人口,城市化程度居发达国家前列。其人口密度相对较高,为 240 人/km²。由于人多地少,英国政府对农业和农地保护相当重视。英国是在用途管制方面立法最早的国家,又是世界上最早通过规划立法限制土地开发的国家。早在 1830~1870 年,英国在工业化时期根据"住宅法"和"城乡规划法"规范和调整土地的开发利用,城市的快速发展使得土地区位发生变化,土地所有者损益明显,进而导致对土地过度开发,环境污染和耕地流失现象较为严重。1942 年,英国政府出台《斯考特报告》,提出对农地实施分类利用。

第二次世界大战后,英国为了扭转农业发展的衰落局面,于 1947 年实施了战后第一个农业法,颁布新的"城乡规划法",规定土地开发权归国家所有,土地所有者变更土地用途或开发土地必须向政府提出申请并交纳开发税,否则只能按原有土地用途使用土地。1966 年,英国农业部对农地质量进行评价,建立农业土地分类系统,根据土地的作物适宜范围、产量水平、持续性及成本等因素,将农业土地分为 5 个级别。此后,多次颁布了鼓励、确保农业发展的法令,包括"新城镇法"、"村庄土地法"等十多部与土地管理有关的法律。与此同时,为发挥规模效益、诱导规模经济经营、实现农地农用,为愿意合并的小农场提供 50% 的所需费用。对愿意放弃经营的小农场主,可获得 2000 英镑以下的补贴或领取终生养老金。政府除对农业进行直接投资外,还对自然条件较差的山区提供农业基本建设(如土地改良、田间供排水设施)补贴金。整治改良土地可获 60% 的补贴,对园艺农场进行的土地改良、建筑建设和设备购置,给以 15％～25％ 的补贴;对农场主自己修建道路、堤坝、供电系统等则提供所需费用的 2/3 作为补贴。对土地条件较差的,如高山地的农场也有奖励,这些措施的执行有效地改善了英国食品短缺的局面。从 20 世纪 80 年代开始,英国在保护农用地的生产能力、保障国家食物安全方面的努力有所减少。1981 年,英国环境部制定"野生动物、田园地域法",提出将"科学研究指定地区"(多为劣质地)转为草地和林地,由政府支付补助金,地方官员开始"较少地强调农业生产能力,较多地关注农地的环境价值和乡村景观的保护"。1986 年,农业渔业和粮食部制定"农业法",指定"环保农业地区",通过实施乡村发展纲要和国家发展规划,保护优等农业用地。农地保护的目标也由食物生产转向提高农村环境质量和发展农村经济。与此同时,英国政府对城市规划政策的关注日益增加,政策实施的目标亦致力于在保护乡村景观的同时,促进城市结构的合理化,有效提供城市基础设施。1987 年,英国政府为保护农地环境,制定环境敏感区规划、守护田庄规划、有机农业生产规划、农地造林规划、能源作物规划、坡地农场补贴规划、林地补助规划等,目的是改善环境,增加生物多样性。2004 年以来的新规划体系强调农业的可持续发展,更加重视耕地保护,耕地保护政策体现在各级相关的规划中。2005～2006 年,英国在欧盟率先实行以保护环境、促进生物多样性发展为宗旨的农业政策,鼓励农场主发展环保型农业,保护农田,防止过度耕种。

总体来看,英国的农地保护主要通过灵活的规划制度来进行。该规划制度包括划分为区和县地方政府机构,以及英联邦环境部的分权管理。对城市工业交通、农业、林业三大用地部门进行合理安排,严格控制城市建设用地,保护耕地。英国控制城市增长的规划工具主要是绿带政策,英国制定绿带法。绿带内的土地利用类型并不仅限于农业用途,通常还包括一些娱乐设施和公共设施,以及政府认为必要的非城市建筑。

三、日本的耕地保护政策

日本是世界主要发达国家中人口密度最高的国家之一,历来重视土地管理和耕地保护,是实行土地用途管制最严格的国家。日本的土地管理完全纳入法制轨道,一切重大国土问题都制定特定法律,土地管理法律数量多、范围广;各项条文规定目的明确,要求具体,可操作性强;职责清晰,为了保护优良农地,对农地的购买转用等都做出了严格的管制,严格制裁。

日本从 18 世纪初开始将农民水田的灌溉设施纳入国家的基本建设规划之内,随后逐渐将土地改良、交通道路建设等也纳入国家农业基本建设项目。日本耕地改革始于 1946 年,国家强制收购地主的土地卖给佃农耕作,创立自耕农制度,形成土地规模在 3 町以内(1 町约等于 0.992hm^2)的小规模家庭经营耕作模式,户均耕地 0.877 町。1949 年,日本制定"土地改良法",个人或团体均可申请参加土地改良,主要围绕耕地设施、排水设施、整理地块、开垦耕地、填海开垦、修复受灾的耕地或设施,以及其他为保护耕地所需要的改良,"土地改良法"先后被修改 11 次。1952 年,日本制定"农地法",确立土地的农民所有制,认为只有耕作者拥有土地,才能提高农地生产力。为保证农业生产,设定良田保护区,严格管制农地向非农业流转。1962 年修改"农地法",增设"农业生产法人"和"农地信托事业"条款,将1961 年"农业基本法"的相关规定具体化和规范化,为制定"农协法"提供了制度基础。后又进行多次修改,2000 年在修改的"农地法"中,对土地权利转移和用途管制涉及的土地面积做出了弹性规定,排除以保存资产和投机为目的的农地转移,以及不从事农业生产的个人或团体转移农地的可能。

随着日本工业化和城市化的发展,农民兼业经营普遍,弃耕现象严重,农地非农化进程加快,耕地面积锐减。1968 年日本出台"农业振兴区域整备法",明确农村土地利用划分,保持足够的农地不受工业化和城镇化的侵蚀;1999 年,修改"农业振兴区域整备法",增设农地变更的基本标准,再次明确保护农地的基本目标。此外,日本农地法律和政策鼓励通过土地流转保护农地,1980 年制定"农地利用增进法",鼓励农民之间相互合作利用土地,扩大经营规模,对农业经营者给予税收和融资优惠,并提供经营管理培训和进修机会等。1993 年"农地利用增进法"更名为"农业经营基础强化促进法",将农地流转及促进农地利用的手段包括在内,保持优质农地用于生产,促进农地改良和经营规模的扩大,提高农地利用效率,排除耕种以外目的获取农地的权利,使日本农地制度向强化农业经营变迁。

为保障农地有效利用,日本制定了"国土计划法",划定农业振兴区域范围,限制农业区域土地利用。制定"城市规划法",限制城市用地,不许超过规划区域乱占耕地。日本重视城乡土地调查和土地利用计划,广泛进行了地籍调查、土地分类调查、水资源调查等各类调查工作,为合理利用有限的土地资源提供决策依据。规定在城市内部不同区域土地的利用方向,用规划控制城乡土地的利用,限制农业地域的土地利用,在农业振兴区域范围内的优良农地不准任意转用。把农地分为一、二、三类,不同类别的土地有不同的限制规定,规定农业用地不能被任意侵占,不同类别的农业用地也不许任意转用。在规划划定的计划调整范围内的农地转用则采取许可制度,必须得到都道府县知事或农林水产大臣的许可才能转用。限制森林地域的土地利用、自然公园地域的土地利用、自然保护地域的土地利用等,对于保护土地(环境)质量产生了重要作用。依靠国家力量兴建农业基础设施,增加农地生态系统功能。在农业新政策中制定了有关环保型农业政策,强调农业和农村具有的国土保持和环境保护功能,大力推广环保型农业。

四、加拿大的耕地保护政策

20 世纪 70 年代初,加拿大耕地保护进入国家政策议程,各省制订耕地保护计划,目的是阻止或减缓城市土地开发占用优质农地。加拿大耕地保护以省为单位, 1973 年不列颠哥伦比亚省颁布"农地委员会法",保护农田不被损害,至 1978 年农田储量达到 470 万 hm²,占全省农田总量的 80%。1978 年魁北克省颁布"农地保护和农业活动法",划定 650 万公顷农业保护区,其中包含大量林地,对土地进行分割控制。20 世纪 90 年代,魁北克省对农地保护区进行修编,确定农地保护区的范围和界限,明确农地要优先用于农业生产,严格保护农地。至 1998 年,魁北克省农地保护区面积达到 634 万 hm²。

加拿大各省在保护耕地的同时,制定了"土地利用规划和发展法",确定城市发展边界和合理的土地利用,强调在现有城市区域充分利用存量土地,鼓励农业和其他利用方式共存。20 世纪 90 年代末,加拿大实施国家水土保持计划,制订土壤保持和河岸管理方案,鼓励农民休耕,推广保护性耕作技术,培肥地力。

五、德国的耕地保护政策

德国位于欧洲中部,国土面积约 35.685 万 km²,主要由耕地和森林所覆盖,全国耕地面积占总面积的 1/2,约 11.9 万 km²。与我国情况相似,德国人均耕地占有量也比较低,人均占有耕地 0.15km²,而且同样面临着耕地面积减少的威胁。

德国是一个高度工业化的国家,各方对土地的需求都很大,兴建高速公路、兴办工厂及其他非农事业的发展,导致其农业用地以每年 100hm² 的速度递减,不但减少了耕地的面积,还使周围的水、空气等农业生产环境受到影响,耕地保护承受着巨大的压力。同时,随着工业的深度发展,在城市中心区域居住的人口逐年减少,人们大都选择搬到环境较好的郊区居住,对耕地的保护造成了新的压力。德国北威州农业与环保部农业司司长威尔斯塔克和萨克森州农业协会主席沃尔夫良·吕勒在接受我国记者的采访时,不约而同地表示了这样的担忧:德国在农田保护上同样存在很大的压力,德国的农业用地每天都在减少,我们努力不让他们把我们的土地锯成一小块一小块。

与我国一样,德国对土地的管理极为严格,尽管其土地所有权的归属与我国不同,80% 的土地属于个人所有,但是在自家所有的土地上从事非农建设,都必须严格遵守政府的既定规划。在德国,几乎没有人敢去触及政府规划的这条底线,究其原因,要归功于一系列完善而严谨的有关土地保护的法律制度,如"土地保护法"、"土地复垦法"、"土地整理法"、"联邦土壤保护法"、"垃圾处理法"。

德国与土地整理有关法律法规及制度是世界上最早、最完善、最发达的,1834 年颁布的"土地整理法"建立了较为完善的土地整理制度,并根据社会经济的发展情势不断进行修正,辅之以配套的法律法规,使土地整理法律制度趋于体系化。该法明确规定了土地整理的目的、任务和方法、参加者的权利与义务、土地整理资金筹措及使用管理等内容,建立起了完备的土地整理管理规章制度。而且,为了配合土地整理法和相关法律的实施,土地整理法还规定,每个州的最高行政法院要设立土地整理法庭,负责审议和处理相关诉讼案件和纠纷。正因为有完善的法律制度作保障,德国的土地整理一直沿着法律规范的道路发展,并取得了巨大效益,成为各国土地整理竞相仿效的典范。

1998 年,德国联邦议会通过了"联邦土壤保护法",这是自土壤保护成为全球热点问题以来,第一次有国家从法律法规上对土壤保护进行规范。该法规定了土地的所有者或使用者应遵循避免对所生产土地造成危险的原则,赋予其防止土壤污染和清除土壤污染的义务,旨在保护土壤的自然功能,并形成一种可持续的自然生态循环。该法的出台,在公众中建立了良好的保护土壤质量的意识和敏感度,为耕地生态属性的保护提供了法律保障和操作规范。

六、中国的耕地保护政策

耕地保护事关我国粮食安全、经济发展和社会稳定,始终是关系到社会主义建设全局的大事。从现行耕地保护政策体系的基本内容来看,有广义与狭义之分:广义上的耕地保护及其运行政策,包括所有与耕地保护有关的政策、法律和法规,如关于城市建设规划、乡镇建房条例、农业保护,以及中央与地方有关耕地保护方面的通知、办法、规定等。目前,我国与耕地保护有关的专门法律除了土地管理法、房地产管理法以外,还有城市规划法、农业法、森林法、草原法、渔业法、水法、矿产资源法、环境保护法,以及分别与这些法律相配套的行政法规、部门规章及地方性规章。狭义上的耕地保护及其运行政策主要是指耕地的产权、使用、规划与管理及其相应的政策、法律和法规。从狭义角度来分析,我国现行耕地保护及其运行政策是伴随着我国社会经济发展尤其是农业发展过程而逐步形成的。1996~1999 年是我国很多与耕地保护有关的重要性政策、法规的主要出台期:1996 年中央财经领导小组办公室组织了耕地保护的专题研究;1997 年 3 月 14 日全国人大八届五次会议通过了刑法,增设了"破坏耕地罪"、"非法批地罪"和"非法转让土地罪";1997 年 4 月 15 日,国务院发出了《关于进一步加强土地管理切实保护耕地的通知》;1999 年 1 月 1 日开始执行的新土地管理法,从狭义角度将耕地保护及其运行政策划分为若干层次,如图 7-1 所示。

(一)耕地产权制度

1. 耕地所有权制度

农村和城市郊区的土地,除由法律规定属于国家所有的以外,属于农民集体所有;农民集体所有的土地依法属于农民集体所有的,由村集体经济组织或者村民委员会经营、管理;已经分别属于村内两个以上农村集体经济组织的农民集体所有

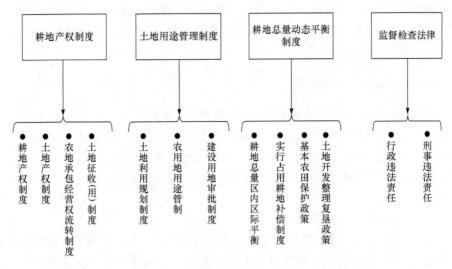

图 7-1 我国耕地保护制度与政策

的,由村内各该农村集体经济组织或者村民小组经营、管理;以及属于乡(镇)农民集体所有的,由乡(镇)农村集体经济组织经营、管理。

2. 土地承包制度

农民集体所有的土地可以由本集体经济组织的成员承包经营,从事种植业、林业、畜牧业、渔业生产。土地承包经营期限为 30 年。发包方和承包方应当订立承包合同,约定双方的权利和义务。承包经营土地的农民有保护和按照承包合同约定的用途合理利用土地的义务。农民的土地承包经营权受法律保护。在土地承包经营期限内,对个别承包经营者之间承包的土地进行适当调整的,必须经村民会议 2/3 以上成员或者 2/3 以上村民代表的同意,并报乡(镇)人民政府和县级人民政府农业行政主管部门批准。

3. 农地承包经营权流转制度

通过家庭承包取得的土地承包经营权可以依法采取转包、出租、互换、转让或者其他方式流转。土地承包经营权流转的主体是承包方,土地承包经营权流转的转包费、租金、转让费等由当事人双方协商确定,流转收益归承包方所有。土地承包经营权流转不得改变土地所有权的性质和土地的农业用途,流转的期限不得超过承包期的剩余期限。

4. 土地征收(用)制度

农村土地集体所有权是一种受到限制的所有权,也就是说,农民集体作为所有权的主体在行使权力时不可违背宪法、土地管理法等的有关规定。宪法第十条规定:国家为了公共利益的需要,可以依照法律规定对土地实行征用。所谓征用,是国家依照法律规定的条件,将农村集体经济组织所有的土地收归国有,以满足国家企事业单位及发展公益事业的需要。农村集体土地被征用后,土地所有权属于国家,用地单位只有使用权。

(二)土地用途管制制度

国家编制土地利用总体规划,规定土地用途,将土地分为农用地、建设用地和未利用土地。严格控制农用地转用为建设用地,控制建设用地总量,对耕地实行特殊保护。使用土地单位和个人必须严格按照土地利用总体规划确定的用途使用土地。土地用途管制制度包括土地利用规划制度、农用地转用制度、建设用地审批制度。

1. 土地利用规划制度

各级人民政府应当依据国民经济和社会发展规划、国土整治和资源环境保护的要求、土地供给能力及各项建设对土地的需求,组织编制土地利用总体规划。

地方各级人民政府编制的土地利用总体规划中的建设用地总量不得超过上一级土地利用总体规划确定的控制指标,耕地保有量不得低于上一级土地利用总体规划确定的控制指标。

省(自治区、直辖市)人民政府编制的土地利用总体规划,应当确保本行政区域内耕地总量不减少。

土地利用总体规划按照以下原则编制:严格保护基本农田,控制非农建设占用农用地;提高土地利用率;统筹安排各类、各区域用地;保护和改善生态环境,保障土地的可持续利用;占用耕地与开发复垦耕地相平衡。

县级土地利用总体规划应当划分土地利用区,明确土地用途。乡(镇)土地利用总体规划应当划分土地利用区,根据土地使用条件,确定每一块土地的用途,并予以公告。土地利用总体规划实行分级审批,一经批准,必须严格执行。

城市总体规划、村庄和集镇规划,应当与土地利用总体规划相衔接,城市总体规划、村庄和集镇规划中建设用地规模不得突破土地利用总体规划确定的城市和村庄、集镇建设用地规模。

土地利用年度计划的编制审批程序与土地利用总体规划的编制审批程序相同,一经审批下达,必须严格执行。经批准的土地利用总体规划的修改,须经原批准机关批准;未经批准,不得改变土地利用总体规划确定的土地用途。

2. 农用地转用用途管制

建设占用土地,涉及农用地转为建设用地的,应当办理农用地转用审批手续。省(自治区、直辖市)人民政府批准的道路、管线工程和大型基础设施建设项目,国务院批准的建设项目占用土地,涉及农用地转为建设用地的,由国务院批准。

在土地利用总体规划确定的城市和村庄、集镇建设用地规模范围内,为实施该规划而将农用地转为建设用地的,按土地利用年度计划分批次由原批准土地利用总体规划的机关批准。在已批准的农用地转用范围内,具体建设项目用地可以由市、县人民政府批准。此外的建设项目占用土地,涉及农用地转为建设用地的,由省(自治区、直辖市)人民政府批准。征用下列土地的,由国务院批准:①基本农田;②基本农田以外的耕地超过 $35hm^2$ 的;③其他土地超过 $70hm^2$ 的。此外的土地,由省(自治区、直辖市)人民政府批准,并报国务院备案。征用农用地的,应依照规定先行办理农用地转用审批。

3. 建设用地审批制度

建设项目可行性研究论证时,土地行政主管部门可以根据土地利用总体规划、土地利用年度计划和建设用地标准,对建设用地有关事项进行审查,并提出意见。经批准的建设项目需要使用国有建设用地的,建设单位应当持法律、行政法规规定的有关文件,向有批准权的县级以上人民政府土地行政主管部门提出建设用地申请,经土地行政主管部门审查,报本级人民政府批准。

建设单位使用国有土地的,应当按照土地使用权出让等有偿使用合同的约定或者土地使用权划拨批准文件的规定使用土地;确需改变该幅土地建设用途的,应当经有关人民政府土地行政主管部门同意,报原批准用地的人民政府批准。其中,在城市规划区内改变土地用途的,在报批前,应当先经有关城市规划行政主管部门同意。

有下列情形之一的,由有关人民政府土地行政主管部门报经原批准用地的人民政府或者有批准权的人民政府批准,可以收回国有土地使用权。

(1) 公共利益需要使用土地的。

(2) 为实施城市规划进行旧城区改建,需要调整使用土地的。

(3) 土地出让等有偿使用合同约定的使用期限届满,土地使用者未申请续期或者申请续期未获批准的。

(4) 因单位撤销、迁移等原因,停止使用原划拨的国有土地的。

(5) 公路、铁路、机场、矿场等经核准报废的。

乡镇企业、乡(镇)村公共设施、公益事业、农村村民住宅等乡(镇)村建设,应当按照村庄和集镇规划,合理布局,综合开发,配套建设;建设用地,应当符合乡(镇)土地利用总体规划和土地利用年度计划,并依照土地管理法的规定办理审批手续。

农村集体经济组织使用乡(镇)土地利用总体规划确定的建设用地兴办企业或者与其他单位、个人以土地使用权入股、联营等形式共同创办企业的,应当持有关批准文件,向县级以上地方人民政府土地行政主管部门提出申请,按照省(自治区、直辖市)规定的批准权限,由县级以上地方人民政府批准;其中,涉及占用农用地的,依照土地管理法的规定办理审批手续。兴办企业的建设用地,必须严格控制。

乡(镇)村公共设施、公益事业建设,需要使用土地的,经乡(镇)人民政府审核,向县级以上地方人民政府土地行政主管部门提出申请,按照省(自治区、直辖市)规定的批准权限,由县级以上地方人民政府批准;其中,涉及占用农用地的,依照土地管理法规定办理审批手续。

农村村民一户只能拥有一处宅基地,其宅基地的面积不得超过省(自治区、直辖市)规定的批准。农村村民建住宅,应当符合乡(镇)土地利用总体规划,并尽量使用原有的宅基地和村内空闲地。农村村民住宅用地,经乡(镇)人民政府审核,由县级人民政府批准;其中,涉及占用农用地的,依照土地管理法的规定办理审批手续。农村村民出卖、出租住房后,再申请宅基地的,不予批准。

七、各个国家的政策对比和启示

(一)国内外耕地保护政策比较

通过对国内外耕地保护政策的比较分析,可以看出大多数国家都是在耕地被破坏或在城市化进程中耕地减少后才开始制定耕地保护政策,而且因国情差异,耕地保护政策的侧重点也有所不同(表7-1)。

(1)英国通过授予土地发展权管制土地用途,缓解了耕地流失,通过提供土地改良补贴和贷款提高了土地质量,使小农场向大型化、规模化发展。

(2)美国耕地保护政策主要针对土地质量,目的是改良土壤,把保护耕地限制在提供安全食品的范畴内,土地发展权制度确保了耕地所有者获得支配耕地的权利。

(3)日本涉及土地和农业的法律达130多部,构成纵横交织的法律制度体系,相互衔接,互为支撑,条款翔实,可操作性强,在耕地保护和利用过程中形成比较系统的制度设计,综合配套,结构科学,执行严格。关于耕地法律的不断修订,使日本耕地制度与时俱进,能够适应不同时期的社会发展需要,引导和促进耕地利用和农业经济向良性发展。

(4)加拿大主要以省为单位制订耕地保护计划,目的是保护优质耕地免于开发,强调利用城市现有存量土地,保持耕地集中连片。

(5)德国对土地的管理极为严格,在所有的土地上从事非农建设,都必须严格遵守政府的既定规划;土地整理法明确规定了土地整理的目的、任务和方法,参加者的权利与义务,土地整理资金筹措及使用管理等内容,联邦土壤保护法规定了土地的所有者或使用者应遵循避免对所生产土地造成危险的原则,赋予其防止土壤污染和清除土壤污染的义务

(6)中国耕地保护政策的重点是遏制耕地面积减少,与其他政策的衔接或交

又较少,耕地保护政策多以办法、通知的形式颁布,集中于宏观层面,可操作性不强,导致农村耕地纠纷颇多。

表 7-1 主要国家的耕地保护政策侧重点与耕地保护参与者

国家	耕地保护政策的侧重点	耕地保护的参与者
英国	注重土地开发、利用和环境保护,以及农业的可持续发展	政府、社会公众
美国	耕地保护建立在土壤保护的基础上,除了维持耕地面积外,更注重耕地质量的提高,政府提供税收、贷款优惠和损失补贴	政府、耕地所有者、专家、非营利性私人组织、民间耕地保护组织、农业资源协会
日本	注重通过土地改良和土地质量的提高,以及农业生产方式的转变保护耕地质量和数量,依法治国	政府、法人"公团"、个人
加拿大	以省为单位制定耕地保护政策,注重改良土壤,培肥地力,保护农业生态环境	政府、规划师、专业学术团队、市民
德国	对土地的管理极为严格,拥有土地整理法、联邦土壤保护法等一系列完善而严谨的有关土地保护的法律制度	政府、个人
中国	政策制定逐步由农村建房及城市扩张占用耕地的数量控制向提高耕地质量方向转移,注重改善农村生产和生活条件,维护农民权益	政府

从公众参与耕地保护的程度看,在英国、美国、日本、加拿大和德国,由耕地所有者、专家、非营利性私人组织、民间耕地保护组织、农业资源协会等共同参与保护耕地,而中国多停留在中央政府和省、市级政府层面,即使有大众媒体和专家学者参与和监督,力量仍然薄弱,农户和地方政府出于追求土地的短期利益,保护和管理耕地的意识淡薄。

从耕地所有权制度看,英国、美国、日本、加拿大和德国农地属于私人所有,权责明晰,政府干预不多;主要依靠法律手段保护耕地,有法可依;政府采取经济手段,如税收、贷款优惠、补贴等措施,激励农场主的耕地保护意识。而中国耕地属于集体所有,所有权主体缺位,权责不明晰,耕地非农化的高收益诱使地方政府放弃保护耕地。目前部分地区除宅基地外,农村土地确权仍停留在村集体层面,耕地没有确权到户,因此农村集体仍然有较大的权利支配耕地,农民对耕地保护缺乏积极性,处于被动地位。

(二)国外耕地保护政策对中国的启示

尽管法律制度属于上层建筑的范畴,注定是为特定的经济基础服务的,具有明显的阶级性,但是,凡是属于一般市场规则、反映客观规律的法律制度,我们是应该重视并研究的,以扬弃的原则,以科学、理性的标准取舍外来法律制度。

所谓他山之石,可以攻玉。我们必须充分了解并研究发达国家在耕地资源保护法律制度建设方面积累的优秀经验,以作为我国相关法律制度完善的参考。凡农业现代化程度比较高的国家,其耕地保护方面的法律制度也较为完善,除去土地所有制方面的差异外,在优化土地资源配置、有效保护耕地和控制城市用地规模扩张等方面的法律制度,都值得我们借鉴与研究。

(1) 严格执行土地利用规划。综观上述国家和地区耕地保护方面的法律制度,在限制耕地数量减少方面均有一个显著的特征:严格限制行政机关对耕地征收和流转的自由裁量权,征收和流转都必须严格按照法律程序,耕地非农化必须是出自公共利益的考虑,并不断合理简化程序以减少耕地征收和流转的法律障碍。尽管我国一再强调"划定永久基本农田,实行永久保护,确保耕地总量不减少、质量有提高"的耕地保护政策,但农民为获得更高的经济效益转变基本农田用途,地方政府或乡镇企业为获取土地增值收益侵占耕地的现象仍屡禁不止。因此应根据我国土地质量适宜性评价结果,对不同等级的集体土地进行分类,严格执行土地利用规划,将优质或质量较好的耕地,设为永久性保护耕地,任何部门或个人不得改变土地性质,违者依法追究责任。

(2) 设立土地发展权或农地保护专项基金。中国耕地属于集体所有,耕地所有权主体缺位使耕地资源配置效率较低,因此必须加快集体土地使用权的确认工作,根据农业功能区划和土地利用规划,对适宜发展区设立土地发展权,既能有效地保护耕地,激发农民种地热情,还能限制政府或村镇强制征用土地,保持耕地的总量平衡。

(3) 鼓励公众和政府共同参与耕地保护。耕地的数量和质量关系到我国的粮食安全,更关系到生态环境和可持续发展,因此保护耕地不仅是政府的职责,也是每个公民应尽的义务。应着手建立耕地保护群众队伍,加大宣传培训力度,鼓励公众和政府共同参与耕地保护,公众与政府相互制约、相互监督,从而吸收新观点、新思路,形成各利益群体共同保护耕地的良性循环机制。

(4) 设立土地银行和土地复垦基金。针对我国农村建设用地复垦资金不足的现状,国家应加大资金支持力度,由中央政府和地方政府共同出资,设立股份制土地银行,建立土地复垦基金;创新土地金融制度,按照市场经济规律,采取多种经营方式,多渠道筹措资金,确保复垦耕地数量不减少,质量不下降。

第二节　法律法规存在的问题及建议

一、存在的问题

(一)法律法规需完善,专门性、针对性和系统性的规定较少

虽然我国现行的土地管理法、基本农田保护条例、农业法等均对耕地的保护做出了相应的制度保障,但这些关于耕地质量建设管理的相关法律法规大多是原则性规定,过于抽象,多数只是一笔带过,未形成系统性,缺乏具体的制度操作性,又没有配套实施的措施。只是指出要保护耕地质量、改良土壤,但对于如何保障耕地质量不下降,如何对质量已下降的耕地进行改良,并未做出明确而完善的规定。耕地占用补偿制度是对耕地保护、保持耕地总量动态平衡最具有直接效力的制度。但是该制度仅仅对占用耕地的单位和省(自治区、直辖市)的垦地补偿义务做了规定,至于在未能履行法定义务的情况下,应当承担怎样的法律责任没有相关的规定。这种只有假定和行为模式,没有法律后果的法律规范,实质上已失去了强制执行性。一些地区采取补办用地的形式绕过土地用途管制而将农用地转为耕地,这在经济发达的地区还比较普遍,而目前的法律、法规对违反土地用途管制、非法占用农用地改作他用的行为应负的法律责任比较含糊,都不同程度地削弱了土地用途管制制度对农用地和耕地的保护力度。在我国现行法律体系中,已经对防治水、大气、海洋的污染制定了专门的法律,而对土壤及耕地的专项法律还是一项空白,系统且可操作性强的具体法律制度缺乏。

(二)管理体制需更加明确,应加强监管,完善责任

我国耕地质量建设管理体制相比国外的规定存在明显的不协调问题。现阶段我国耕地质量建设与管理处于多头管理,农业部负责耕地质量管理,国土资源部负责耕地的数量管理,环保部门负责耕地环境治理。针对耕地质量建设与管理,各部门都在管,但又管得不多,有的甚至还几乎不管。农业法、基本农田保护条例等赋予了农业部门在耕地质量管理与建设方面的责任和义务,但没有赋予农业部门对破坏耕地质量行为的处罚权,缺乏强制性的具体措施。国外都通过立法建立统一的管理机关,改变了过去由于管理薄弱而不得不倚重于司法控制的末端控制模式,建立了预防为主和全过程控制的新型控制模式。

我国法律责任的规定与国外立法相比存在缺陷。如传统的民事侵权赔偿责任存在救济的滞后性;刑事制裁重视"结果犯",轻视"行为犯",缺乏源头控制措施,往往造成重大污染而很难挽回;刑法关于"破坏环境资源保护罪"等罪名都是故意犯罪,缺乏无过错责任规定。

（三）需要进一步完善评价标准，提高技术性规范层级，增强可操作性

我国已经颁布了《耕地质量验收技术规范》(NY/T 1120—2006)、《土壤环境质量标准》(GB 15618—2008)和《农用地分等规程》(TD/T 1004—2003)，以及补充耕地数量质量按等级折算等规程和管理条例，但都属于部门技术性规范，立法层级低。《土壤环境质量标准》(GB 15618—2008)只是单一地规定了土壤的等级分类，未对耕地质量的标准做出明确的规定，这种状况对于耕地质量保护效果甚微，而且《土壤质量环境标准》(GB 15618—2008)过分地强调统一性，不能满足我国土壤及耕地多样化的特点。没有明确的耕地质量评价标准，就不能为相关执法提供依据，也不能切实有效地追究责任者的相关责任。因此有必要对现行的《土壤环境质量标准》(GB 15618—2008)进行修订，学习俄罗斯在这方面的明确、详细的规定。目前农用地分等定级工作完成，耕地质量评价标准应该和各地区农用地分等定级工作相结合，在其基础上制定不同的标准，明确评价的程序、内容和验收方法，把国土资源部的相关耕地质量管理规范上升到国家层面，可以在更高层次上完善耕地质量管理标准，形成适应各地差异特点的耕地质量评价标准，以及建设和破坏耕地质量的相关鉴定标准，为实施相关法律法规提供鉴定依据。我国现行法律在维持耕地资源总量动态平衡方面发挥了一定的作用，但是整体上缺乏系统性、协调性，执行上可操作性不足。必须从提高耕地资源保护行政法规的可操作性入手，完善现有的耕地资源征用审批制度，建立耕地资源用途管制制度，加强土地执法力度，从而实现依法保护耕地资源数量的目标，严守耕地红线。

（四）应明确耕地所有权主体，让使用权具备更强的可变性和可转让性

随着人民公社及其所属生产大队和生产队的相继撤销，原有土地产权主体不再是一个生产经营实体。农民必须作为一个集合体且仅仅作为对耕地承包经营权即土地使用权这一限定物权范围的主体，而不是耕地产权的直接主体。集体到底是指乡政府、村委会，还是村民小组，这就形成了事实上的土地所有权主体虚置，不利于产权的明晰，当然更不符合市场经济的基本要求。农民作为土地所有权主体的缺位，一方面表现为农民在土地资本所有权方面的缺位，导致激励与约束不足，使农民处于对耕地的投入不断增长，而收益出现递减甚至负增长且又无法自动矫正的一种成本——收益困境状态，使得农民对耕地长期投资、改善耕地肥力结构、提高耕地生产能力，从而提高耕地产出率缺乏热情，助长了农民耕地经营的短期行为，使耕地肥力呈现贫瘠恶化的趋势，使农民陷入耕地经营的高成本、低效益的困境，农民趋向于将耕地撂荒、弃耕、转为其他用途。并且农民对社会公益或社会服务部门所提供的"公共产品"——排涝灌溉设备与设施、道路、水库、堤堰等基础设施的"消费"产生惯性"搭便车"现象，作为其耕地经营的高成本、低收益的成本-收

益的补偿。即使需支付低廉的使用费,也因交付方式、付费标准和信守支付规则方面的不确定性,使得产前、产中、产后相关服务部门因投入不断增长,而收益出现递减趋势甚至出现负增长困境而难以维持生计,从而使农田水利等基础设施严重失修,地下水过度开采及河湖被污染等,从事土地产品生产的外部环境恶化,抗灾能力减弱,以致造成土地产出率波动大,土地产出边际收益处在不稳定的状态。另一方面表现为农民在土地资产所有权方面的缺位,农民从集体承包的土地只有使用、经营和收益的权利,不能改变其农业耕作用途,实际上农户对承包的土地只有耕作权,农民难以与耕地占用者进行"农夫"和"牧人"的产权谈判,造成"农夫"的耕地转让给"牧人"——耕地占用者。

虽然国家法律肯定了承包经营权受法律保护,但现实中,因承包地变动频繁而使土地承包权经常处于不稳定之中。尽管国家推行土地使用权承包期三十年不变及增人不增地,减人不减地的政策,然而由于人口不断增加和流动,土地的重新划分和分配十分普遍,不能形成稳定的预期收益。大多数地区农民土地使用权没有书面合同或者在合同中没有具体的描述。因人口增减变化对土地进行的频繁调整极大地侵犯了农民的承包权。由于土地承包权不稳定,产权的激励功能不足,农民对自己所使用的地块缺乏长期的预期,严重影响到农民的生产积极性,所以农民不愿意对土地进行长期投资,特别是对于诸如土地改良这样的大工程,由于投资改良时间长、风险较大及农民对未来预期的不确定性,农民更没有投资的愿望以增加土地的肥力和生产力,反而可能在有限的承包期内,过度利用土地资源,使土地质量无法保持,土地生产率无法提高。同时,产权的激励功能不足加上约束功能不足还会诱发农民在土地利用上的短期行为,激励承包人为承包效益最大化而掠夺性经营土地,拼命利用土地增加生产,以牺牲地力和生态环境为代价,攫取眼前的经营利益,使土地过度消耗,造成水土流失、土地沙化、气候恶化和耕地肥力受损、质量下降、土壤退化。

农地使用权在机会均等、远近优劣搭配的公平原则下按人均分,使土地经营趋于分散化,土地切割细碎,经营规模狭小。由于土地使用权缺乏正常的流转机制,难以产生规模效益。在土地承包权不能流转的情况下,产权的资源配置功能失效,使土地资源的优化配置受阻,细碎、分散的土地难以向种田能手集中,不利于土地利用效益的发挥,导致土地资源被严重浪费。

(五)树立土地用途管制制度的权威性

土地用途管制制度是指国家为保证土地资源的合理利用,以及经济、社会及环境的协调发展,通过编制土地利用总体规划划定土地利用区,确定土地使用条件,并要求土地所有者和使用者严格按照国家确定的用途利用土地的制度,是依法对土地利用和土地用途变更的管理和限制,带有一定的强制性。其重点是严格限制农用地尤其是耕地转为建设用地,控制建设用地总量,对耕地实行特殊保护,同时还具有对属于农业用地区的非农业建设用地,限制其改、扩建,使其逐步调整为农业用地的作用。土地用途管制的依据是土地总体利用规划,通过年度土地利用计划来具体实施。我国土地管理法第十五条虽然规定了各级人民政府必须编制土地利用总体规划,而对于规划的实施却缺乏有效的手段。土地利用规划的法律地位明显不如城市规划,城市规划有城市规划法作保障,具有法律地位,而土地利用规划没有专门的法律。由缺乏权威性的土地利用总体规划来协调具有较高权威性的城市总体规划相当困难,致使城市盲目扩大,大量耕地被占用。由于土地利用规划的编制多采用指标控制,采取各项用地指标的层层分解,实行的是以资源为导向的用地配置方式,技术手段落后且缺乏弹性和应变能力,科学性不强,难以满足经济、社会发展的需要。因此,土地利用规划也难以起到控制、指导土地利用的作用。土地利用规划的种类较多,一般的有总体规划、基本农田保护区规划,一些地方还有土地复垦、土地整治、城镇村用地规划等,需要花费大量的人力物力去编制,规划的实施更是一个投入巨大的工程,很难保障各类土地利用规划得到落实。这就削弱了土地用途管制保护农用地、耕地的作用。

农用地转用审批是实现土地用途管制的关键,现在实施的土地用途管制制度对规划中确定为农业用地区内的建设用地转为农用地基本上不起作用或收效甚微,一定程度上影响了土地的优化配置及规划的实施;土地用途管制制度缺乏对农用地内部进行管制的内容,对如何合理配置各种农用土地资源措施,进行合理的结构调整,提高农用地的利用率和利用效益,缺乏相关管制内容。

二、完善耕地质量建设和管理政策的建议

(一)构建具体的耕地管理政策和制度

就我国耕地质量建设与管理的立法前景而言,可以有两种思路:首先,制定一部统一的耕地质量建设与管理条例,有针对性和系统性地完善我国耕地质量保护与建设的具体内容,明确耕地质量监测与监督管理的职责机构和责任;其次,由于耕地质量建设的专门性和特殊性,以一法以概之恐怕难以面面兼顾,所以就需要修订目前现有的与耕地质量建设与管理相关的法律法规,以及技术规范和标准等,使其与耕地质量建设与管理条例相协调。

修订土地管理法、基本农田保护条例及农业法等各相关法律法规,进一步明确耕地管理的执法主体,强化国土、农业部门的职责、权利和法律责任,确定土地有偿使用费用于耕地质量建设的比例和管理办法,确定农业部门验收开发整理耕地、补充耕地的质量等级并出具等级证书的职责、权利,细化违反耕地质量管理的处罚条款和量刑标准,使现有的法律法规与耕地质量建设与管理条例相衔接并协调统一。

在借鉴国外先进立法经验、总结我国在这方面不足的基础上,得出我国的耕地质量建设与管理条例,其具体制度应该包括如下几个方面。

(1) 耕地质量保护制度。就耕地而言,耕地的适宜性、耕地的自然质量和耕地的利用水平是衡量其质量高低的主要因素。所以耕地质量保护,就是指耕地资源的地力保护,以维护耕地的生产潜力和提高耕地资源生产力水平。在法律中要明确加强耕地质量保护的措施:制订中长期耕地质量保护与建设规划;完善耕地分等定级制度,落实耕地培育措施;规范农药、化肥的科学使用。

(2) 耕地质量建设制度。大规模建设旱涝保收的高标准农田是中央做出的重大决策。为了实现这一目标,加强耕地质量建设,应将测土配方施肥及土壤有机质提升等地力综合培肥与改良措施在法律层面予以落实。此外,对耕地质量建设的具体内容进行规范,使耕地质量建设项目的立项、施工及验收工作规范化、程序化,做到有章可循,有法可依。

(3) 耕地质量监测制度。耕地质量监测制度为耕地质量的建设提供技术支持,要从法律层面明确耕地质量监测的内容。主要监测内容应该包括:突变、稳定的耕地生产能力要素指标的监测和易变的耕地生产能力要素的监测。突变的耕地生产能力包括耕地增加和损失导致的耕地生产能力变化;稳定的耕地生产能力监测包括耕地质量、有机质含量、灌溉条件等稳定性指标;易变的耕地生产能力包括常规肥力指标,土壤微量元素,土壤环境质量指标,灌溉水质量指标等的监测。并建立耕地质量信息系统,使耕地质量的各类信息资料有一个直观的分析处理平台。

(4) 耕地质量监督管理制度。要以法律形式明确耕地质量建设与管理的机构,即国土资源部负责优质耕地质量的空间划定、保护与监管,并重点对突变性和稳定性的耕地质量进行监测,而农业部重点负责地力提升监督工作。县级以上人民政府农业主管部门负责本行政区域耕地质量建设与管理的监督管理工作,其所属的土壤肥料管理机构负责具体工作。农业部所属科研机构和耕地保育重点实验室负责耕地质量科学研究和技术支持工作。

(二) 创新耕地所有权制度

(1) 明确土地产权主体,正确界定土地产权关系是经济发展的前提。产权所有者通过对产权保障内的稀缺资源的利用和再生的统筹安排,在使其个人收益最大化的同时,使社会收益最大化。如果产权模糊,外部性和搭便车等问题就难以避免,土地市场也就不能有序发展。农村土地制度创新目标在于以完善土地产权体系为核心,赋予农村土地承包权的财产权地位,明确土地产权和使用权,保证所有者、经营者的权益。为农地保护提供必要的产权制度基础。同时,活化农地产权,进行市场化的自由流动,实现耕地的增值和效率化的配置。还要推进土地征用制度的改革,以提高土地征用成本,抑制耕地的高速占用行为。明晰农村土地产权关系主要是使所有权主体人格化,获得地租;使用权主体独立化,获取劳动报酬和经营管理报酬;承包权主体法律化,获得社会价值或要素边际报酬或占有报酬;同时使处置权主体规范化、产权交换主体平等化。

(2) 明确所有权土体。根据我国的实际,以明确集体在法律规定范围内成为完整意义的所有权主体,作为人格代表,严格界定其责任和权力,赋予其稳定承包权的责任。使其能站在就业和生存保障角度,为承包农户向农地征用和购买主体索取承包使用价值的补偿。

(3) 完善承包权。虽然所有权有助于提高追求承包使用权价值的积极性,但其他产权对农地价值有着更直接的效率意义。明确承包地的责任主体和要求主体,提高农地承包使用权价值的预期,保护农地承包权免遭侵蚀。以法律的形式明确了农地社会功能,农地承包权的完整是农地承包价值存在的基础。

(4) 界定使用权。严格界定使用权,使农民成为使用权收益的接受和责任主体,关心投入资本的回报,关心耕地自然增值的应得部分,关心耕地的时间价值,关心耕地使用价值的高低,关心耕地的成本和收益。只有耕地使用权得到保证,耕地的收益权和处分权才能落实,承包权的财产性质才会稳定。

(5) 明确处分权。以家庭联产承包责任制的双层经营体制,土地使用者具有有限的土地使用权。如果耕地使用权主体没有处分权,必然不会对耕地承包使用权价值提高分享要求。没有处分权的耕地承包使用权价值就无法从交换价值中得到补偿,更无从评估和计算。

(6) 改变征地方式。缩小征收(用)土地的范围,对营利性用地,如石油用地、收费的高速公路用地、企业用地等占用耕地应该交给市场来运作,政府特别是地方政府应该退出此类征地的行列,把权力下放给农户和建设用地单位,因为建设用地单位要同多个农户进行谈判,无形之中增加了谈判成本,加大了耕地转化为建设用地的阻力。由于农户具有较大的自主权,如果不能获得较高的经济租金就不会实现土地的用途转移,这样既可以保证农民的利益,又使建设用地单位增加了成本,他们会更加珍惜并合理使用土地,使土地利用集约化和合理化,同时也可以改变当前土地征而不用、圈而不用的怪现象。在这一过程中,为保证国有资产不流失,政府应该起到监督和指导作用。

(7) 增设新的权能。根据当前和未来发展的需要,可增设抵押权、发展权、开发权、占有权并使之与收益分配权相结合。

(三) 耕地管理政策与市场配置土地相结合

市场会缓解耕地保护与经济发展的矛盾,并促进全部耕地的优化配置;促进耕地合理流动,实现耕地与资本、劳动者和管理者的最优配置,提高耕地利用效率。农地使用权流转市场机制的建立,有利于促进土地向优秀的农业经营管理者集中,实现耕地与其他生产要素的优化配置,提高耕地的利用率和生产力,从而缓解各类用地的矛盾。

市场配置土地可提高城市土地的利用效率和效益,减轻非农建设占用耕地的压力。过去在计划经济条件下,土地使用采用无偿划拨的办法,从而出现了大量的"少占多用,早占迟用,占而不用"等现象。通过改革和完善城市土地使用制度,充分发挥市场机制的作用,就可促进对土地的节约使用和集约利用,并使土地资源流向最合理的用途和最佳的使用者,实现资源的优化配置。

随着耕地资源的日益稀缺,市场机制将促使耕地价格日益提高,耕地经营者在自身利益驱动下对耕地数量和质量实行有效保护。随着人口的增加、经济的发展,在耕地资源日趋稀缺时,市场会导致耕地相对于其他资源的价格水平上升:一方面阻止耕地向其他用途转化;另一方面促使经营者通过投入资本、劳动的办法创造土地资产,提高耕地质量,从而进行耕地保护。

(四)建立耕地储备制度是耕地保护的后备潜力

建立耕地储备制度,一是对耕地资源进行储备。我国的耕地资源并不丰富,大量的可垦耕地后备资源大多数已被垦成耕地,可利用的后备资源已不多了。而且,有相当一部分开垦难度比较大。同时这些后备资源,如地产的草地等在整个生态环境中起着举足轻重的调节作用。因此要适当放慢耕地开垦速度,对这些尚未利用的在生态系统中起着一定调节作用的可垦后备资源,在调查规划清楚的基础上,暂时将其储备起来,不予开发,待到粮食生产出现需求时,再按计划开发。这样做,既有利于调节粮食市场的供求,又有利于自然生态的保护。二是对耕地开垦资金进行储备。近两年国家实行了征收新增建设用地土地有偿使用费后,各地每年都能收取一笔相当可观的资金专门用于耕地开垦。目前,这笔资金的使用一般都是根据耕地的开垦项目确定的。如果在粮食出现阶段性、结构性过剩时,适度放慢耕地的开垦速度,将剩余的资金储备起来,待粮食需求增大时,再迅速投入耕地开垦中去,这不仅能使征缴的新增建设用地土地使用费真正用在耕地保护方面,更重要的是,在需要投入时有可靠的资金保障。

(五)全社会参与是耕地保护的生命力

耕地保护是一项对全社会及每个公民都有利的事,耕地保护事业在全社会的广泛参与、支持和监督下才具有强大的生命力。

首先要调动市、县政府及其官员的积极性。市、县政府处在耕地保护的第一线,但当前我国的国情决定了保护耕地会让市、县政府付出近期的经济代价。对于市、县政府保护耕地的机会成本,中央和省级政府要给予补偿,保证市、县政府可以在保护耕地中得益,鼓励市、县政府自觉地保护耕地。把耕地产生的社会效益和生态效益纳入干部业绩考核体系中，引导地方官员加入耕地保护的行列中。

其次要充分发挥农民在耕地保护中的主动作用。耕地之于农民不仅具有经济功能，而且具有社会保障功能，所以农民对耕地保护愿望最迫切，另外，农民对耕地的区位、地力、生产力、变动等情况拥有的信息比较完全，具有信息优势。农民耕地保护的执行成本较低。赋予农民土地承包权的财产权地位，给予农民耕地保护创造正的外部性的经济补偿，发挥农民在耕地保护中的潜力。

最后要调动社会各界力量保护耕地。在耕地保护的政策制定、规划编制、宣传教育、监督检查方面，都应邀请更多的部门和社会公众参与，公众拥有的信息量大、全面，可通过有效的法律手段在耕地保护决策和管理中发挥宣传、咨询、监督等方面的作用。成立耕地保护社会团体，开展耕地保护宣传、耕地科学学术交流、耕地保护科技成果推广、耕地科学知识咨询等活动；组织有关机构和专家成立规划委员会，负责各项规划的编制和协调，规划委员会的主席由规划专家担任，而不是由行政长官担任；应该创造条件让大量的非营利性私人组织积极参与耕地保护。

第三节　土　地　登　记

一、土地登记概述

土地登记是国家依照法定程序将土地的权属关系（所有权、使用权和其他项权利）、用途、面积、使用条件、等级、价值等情况记录于专门的簿册，以确定土地权属，加强政府对土地的有效管理，保护权利人对土地合法权益的一项重要的法律制度。根据我国的具体情况，主要登记国有土地使用权、集体土地所有权和其他权利。

土地登记最初是国家为了维护土地制度而建立的一项国家措施，封建社会的土地登记制度是为了维护封建地主对土地的占有，保证代表封建地主、贵族阶级利益的国家实行兵役制和地税制等政策。随着资本主义的发展，资本主义各国所实行的近代土地登记制度，尽管具体内容有所不同，但其根本目的是保护土地的私有制，为促进地产交易、自由买卖、出租、抵押和分摊土地税服务。

社会主义国家的土地登记制度，虽然形式上也是将土地权利等状况记录于政府的登记簿上，但与资本主义国家的土地登记制度有着本质上的区别，社会主义国家通过土地登记，确认社会主义的土地所有权和土地使用权，维护土地公有制不受侵犯，保护土地所有者、使用者的合法权益，为合理利用土地提供法律依据。

土地登记作为维护土地所有制的一项国家制度，必须要有相关的法律为依据，这些法律依据包括土地权利种类、权利义务、确权规定，以及确权和登记程序。1987年，国家土地管理局根据我国《中华人民共和国宪法》、《中华人民共和国土地管理法》、《中华人民共和国民法通则》的有关条款，制定了《土地登记规则（试行）》，根据土地使用制度改革的形势,经过试点和修改,1989年正式颁布了新中国成立以来的第一部《土地登记规则》。

二、土地登记的特点和原则

(一)土地登记的特点

1. 统一性

土地登记是依据统一的实体法律规范,遵循统一的登记程序,在统一的登记机关进行的管理活动。

2. 唯一性

统一土地登记的结果应当是唯一的,不能同时存有两个或两个以上的结果。

3. 连续性

由于土地权利状况是经常变化的,为了保护现势性,土地登记结果也必须不断更新,所以土地登记具有连续性的特点。

4. 强制性

土地登记的强制性体现在任何土地使用或所有的单位或个人,都必须按照规定办理土地登记。对逾期不进行登记申请的,按规定予以处理。

5. 公开性

土地登记的实质在于公示,即将土地权利变动的状况向社会公众显示,让公众知晓。土地登记的公开包括登记依据的公开、登记程序的公开和登记结果的公开,土地登记资料可公开查询就是土地登记公开性的内在要求。

6. 公信力

由国家专门机关依法登记的土地权利具有公信力,值得社会公众信赖,它包括两方面:一是登记结果真实可靠;二是如果登记错误,国家应通过行政赔偿方式对受损人予以赔付。

(二)土地登记的原则

1. 依法的原则

土地登记必须依法进行,具体包括三方面的含义:一是土地登记义务人必须依法向土地登记机关申请,提交有关的证明材料;二是土地登记机关必须依法对土地登记义务人的申请进行审查、确权和在土地登记簿进行登记;三是土地权利经过登记后的效力由法律、法规和政策规定,任何单位和个人都不能随意夸大或缩小土地登记的效力。

2. 申请的原则

土地登记机关办理土地登记,一般都应该由土地权利人或土地权利变动当事人首先向土地登记机关提出申请,由于土地登记是国家实行的一项法律措施,其结果具有决定物权变动是否生效的法律依据,因此,土地登记申请应采取书面方式,口头方式无效。

3. 审查原则

土地登记机关对土地登记申请和地籍调查的结果必须进行审查。主要包括两个方面:一是形式审查,审查土地登记申请提交的各种证明、文件材料是否为土地登记所必须具备的要件;二是实质审查,审查所申请的土地权利或权利变动事项是否符合国家有关法律和政策。

4. 属地管辖的原则

土地登记属于不动产物权登记,不动产物权的管辖为属地管辖,土地登记也遵循属地管辖的原则。具体有两个要求:一是土地登记机关应当坚持统一性,即在一个登记区内只能由一个登记机关来登记;二是土地登记资料应当保持完整,即同一个登记区内的土地登记资料只能由一个土地登记机关建档保存。

三、土地登记分类

按登记的时间和内容的不同,土地登记可区分为初始土地登记和变更土地登记两种类型。

(一)初始土地登记

初始土地登记又称为土地总登记,是指在一定时间内对所辖区域全部土地,或者全部农村用地,或者全部城镇用地进行的普遍登记。主要经过准备工作、申报、地籍调查、权属审核、注册登记及颁发证书几个程序。

1. 初始土地登记的申请者

国有土地使用权由使用国有土地的单位及法人代表或者使用国有土地的个人申请登记;农村集体土地使用权,则由村民委员会或农业集体经济组织及法人代表申请登记;农村集体土地建设用地使用权,由使用集体土地的单位及法人代表或者使用集体土地的个人申请登记;他项权利需要单独申请的,由有关的申请者登记。如果委托他人代理申请登记,委托代理人必须向登记机关提交委托书和委托人、委托代理人双方的身份证明。土地登记申请者必须向登记机关提交土地登记申请书,以及法人代表证明、个人身份或户籍证明、土地权属来源证明及地上附着物权属证明。

2. 初始土地登记的内容

初始土地登记的内容主要包括土地登记单位、土地位置、土地权属、土地总面积和地类面积、土地用途、土地等级。

(1)土地登记单位。指使用国有土地的单位及法人代表或个人;拥有集体土地所有权的村或农村集体经济组织及法人代表;使用集体土地建设用地的单位及法人代表或个人；他项权利拥有者。

（2）土地位置。指土地的地址和四至。地址是指土地使用者和所有者申请登记的土地所在的具体地点。四至指相邻土地所有者或使用者的总称，以及与之为界的永久性明显地物名称和相关距离。

（3）土地权属。指国有土地使用权、集体土地所有权、集体土地建设用地使用权、他项权利、权源等。他项权利指与本宗土地所有权或使用权有关的其他权利（如通行、引水、排水、埋设地下管线的权利等）或限制条件（如建筑物高度的限制等）。

（4）土地总面积和地类面积。指土地所有者或使用者经过依法确定的土地总面积；地类面积指按全国统一分类标准，为土地权属单位和土地管理部门共同承认的土地利用类型面积。登记时需区别一下情况：农村用地单位的土地利用类型，按全国土地利用现状调查技术规程规定的地类，登记到一级地类；城镇村外的非农业建设用地，按全国土地利用现状调查技术规程规定的地类，登记到一级地类；城镇村庄内部用地，按全国土地利用现状调查技术规程规定的地类，登记到二级地类；非农业建设用地除登记总面积外，主要登记建筑占地面积。建筑占地面积一般指建筑外墙所围占地面积。当有两个以上单元共同使用一块土地，而又无法分清的，需登记共有使用权面积和分摊面积。分摊面积指使用者在共有使用权面积中应分摊的面积，共同使用一幢建筑物，可按使用的建筑面积比例分摊。

（5）土地用途。一般指土地权利人依照规定对其权利范围内土地的利用方式。土地权利人任意改变土地用途和闲置土地都是违法的。

（6）土地等级。指经土地管理部门依法评定的土地等级。

3. 初始土地登记的程序

初始土地登记的程序是：土地登记申请—地籍调查—权属审核—注册登记—颁发土地证书。

（1）土地登记申请。土地登记申请是指市、县人民政府发布要求土地权利人在何时、何地进行申请的通告，土地权利人按规定向土地登记机关提交《土地登记申请书》、申请人身份证明、土地权属状况及其他证明文件并请求予以注册登记，土地登记机关对申请者提交的证明文件逐项审查后登记装袋的行为。

（2）地籍调查。地籍调查系土地登记机关按规程要求，对申请登记的土地采取实地调查、核实、定界、测量、成图等措施，查清土地的位置、权属性质、界线、面积、用途，以及土地所有者、使用者和他项权利者的有关情况，为权属审核、注册、登记和核发土地证书提供依据。

（3）权属审核。土地权属审核时，土地登记机关根据申请者所提交的申请书、权属证明材料和地籍调查成果，对土地使用者、所有者和他项权利者申请登记的土地使用权、所有权及他项权利进行确认的过程。权属审核结束后，对符合规定要求的,土地登记人员填写《土地登记审批表》。

(4) 注册登记。注册登记是指土地登记机关对批准土地登记的土地所有权、使用权或他项权利进行登卡、装簿、造册的工作总称。一经注册登记,土地权利即产生法律效力。《土地登记审批表》是土地登记机关进行注册登记的重要依据。注册登记的内容主要包括:填写《土地登记卡》、《土地共有使用权登记卡》与《土地归户卡》,组装《土地登记簿》,填编《土地归户册》。

(5) 颁发土地证书。颁发土地证书是土地行政主管部门根据注册登记结果,代表人民政府向土地权利人发放土地证书的过程。土地证书是土地权利人拥有土地使用权、所有权、他项权利的法律凭证。土地凭证由市、县人民政府颁发。

(二) 变更土地登记

变更土地登记是指因土地权利人发生改变或者因土地权利人姓名或者名称、地址和土地用途等内容发生变更而进行的登记。初始土地登记后,土地所有权、使用权及他项权利发生转移、分割、合并、终止,登记的土地用途发生变更,土地所有者、使用者、他项权利者变更名称或通信地址的,除按规定办理有关手续外,应及时办理变更土地登记。

1. 变更土地登记的内容

变更土地登记主要包括土地所有权、使用权的变更。

(1) 在土地初始登记后,因国有土地使用权的有偿出让、转让,土地征用、划拨、土地使用权的依法收回,用地单位之间相互调整、交换土地,用地单位撤销、合并、企业兼并,因出售、转让土地上附着物而引起土地权属转移等,都要登记土地权属变更情况或注销登记。

(2) 他项权利变更。当他项权利变更,如通行、引水、排水等发生变化时,需要进行他项权利变更登记。

(3) 主要地类和土地等级的变更。初始土地登记后,主要地类的用途发生变化,特别是耕地、园地转变为非农业建设用地,土地质量登记发生变化,均要进行土地变更登记。

2. 变更土地登记的程序

变更土地登记的程序包括变更土地登记申请、变更地籍调查、变更土地登记审核、注册登记及颁发证书。

(1) 变更土地登记申请。土地使用权、他项权利变更、更名、更址及更改土地用途,均需向土地管理部门及时提出变更申请,并提交土地变更证明文件、土地证书、他项权利证书、地上附着物权属证明、法定代表证明、委托书等资料,填写变更土地登记申请书。

(2) 变更地籍调查。县级土地管理部门根据申请进行地籍调查、核实、填写地籍调查表,由申请者和相邻宗地使用者亲临现场,共同认定变更界址,进行地籍变更测量,对地籍图进行修改、补测,并重新绘制宗地草图、变更地籍勘丈,清绘宗地图。

（3）变更土地登记审核。对变更情况、资料进行全面的审核,填写土地登记审批表,并签初审表意见和审核意见后,报人民政府批准。他项权利的变更登记,经国土资源审核后,直接进行注册登记。

（4）颁发证书。由县级人民政府换发或更改土地证书,由县国土资源管理部门颁发土地他项权利证明书。

第四节　土 地 征 用

一、土地征用的含义

土地征用是指国家为了公共利益的需要,以给予补偿为条件,对他人土地所有权以外的他项权利的利用,待公共事业目的完成时,仍然将土地归还土地所有人。即当国家兴建诸如厂矿、铁路、公路、港口、机场、水利、军事设施等,或进行科学、文化、教育、体育、卫生、商业、市政工程建设等,需要占用非国有土地时,须由建设单位（即用地单位）持国务院主管部门或县级以上人民政府批准的设计任务书或其他批件,向县级以上人民政府的土地管理部门提出用地申请,由县级以上人民政府审查核批进行征用。

一般而言,土地征用和土地征收是有区别的。土地征收是指国家根据公共利益需要而形成公权力,以补偿为条件,强制取得他人的土地所有权,而他人的土地所有权因此而消失。针对的是他人的土地所有权,而土地征用针对的是他人的土地使用权。在现代法治国家,土地征用和土地征收都应该有明确的法律依据。其基本原因在于,为防止国家行使公权力时构成对他人财产权的不适当干预和造成对他人财产权的侵害。

随着经济建设的发展,征用土地工作将日益增加,由于这项工作涉及国家、集体和农民个人的利益,必须贯彻合理用地、节约用地的原则,并且需要妥善处理土地和地上物的补偿、房屋拆迁和劳动力安置等问题。因此,建设征用土地工作是一项政策性和群众性很强的工作。

二、土地征用的法律特征

（一）强制性

征用土地是国家建设和公共事业全局的需要。因此,按照法定的审批程序批准征用的土地,被征用单位必须服从国家需要,按期拨出,不得妨碍和阻挠。它的根据是《中华人民共和国宪法》、《中华人民共和国土地管理法》关于"国家为公共利益需要,可以按照法律规定对土地实行征用"。

(二)补偿性

征用集体土地不是无偿的,而是具有一定的补偿性。《中华人民共和国土地管理法》对征用土地的费用作了明确的规定:"征用土地的,按照被征用土地的原用途给予补偿。"根据有关规定征用土地的补偿费由五部分构成。一是土地本身的补偿费:国家征用了农民土地以后,取得了土地的所有权和使用权,必须给予农民补偿。二是土地上附着物的补偿费:农民在经营土地时投入了一定的资金,并根据需要建设了许多建筑物或一些设施,在征用土地时要给予必要的补偿。三是青苗补偿费:这部分费用是由农民在耕种土地时当期投入一系列的劳动所构成的,在征用土地时也必须给予补偿。四是安置补偿费:这部分补偿主要用于对从事土地耕作人的安置。五是征用郊区菜地的补偿费:用地单位应当按照国家有关规定缴纳菜地开发建设基金。以上的费用在有关法规中都有明确的数量规定。

(三)转移性

土地被征用是土地所有权的权属转换行为。农村集体所有的土地一旦被征用就改变了原集体所有制的性质,变为国家所有制。

三、土地征用的程序

(一)预报预审

单独选址的建设项目使用土地的,其建设项目可行性研究报告报批前,建设单位应当向建设项目批准机关的同级人民政府土地行政主管部门提出预申请。受理与申请的土地行政主管部门应对建设项目的有关事项进行审查,出具预审报告。预审报告可由土地行政主管部门在参加建设项目可行性研究论证时提出,也可以在土地行政主管部门自行组织用地预审时提出。预审报告作为审批建设项目可行性、建设项目计划文件的依据,也是审批用地的依据。

(二)申请用地

单独选址的建设项目使用土地,建设单位应当同时向省土地行政主管部门和项目所在地的市、县(市)人民政府的土地行政主管部门提出用地申请。

为实施规划分批次使用土地的,由土地所在地的市、县(市)人民政府的土地行政主管部门向省土地行政主管部门提出用地申请。

申请的主要内容有项目名称,项目批准机关,批准文件,拟用地地点、面积及地类,生产及投资规模,用地安排等。

1. 组织现场踏勘

土地行政主管部门在接到用地申请后,组织现场踏勘。

2. 委托统征,下达测量通知书

根据现场踏勘意见,由土地行政主管部门确定统征牵头单位,下达现场调查和测量界定工作任务。

3. 拟订方案

符合条件的建设用地,由土地所在地的市、县(市)人民政府的土地行政主管部门会同征地事务机构拟订农用地转用方案、补充耕地方案、征地方案和供地方案并编制建设用地呈报。

4. 上报审批

拟用土地所在地的市、县(市)人民政府的土地行政主管部门应将有关资料按要求整理成册,先报本级人民政府审核签署意见后,逐级上报审批。上报审批时,应按规定缴纳耕地开垦费(复垦费)和新增建设用地有偿使用费。

单独选址建设项目用地报批文件资料:建设单位用地申请;建设用地呈报说明书;工程可行性研究报告、初步设计批复或计划批准文件;建设项目用地预审报告书;农用地转用计划批准文件;征地方案;补充耕地方案及耕地开垦费(复垦费)资金证明或耕地开垦验收报告、占用基本农田的提供补划方案;国有土地使用权出让、出租或划拨合同,以出让、出租等有偿方式供地的,还需附土地估价报告;具有勘测、设计资质的部门出具的乡级土地利用总规划图、项目总平面布置图、征地审批红线图、土地利用现状图(位置图);土地权属证明文件;有关部门意见;其他相关文件资料。

分批次使用土地报批文件资料:市、县(市)人民政府用地申请;建设用地呈报说明书;建设项目用地预审报告书;农用地转用计划批准文件;征地方案及土地开发利用的意见;补充耕地方案及耕地开垦费(复垦费)资金证明或耕地开垦验收报告,占用基本农田的提供补划方案;具有勘测、设计资质的部门出具的乡级土地利用总规划图、项目总平面布置图、征地审批红线图、土地利用现状图(位置图);土地权属证明文件;有关部门意见;其他相关文件资料。

1) 批复

具有批准权的一级政府土地行政主管部门审查后,报同级人民政府批复。用地经批准后,土地行政主管部门应及时代批准机关下文批复。批复中,单独选址的项目用地同时批准建设用地的出让、租赁、划拨手续,不再另行办理供地手续。分批次用地的,应按项目另行办理供地审批手续。

2) 实施

经批准的农用地转用方案、补充耕地方案、征地方案和供地方案由土地所在地的市、县(市)人民政府组织实施。具体工作由土地行政主管部门负责监督实施。

征地方案经批准后,按"两公告一登记"组织实施。

3)颁发《建设用地批准书》

单独选址建设项目经批准并实施后,由土地所在地的市、县(市)土地行政主管部门向用地单位颁发《建设用地批准书》,批准划拨用地,核发《国有土地划拨决定书》。

分批次征地经批准后,具体建设项目供地要经过用地申请、拟订供地方案、逐级上报审批、实施供地等流程,最终由土地所在地的市、县(市)土地行政主管部门向用地单位颁发《建设用地批准书》。批准划拨用地的,核发《国有土地划拨决定书》。

四、土地征用其他相关工作

(一)临时用地管理

临时用地是指在工程项目施工过程和地质勘查中,需要材料堆场、运输道路和其他临时设施使用的土地,该地应当尽量在征用的土地范围内安排。确实需要另行增加临时用地的,用地单位也应向当地土地管理机关提出临时用地数量和期限的申请,经批准后,同被用地单位的农村集体经济组织签订临时用地协议,并按该土地前三年平均产值逐年给予补偿,用地不足半年的,按全年产值的一半补偿,半年以上的按全年补偿。

(二)对征而未用土地的处理

有些单位不知珍惜土地,不考虑全局,不合理使用土地,只考虑单位、小团体利益,多征少用,早征晚用或征而不用,严重浪费土地;有些单位由于建设计划变更而把征用的土地闲置起来。因此,土地管理机关应该经常检查并及时处理。

(1)对征后两年未用的土地和征多用少所剩余的土地,应经当地县、市土地管理机关审查核实后报县、市人民政府批准,将土地的使用权收回,并报原批准机关备案。

(2)对征而未用的土地,原征地单位不得擅自转让、出租。任何单位和个人不得侵占,如有类似事件出现,要对主管人员和直接责任者给予行政处分,同时把该土地使用权收回,另行处理。

第五节　土地流转

一、土地流转概述

(一)流转的含义

土地流转,并非土地本身的流转,而是农民土地承包经营权的流转。具体来说,是指拥有土地承包经营权的农户将土地经营权(使用权)转让给其他农户或经济组织,即保留承包权,转让使用权。农村土地流转是农民处置土地权利的一种行为,是农户在保留进一步承包权的前提下,将原先通过与村集体经济组织签订合同形式获得的土地承包权,转让给其他农户或经济组织并从中相应收益。

(二)土地流转问题提出的背景

我国1978年以来开展的经济体制改革,大大推动了国民经济快速健康发展和社会的全面进步。作为经济体制改革重要组成部分的土地使用制度的改革,不仅促进了运用市场机制配置土地资源,也推动了其他方面的改革。然而在土地使用制度改革初期,各地围绕土地问题而产生的社会矛盾依然尖锐。如在农村,社区集体和农户之间的产权关系长期模糊不清,加剧了干群关系的紧张,影响了生产经营的绩效;农民用于耕地的地块依然分散,经营规模仍然很小,规模效益难以提高;农村人口越来越多,生存的压力越来越大,人地矛盾更加突出。在城市,在经济规模并非很大的情况下,一方面土地利用效率低下,土地闲置严重;另一方面却急剧扩张城市占地面积,不断占用更多郊区优质耕地。与此同时,小城镇建设和农村集体非农建设也不断提出占用更多耕地的要求,导致农业用地和非农业建设用地的矛盾更加尖锐。为了缓解人地关系的紧张局面,其中的土地流转制度便是一个不可忽视的重要制度。为了在人地关系紧张的形势下搞好土地的合理利用,以节约土地,让最少的土地发挥最大的效用。最有利的手段就是对土地进行合理的配置,让有能力者使用与其相适应的土地,为社会创造出尽可能多的财富。在市场经济制度下的土地流转制度,就是运用市场机制配置土地资源的一种制度。

二、农村集体土地使用权流转现状

1. 农村土地流转速度加快

20世纪80年代开始,我国农村土地流转基本按照由慢到快、由零星到规模、由农村到城市的趋势发展,特别是党的十七届三中全会以后,其规模速度变化较大。近年来,由于我国农村产业结构的调整和农村劳动力向二三产业不断转移,全国各地区农村土地流转速度不断加快,流转面积呈逐年扩大趋势。截至2013年年底,全国呈报耕地流转面积达3.4亿亩,是2008年的3.1倍,流转比例达到26%,比2008年提高17.1个百分点。

2. 农村土地流转规模稳步增长

当前,中国农村土地流转规模呈逐年扩大趋势,规模经营呈上升态势。据统计,目前我国农村土地流转比例占全国耕地面积的26%,耕地流转的主要去向仍为农户,经营面积规模在50亩以上的专业大户超过287万户,家庭农场超过87万个。

3. 农村土地流转分布不均

从 2013 年年底全国家庭承包耕地流转总面积分省情况看,各地分布很不均衡。耕地流转面积占耕地承包面积比重较大的前 10 个省(市)分别是:上海(60%)、北京(48%)、江苏(43%)、浙江(42.3%)、重庆(40.2%)、黑龙江(32%)、广东(27.8%)、湖南(24%)、河南(23%)、福建(21.2%)。

4. 农村土地流转形式灵活

近年来,全国土地流转主体得以不断丰富,流转形式也日趋多元化,由传统的出租、转包、互换形式逐步转变为出租、互换和个人入股经营等多种形式并存。例如,广西百色希望小镇地区成立土地流转信用合作社等机构,将分散的土地通过入股、租赁、互换、代耕代种和返租倒包等多种形式灵活集中,走向规模化、集约化经营之路;而广东,则将土地价值占有权与实物占有权剥离,农民凭借土地承包经营权折价入股给有经济实力的大户、集体经济组织或工商企业集中经营土地,农民按股分红。

5. 农村土地流转经营多元化

目前全国耕地流转形式大多仍以转包和出租为主,多数省区(市)占流转面积的 60% 左右,流转耕地用于粮食作物的比重上升至 50% 以上。一些地区的土地流转主体日益趋于多元化,农户间私下流转逐步减少,集体组织模式越来越多,村委会、龙头企业及新型农民专业合作经济组织等主体纷纷加入到农村土地流转中。

三、土地流转方式

根据党的十七届三中全会颁布的《中共中央关于推进农村改革发展若干重大问题的决定》的规定:"农户在承包期内可依法、自愿、有偿流转土地承包经营权,完善土地流转办法,逐步发展适度规模经营。"具体有如下几种方式。

1. 转包

转包是农民集体经济组织内部农户之间的土地承包经营权的租赁。转包人对土地经营权的产权不变。受转包人享有土地承包经营权的使用权,获取承包土地的收益,并向转包人支付转包费,转包无须发包方许可,但转包合同需向发包方备案。

2. 出租

出租是农户将土地承包经营权租赁给本集体经济组织以外的人。出租是一种外部的民事合同,出租人对土地经营权的产权不变。承租人通过租赁合同取得土地承包经营权的承租权,并向出租的农户支付租金。农民出租土地承包经营权无须发包方许可,但出租合同需向发包方备案。

3. 借用

借用是出借人将土地承包经营权借给他人使用。借用是一种无偿合同,借用人无须向出借人支付土地承包经营权的使用费。农户将土地承包经营权借给本村人或借给外村人均无须发包方许可,但出借合同需向发包方备案。

4. 互换

互换是农民为了耕作方便或出于其他考虑,将自己的土地承包经营权交换给本集体经济组织内部的其他人行使,自己行使从本集体经济组织内部的其他人处换来的土地承包经营权,承包方不能与其他集体经济组织的农户互换土地承包经营权。双方农户达成互换合同后,需报发包方备案,且应与发包方变更原土地承包合同。同时,互换后的土地承包经营权人仍要按发包时确定的该土地的用途使用土地,履行该地块原来负担的义务。

5. 转让

转让是指土地承包经营权人将其拥有的未到期的土地经营权,经发包方许可后,以一定的方式和条件转移给他人的一种行为,并与发包方变更原土地承包合同。土地承包经营权的受让对象可以是本集体经济组织的成员,也可以是本集体经济组织以外的单位和个人。转让将使农户丧失土地承包经营权,因此对转让必须严格条件,转让的农户必须有确实的非农生活保障。

6. 入股

入股是农户在自愿联合的基础上,将土地承包经营权以入股的形式组织在一起,从事农业生产,收益按股分红,是一种具有合作性质的流转形式,而不是入股组成公司从事经营。

四、农村集体土地使用权流转管理

农村集体土地使用权流转管理的措施如下。

(一) 开展农村集体土地产权调查

根据国土资源部部署,在全国范围内开展农村集体土地产权调查,重点查清经济发达地区集体土地所有权、集体土地建设用地使用权和集体土地农用地使用权权属、界址位置、用途等。界定集体土地所有权、集体土地建设用地使用权、集体土地农用地使用权权属界线位置、形状及地类等,并计算面积、绘制图件。

集体土地所有权调查基础图件比例为1∶1万~1∶5万现势性良好的正射影像图或地形图,充分利用已有的土地利用现状调查和土地利用变更调查成果资料。集体土地农用地使用权调查基础图件为1∶2000~1∶5000现势性良好的正射影像图件或地形图。集体土地建设用地使用权调查成图比例尺为1∶500~1∶1000。

在复核土地利用现状调查形成的土地权属界线基础上进行集体土地所有权权属调查,实地调查集体土地农用地使用权和集体土地建设用地使用权权属界线。编制1∶1万~1∶5万集体土地所有权图,1∶2000~1∶5000集体土地农用地使用权,1∶500～1∶1000 集体土地建设用地使用权图。

（二）开展农村集体土地产权登记并颁发土地产权证

在农村集体土地产权调查的基础上,进行土地产权登记,并颁发土地产权证书,确认土地产权,以使之在流转中受到法律保护。

（三）开展农用地分等定级与估价工作

农用地分等定级是针对我国农用地,特别是耕地质量进行的一次全面的调查和评价,农用地估价是分等定级基础上对其经济价值的评价。农用地分等定级和估价成果是确定农用地价值的依据。

（四）正确引导和调控农村集体土地使用权的流向、监测和调控

首先,要利用价格、税收、信贷等机制正确引导土地使用权流向,控制耕地非农化,鼓励建设用地利用集约化,优化土地资源的配置。其次,对农地,特别是耕地非农化流转,要严格按照土地利用总体规划实行土地用途管制,并按《土地管理法》审批程序进行,使土地使用权流转活而不乱。鼓励农村集体农用地使用权在农业用途内部流转,在尊重农民家庭经营的基础上逐步实现规模经济,提高农业劳动生产率。再次,鼓励工业用地向规划的工业园区集中,充分利用闲置土地和低效土地。

（五）建立合理的农村集体土地使用权流转收益分配制度

土地使用权流转产生的收益,包括转让收益和土地增值收益应在土地使用者、土地所有者、国家（因国家投资引起土地增值时）之间进行合理的分配。

（六）建立农村集体土地使用权流转的支持、保障体系

农村集体土地使用权流转需要有资金支持,因此,要建立相应的金融、保险支持体系,为土地使用权流转提供贷款和保险。建立规范土地流转行为的法律、法规,使土地流转有法可依,并有效制止土地流转中的违法行为。利用遥感技术、信息系统、监测、报告土地流转态势为政府宏观调控提供可靠依据。

参 考 文 献

艾亮辉,吴次芳,赵小敏.2002.基于 GIS 的低产田改造研究——以江西省为例.水土保持学报,
　　16(6):76-78.

安翠娟,王素萍,侯华丽.2010.北京市国土资源综合整治分区及整治对策研究.国土与自然资源
　　研究,2010,(5):15-16.

毕于运.1999.中国土地占用八大问题.资源科学,21(2):30-35.

卞正富.2005.我国煤矿区土地复垦与生态重建研究.资源与产业,7(2):18-24.

蔡运龙.1997.我国经济高速发展中的耕地保护问题.北京:北京大学出版社

蔡运龙,李军.2003.土地利用可持续性的度量——一种显示过程的综合方法.地理学报,58(2):
　　305-313.

陈百明.2002.区域土地可持续利用指标体系框架的构建与评价.地理科学进展,21(3):
　　204-215.

陈百明,张凤荣.2001.中国土地可持续利用指标体系的理论与方法.自然资源学报,16(3):
　　197-203.

陈朝,吕昌河.2010.基于综合指数的湖北省耕地质量变化分析.自然资源学报,25(12):
　　2018-2029.

陈永继.2008.甘蔗—土壤系统仿真模型的研究.南宁:广西大学硕士学位论文.

程文仕,曹春,张天中,等.2009.模糊综合评价法在土地利用总体规划实施效益评价中的应
　　用——以兰州市为例.国土与自然资源研究,58(1):20-22.

窦磊,周永章,王旭日,等.2007.针对土壤重金属污染评价的模糊数学模型的改进及应用.土壤
　　通报,38(1):101-105.

方琳娜,宋金平.2008.基于 SPOT 多光谱影像的耕地质量评价——以山东省即墨市为例.地理
　　科学进展,27(5):71-78.

封志明,李香莲.2000.耕地与粮食安全战略:藏粮于土,提高中国土地资源的综合生产能力.地
　　理学与国土研究,16(3):1-5.

封志明,潘明麒,张晶.2006.中国国土综合整治区划研究.自然资源学报,21(1):45-54.

冯蓉晔,谈志浩,黄劲松,等.2004.农用地分等中土地利用系数与经济系数计算方法改进探
　　讨——以江苏省无锡市为例.经济地理,24(2):246-249.

冯晓利,何伟,蒋贵国,等.2012.基于模糊综合评价法的双流县农用地适宜性评价.西南农业学
　　报,25(3):982-988.

付强,金菊良,门宝辉,等.2002.基于 RAGA 的 PPE 模型在土壤质量等级评价中的应用研究.水
　　土保持通报,22(5):51-54.

傅伯杰.1987.美国土地适宜性评价的新进展.自然资源学报,2(1):92-95.

傅伯杰.1990.土地评价研究的回顾与展望.资源科学,12(3):1-7.

高向军,马仁会.2002.中国农用土地等级评价研究进展.农业工程学报,18(1):165-168.

葛向东.2001.耕地质量变化的临界警戒和评价指标体系研究.皖西学院学报,17(2):50-54.

谷晓坤,刘静,张正峰,等.2014.大都市郊区景观生态型土地整治模式设计.农业工程学报,30(6):205-211.

郭旭东,邱扬,连纲,等.2003.基于 PSR 框架的土地质量指标体系研究进展与展望.地理科学进展,22(5):479-489.

侯文广,江聪世,熊庆文,等.2003.基于 GIS 的土壤质量评价研究.武汉大学学报:信息科学版,28(1):60-64.

胡红帆.2000.联合国粮农组织粮食安全特殊计划.世界农业,(2):3-5.

胡科,石培基.2008.甘肃省耕地质量评价研究.中国土地科学,22(11):38-43.

胡月明,万洪富,吴志峰,等 2001.基于 GIS 的土壤质量模糊变权评价.土壤学报,38(3):266-274.

胡振琪,龙精华,王新静.2014.论煤矿区生态环境的自修复、自然修复和人工修复.煤炭学报,2014,39(8):1751-1757.

黄不凡.1999.中国农业发展强盛趋势与评估.北京:中国农业出版社.

李森照.1995.中国污水灌溉与环境质量控制.北京:气象出版社.

李绪谦,潘晓峰,孙大志,等.2007.辽宁张士灌区细河流域地下水污染物空间分布特征及污染源判别分析.吉林大学学报(地球科学版),37(4):767-772.

廖晶晶,罗海波,韦举顺.2011.基于层次分析法的工矿废弃土地复垦潜力分区研究.中国农学通报,2011,27(9):216-220.

林碧姗,汤建东,张满红.2005.广东省耕地地力等级研究与评价.生态环境学报,14(1):145-149.

林培,聂庆华.1997.美国农地保护过程、方法和启示.中国土地科学,(2):39-43.

刘伯英.2006.城市工业地段更新的实施类型.建筑学报,(8):21-23.

刘英.2015.湖南省宁远县种植业区域布局优化研究.天津农业科学,21(10):42-47.

龙花楼,张献忠,王军,等.2004.长江上游丘陵区社会经济实力与坡耕地治理——以四川省中江县为例.山地学报,22(4):502-507.

鲁明星,贺立源,吴礼树,等.2006.我国耕地地力评价研究进展.生态环境学报,15(4):866-871.

鲁奇.1999.中国耕地资源开发、保护与粮食安全保障问题.资源科学,21(6):5-8.

马军成,王令超.2011.河南省宜阳县土地综合整治分区研究.国土资源科技管理,28(6):56-60.

倪绍祥,刘彦随.1998.试论耕地质量在耕地总量动态平衡中的重要性.经济地理,(2):83-85.

聂艳,周勇,于婧,等.2005.基于 GIS 和模糊物元贴近度聚类分析模型的耕地质量评价.土壤学报,42(4):551-558.

农肖肖,何政伟,吴柏清,等.2009.ARCGIS 空间分析建模在耕地质量评价中的应用.水土保持研究,16(1):234-236.

潘峰,梁川,付强.2002.基于层次分析法的物元模型在土壤质量评价中的应用.农业现代化研究,23(2):93-97.

彭补拙,何天山.1994.荒漠绿洲农业区土地分等定级模式研究——以新疆石河子市为例.南京大学学报(自然科学版),(4):679-689.

彭世琪.2002.开展全国耕地地力调查 为推进农业和农村经济结构调整及农民增收服务.中国农技推广,(4):43-44.

齐凤军,况明生,单楠.2009.山东省水资源可持续利用区域差异初步研究.江西农业大学学报
    (社会科学版),8(2):107-111.

钱振华,申广荣,徐敬敬,等.2009.基于 GIS 的上海崇明耕地土壤主要养分的空间变异研究.上
    海交通大学学报(农业科学版),27(1):7-12.

沈仁芳,陈美军,孔祥斌,等.2012.耕地质量的概念和评价与管理对策.土壤学报,49(6):
    1210-1217.

施加春.2006.浙北环太湖平原不同尺度土壤重金属污染评价与管理信息系统构建.杭州:浙江
    大学博士学位论文.

石淑芹,陈佑启,姚艳敏,等.2008.东北地区耕地自然质量和利用质量评价.资源科学,30(3):
    378-384.

石玉林.1985.中国宜农荒地资源.北京:能源出版社.

宋如华,齐实.1996.地理信息系统支持下的区域土地资源适宜性评价.北京林业大学学报,(4):
    57-63.

田有国.2004.基于 GIS 的全国耕地质量评价方法及应用.武汉:华中农业大学博士学位论文.

汪华斌,李江风,吕贻峰,等.2000.清江流域旅游资源多层次灰色评价.系统工程理论与实践,
    20(4):127-131.

王建国,杨林章,单艳红,等.2001.模糊数学在土壤质量评价中的应用研究.土壤学报,38(2):
    176-183.

王建武,卢静,王忠,等.2013.土地集约利用评价难点及指标选择.中国土地,(2):30-31.

王金生.1991.灰色聚类法在土壤污染综合评价中的应用.农业环境科学学报,(4):27-30.

王蓉芳.1995.推广稻田半旱式耕作技术.农村实用工程技术,(6):7.

王瑞燕.2004.基于 GIS 和 RS 技术的耕地地力评价研究——以山东省青州市为例.泰安:山东
    农业大学硕士学位论文.

王瑞燕,赵庚星,李涛,等.2004.山东省青州市耕地地力等级评价研究.土壤,36(1):76-80.

王栓全,邓西平,刘冬梅,等.2001.燕沟基本农田粮食稳产高产综合配套技术及试验示范.干旱
    地区农业研究,19(4):26-31.

王向荣,任京燕.2003.从工业废弃地到绿色公园——景观设计与工业废弃地的更新.中国园林,
    19(3):11-18.

王新忠,林仪,于磊.2000.天然草地类型综合评价中的数据处理及灰色关联度分析.系统工程理
    论与实践,20(2):131-135.

王学萌,聂宏声.1994.山西省生态农业区域划分的研究.生态学报,14(1):16-23.

吴大放,刘艳艳,等.2010.我国耕地数量、质量与空间变化研究综述.热带地理,30(2):108-113.

吴克宁,郑义,康鸳鸯,等.2004.河南省耕地地力调查与评价.河南农业科学,33(9):49-52.

吴良镛.1983.历史文化名城的规划结构、旧城更新与城市设计.城市规划,(6):2-12.

吴群.2002.耕地质量、等级与价格刍议.山东省农业管理干部学院学报,(1):73-74.

杨发相,李武平.2000.新疆阿勒泰地区中低产田及其改造措施.干旱区地理,23(3):239-243.

杨望,张硕,陈科余,等.2016.基于土壤分层的木薯块根拔起系统动力学仿真模型.农机化研究,
    38(8):51-55.

冶军,吕新.2004.主成分分析在棉田质量评价中的应用.石河子大学学报(自然科学版),22(4):289-291.

尹喜霖.2003.刍议黑龙江省国土整治分区与评价.国土资源科技管理,20(5):32-36.

于伯华,吕昌河.2008.基于DPSIR模型的农业土地资源持续利用评价.农业工程学报,24(9):53-58.

郧文聚,王洪波,王国强,等.2007.基于农用地分等与农业统计的产能核算研究.中国土地科学,(4):32-37.

詹发余,范桂忠,宋维刚,等.2004.青海省国土资源与环境综合开发及整治分区研究.青海国土经略,(4):16-20.

张凤麟,孟磊.2004.矿业城市可持续发展与环境保护问题.中国矿业,13(12):52-53.

张凤荣,孔祥斌,安萍莉,等.2002.对《农用地分等定级规程》土地利用系数的探讨.中国土地科学,16(1):16-19.

张凤荣,薛永森,鞠正山,等.1998.中国耕地的数量与质量变化分析.资源科学,(5):32-39.

张海涛,周勇,汪善勤,等.2003.利用GIS和RS资料及层次分析法综合评价江汉平原后湖地区耕地自然地力.农业工程学报,2003,19(2):219-223.

张红卫,蔡如.2003.大地艺术对现代风景园林设计的影响.中国园林,19(3):7-10.

张洪业.1994.利用限制性评分方法确定土地农业适宜性等级——以澳大利亚新南威尔士州为例,13(2):67-73.

张莉琴,姚慧敏,张凤荣.2003.农用地土地利用系数的构成.中国土地科学,17(6):13-17.

张清军,连季婷,尚国琲,等.2009.河北省城市土地整理分区研究.安徽农业科学,37(25):12116-12118.

张先婉,黎孟波.1991.土城肥力研究进展.北京:中国科学技术出版社.

赵登辉,郭川.1997.耕地定级与估价的新思路.中国土地科学,(6):36-39.

赵纪昌.2006.提高耕地质量 建设高标准基本农田.农机化研究,(1):48-49.

赵建军,张洪岩,王野乔,等.2012.基于AHP和GIS的省级耕地质量评价研究——以吉林省为例.土壤通报,43(1):70-75.

赵其国.1992.我国土壤调查制图及土壤分类工作的回顾与展望.土壤,24(6):281-284.

周飞,陈士银,吴明发,等.2012.广东省农村居民点整理优先性评价与分区.地理与地理信息科学,28(1):79,82-97.

周红艺,何毓蓉,张保华.2003.长江上游典型样区基于SOTER数据库的土地适宜性评价.西南农业学报,16(s1):132-135.

周生路,朱青,赵其国,等.2005.近十几年来南京市土地利用结构变化特征研究.土壤,37(4):394-399.

周勇,田有国,任意,等.2003.基于GIS的区域土壤资源管理决策支持系统.系统工程理论与实践,23(3):140-144.

朱红波.2008.我国耕地资源质量安全及其现状分析//2008年中国土地学会学术年会,合肥.

朱俭凯,刘艳芳,刘谐静,等.2012.广西农用地整理条件分区及其模式分析.农业工程学报,28(3):257-262.

Barlowe R. 1978. Land Resource Economics: The Economics of Real Estate. Englewood Cliffs: Prentice Hall.

Davidson R J, Ekman P, Saron C D, et al. 1990. Approach-withdrawal and cerebral asymmetry: Emotional expression and brain physiology: I. Journal of Personality and Social Psychology, 58(2):330-341.

Driessen P M, Konijn N T. 1992. Land Use Systems Analysis. The Netherlands: WAU Department of Soil Science and Geology Wageningen.

Dumanski J, Pettapiece W W, Acton D F, et al. 1993. Application of agro-ecological concepts and hierarchy theory in the design of databases for spatial and temporal characterisation of land and soil. Geoderma, 60(1):343-358.

Dumanski J, Pieri C. 2000. Land quality indicators: research plan. Agriculture, Ecosystems & Environment, 81(2):93-102.

Dunford R W, Roe R D, Steiner F R, et al. 1983. Implementing LESA in Whitman County, Washington. Journal of Soil and Water Conservation, 38(2):87-89.

Shao C, Guan Y, Wan Z, et al. 2014. Performance and decomposition analyses of carbon emissions from industrial energy consumption in Tianjin, China. Journal of Cleaner Production, 64(2): 590-601.